2024

1·2·3급

반려견
스타일리스트

750제

타임NCS연구소

2024
1 · 2 · 3급

반려견
스타일리스트 750제

인쇄일 2024년 1월 5일 2판 1쇄 인쇄
발행일 2024년 1월 10일 2판 1쇄 발행
등 록 제17-269호
판 권 시스컴2024

발행처 시스컴 출판사
발행인 송인식
지은이 타임NCS연구소

ISBN 979-11-6941-218-6 13520
정 가 16,000원

주소 서울시 금천구 가산디지털1로 225, 514호(가산포휴) | **홈페이지** www.siscom.co.kr
E-mail siscombooks@naver.com | **전화** 02)866-9311 | **Fax** 02)866-9312

반려견 스타일리스트는 애견미용 분야의 전문성을 인정받고자 하는 종사자나 종사를 희망하는 사람은 누구나 응시할 수 있으며 민간자격 등록 이후 현재까지 1만 5천명 이상이 자격을 취득하였습니다.

본서는 반려견 스타일리스트 급수별 자격시험 순서로 편제하였습니다. 3급, 2급, 1급의 순으로 배열되었고 주어진 시간을 효율적으로 활용하여 출제 가능한 요점을 체계적으로 정리할 수 있도록 핵심노트 및 실전 모의고사로 구성하였습니다.

반려견 스타일리스트 필기시험은 애완동물미용 NCS학습모듈에 수록된 내용과 애견미용에 대하여 일반적으로 통용되는 용어, 지식 등을 기반으로 출제되는 만큼 애완동물미용 NCS학습모듈의 전반적인 내용부터 세세한 부분까지 750문제에 모두 담았습니다.

본서의 특징

- 핵심노트 정리
- 3급, 2급, 1급 급수별 편제
- 3급, 2급, 1급 각각 250문제씩 총 750제 수록

반려견 스타일리스트를 꿈꾸는 수험생 모두에게 조금이나마 도움이 되기를 진심으로 바랍니다. 수험생들의 합격을 응원합니다!

✿ 반려견 스타일리스트 시험 안내

● 도입목적

한국애견협회는 애견미용 산업현장에서 필요로 하는 실무능력을 갖춘 인재를 양성하고 청년실업 및 고용문제 해소에 도움을 주기위해 실무 중심의 반려견 스타일리스트 자격제도를 도입하였습니다.

● 반려견 스타일리스트란?

반려견 스타일리스트는 반려견에 대한 전문가적인 지식, 능숙한 미용능력 등을 검정하는 국가공인 자격시험입니다. NCS기반의 표준화된 자격기준으로 자격을 취득한 사람들이 산업현장에서 전문적인 역할을 수행할 수 있도록 하고 있습니다.

● 시험절차

> 필기접수 → 필기검정 → 실기접수(필기합격자) → 실기검정 → 실기합격 → 자격증취득

※ 자격증 발급

- 실기시험 합격자 발표일로부터 3주 이내에 응시원서에 기재된 주소지로 택배 송부 (별도의 자격증 발급신청은 없으며 택배 요금은 협회에서 부담)
- 자격증 유효기간은 5년이며 향후 협회에서 주관하는 보수교육 이수를 통하여 갱신등록가능

● 검정기준

등급	검정기준
1급 (공인)	반려견 장모관리, 쇼미용에 관한 이론 지식과 더불어 관련 교육프로그램에 포함되어 있는 고급 지식을 이용하여 반려견 미용에 활용할 수 있는 능력의 유무
2급 (공인)	반려견 염색, 응용미용에 관한 이론 지식과 더불어 관련 교육프로그램에 포함되어c 있는 상급 지식을 이용하여 반려견 미용에 활용할 수 있는 능력의 유무
3급 (공인)	반려견 안전위생관리, 기자재관리, 고객상담, 목욕, 기본미용, 일반미용에 관한 이론 지식과 더불어 관련 교육프로그램에 포함되어 있는 중급 지식을 이용하여 반려견 미용에 활용할 수 있는 능력의 유무

● 검정방법 및 합격기준

검정방법	검정시행 형태	합격기준
필기시험	5지선다형 객관식 (OMR카드 이용)	100점 만점에 과목별 40점 이상 취득, 전 과목 평균 60점 이상 취득 필기시험 합격은 합격자 발표일로부터 만 1년간 유효함
실기시험	위그를 이용한 기술시현	100점 만점에 60점 이상 취득

🐾 반려견 스타일리스트 시험 안내

● 검정과목

등급	구분	시험과목(문항)	시험방법(시험기간) 실기: 위그사용
1급 (공인)	필기	1. 반려견일반미용3 (25) 2. 반려견고급미용 (25)	총 50문항(60분) 5지 선다형 객관식
	실기	반려견쇼미용	기술시현(120분) 1. 잉글리쉬새들클립 2. 컨티넨탈클립 3. 퍼피클립
2급 (공인)	필기	1. 반려견일반미용2 (25) 2. 반려견특수미용 (25)	총 50문항(60분) 5지 선다형 객관식
	실기	반려견응용미용	기술시현(120분) 1. 맨하탄클립 2. 볼레로맨하탄클립 3. 소리터리클립 4. 다이아몬드클립 5. 더치클립 6. 피츠버그더치클립
3급 (공인)	필기	1. 반려견미용관리 (20) 2. 반려견기초미용 (10) 3. 반려견일반미용1 (20)	총 50문항(60분) 5지 선다형 객관식
	실기	반려견일반미용	기술시현(120분) 1. 램클립

● 필기시험 출제영역

등급	시험과목	학습	학습내용
3급	반려견 미용관리	안전위생관리	안전교육 안전장비점검 미용숍위생관리 작업자 위생관리
		기자재 관리	미용도구관리 미용소모품관리 미용장비유지보수
		고객상담	고객응대 고객관리 차트작성 애완동물상태확인 스타일 상담 작업후 상담
	반려견 기초미용	목욕	빗질 샴푸 린스 드라이
		기본미용	미용도구활용 발톱관리 귀관리 기본클리핑 기초시저링
	반려견 일반미용1	일반미용	개체특성파악 클리핑 시저링 트리밍 용어

2급	반려견 일반미용2	일반미용	견체용어
	반려견 특수미용	응용미용	응용스타일구상 도구응용사용 응용스타일완성
		염색	염색준비 염색작업 염색마무리
1급	반려견 일반미용3	일반미용	피부와 털 모색
	반려견 고급미용	쇼미용	품종표준미용 파악 테이블 매너 훈련 쇼미용 커트 쇼미용 스트리핑 쇼미용 메이크업
		장모관리	장모종 브러싱 장모종 목욕 장모종 드라잉 장모종 래핑 · 밴딩

※ 애완동물미용 NCS학습모듈에 수록된 내용과 애견미용에 대하여 일반적으로 통용되는 용어, 지식 등을 기반으로 출제

※ 「NCS학습모듈」 찾기 : www.ncs.go.kr → ncs 및 학습모듈검색 → 분야별 검색 → 24. 농림어업 → 02. 축산 → 01. 축산자원개발 → 06. 애완동물미용

● 응시자격

등급	세부내용	장애인
1급 (공인)	• 연령, 학력 : 해당 없음 • 기타 : 2급 자격 취득 후 1년 이상의 실무경력 또는 교육 훈련을 받은 자	단, 장애인복지법 시행령 제2조에서 규정한 장애인은 본 자격에 응시할 수 없음.
2급 (공인)	• 연령, 학력 : 해당 없음 • 기타 : 3급 자격 취득 후 6개월 이상의 실무경력 또는 교육 훈련을 받은 자	
3급 (공인)	• 연령, 학력, 기타 : 해당 없음	

※ '자격 취득 후'에서 자격 취득이란 해당 자격의 발급일자(합격자 발표일)를 말합니다.

※ 응시자격 조건의 충족시점 : 등급별 필기시험 응시원서 접수일 현재 해당 조건이 충족되어야 합니다.

● 등급별 필요 서류

구비서류 등급	사진 (반명함판)	서약서 및 책임각서	경력 (교육 · 훈련) 증명서
1급 (공인)	○	○	○
2급 (공인)	○	○	○
3급 (공인)	○	×	×

※ 등급별 필요 서류는 표와 같습니다. 필요한 구비서류는 접수 전 jpg나 jpeg파일로 미리 준비해 놓으시기 바랍니다. 촬영 시 플래시를 사용하면 반사광으로 판독이 어려울 수 있으니 촬영 후 확인바랍니다. 접수 시 첨부하신 반명함판 사진은 합격 시 발급하는 자격증에 사용되는 점 참고하시기 바랍니다.

● 필기시험 유의사항

· 수성 사인펜 지참

컴퓨터용 검정색 수성 사인펜 지참바랍니다. 수정 테이프는 시험실에서 대여합니다.

· 시험지 반납

퇴실 시 시험지를 감독위원에 반납하지 않은 자, 시험지를 외부로 유출 또는 기도한 자는 채점 대상에서 제외되며 3년간 응시할 수 없습니다.

· 시험 완료자는 시험시간 1/2 경과 후 퇴실 가능

● 시험당일 공통 사항

· 신분증 지참

– 필기시험은 시험시작 시점까지, 실기시험은 수험자 확인 시작 시점까지 제시하지 못하면 응시할 수 없습니다.

– 신분증은 수험자 본인의 이름, 생년월일, 사진이 게재된 주민등록증, 운전면허증, 여권, 국가자격증, 국가공인민간자격증, 청소년증, 학생증 원본만 인정됩니다. 요건을 충족한 신분증이 없는 수험자는 주민센터에서 발급받은 「청소년증 발급신청 확인서」 또는 「주민등록증 발급신청 확인서」 원본을 지참바랍니다.

· 수험표 지참

수험표가 없으면 수험자 본인의 시험실 확인이 어렵고 필기시험 답안지에 수험번호 표기 시 잘못 기재할 염려가 있습니다.

· 입실시간 준수

시험시작 전 유의사항과 제반 요령에 대해 설명하고 수험자 확인, 준비물 사전 검사(실기시험)를 합니다.

- 감독위원 안내 경청 및 준수

  감독위원은 규정에서 정한 내용과 절차에 따라 안내합니다. 감독위원의 안내 사항을 거부하거나 소란을 야기할 경우 향후 응시가 제한될 수 있습니다.

- 휴대폰은 OFF

  시험실내에서 휴대폰 전원은 반드시 OFF 바랍니다.

- 스마트워치 반입금지

  녹음, 촬영, 메시지 수발신 등의 기능이 있는 전자기기는 사용하거나 반입할 수 없습니다.

- 한시적 적용

  코로나 사태가 종식될 때까지 반드시 입실시 발열체크, 손소독제 사용, 마스크 착용을 의무화합니다. 또한 페이스쉴드, 위생장갑착용을 허용합니다.

● 총 비용 및 환불 규정

- 응시료는 필기시험 5만원, 실기시험 5만원입니다.

- 발급비는 3급 5만원, 2급 7만원, 1급 10만원입니다.

- 환불 규정

  - 검정료 납부 마감일 까지 100%
  - 검정료 납부 마감일 익일부터 시험일자 8일전 까지 50%
  - 시험일자 이전 7일 이후 0%
  - 불합격자는 자격증 발급비 전액 환불(별도 요청 불요)

  ※ 응시 취소시 서비스 이용 수수료 5,000원과 PG수수료가 차감됨.

🐾 반려견 스타일리스트 시험 안내

● **시험장 개설 및 배정**

- 시험장별 응시자가 최소 20명 이상이 되어야 개설
- 응시원서 접수자가 20명 미만 또는 검정료 납부자가 20명 미만인 경우 접수자와 개별 확인 후 다른 시험장으로 변경 배정
- 검정료 납부자가 시험장 수용 인원을 초과할 경우 검정료 납부순서(일자,시각)에 따라 확정 하고 초과자에 대해서는 개별 확인 후 다른 시험장으로 변경 배정
- 검정료 납부기간 만료 2~3일 후 수험자 일정, 배정 시험실, 유의사항 등 공고

● **필기시험장**

지역	시험장	주소
서울, 경기도, 강원도, 제주도	무학중학교	서울시 성동구 행당로 120
경상도, 부산	계명문화대학교(사회과학관)	대구시 달서구 달서대로 675
	수성대학교 (신비관)	대구시 수성구 달구벌대로 528길 15
전라도, 광주	광주자연과학고등학교(후관동)	광주시 북구 능안로 30
충청도, 대전, 세종	유성생명과학고등학교(본관)	대전시 유성구 월드컵대로 270
	솔펫동물병원(우송정보대학) ※ 대학 캠퍼스 외부에 위치	대전시 동구 동대전로 141(자양동)

● 실기시험장

지역	시험장	주소
서울, 경기도, 강원도, 제주도	서울종합예술실용학교(본관)	서울시 강남구 테헤란로 505
	한국애견협회	서울시 광진구 광나루로 441 어린이회관 동관 2층
경상도, 부산	계명문화대학교(예술관)	대구시 달서구 달서대로 675
	수성대학교(신비관)	대구시 수성구 달구벌대로 528길 15
전라도, 광주	광주자연과학고등학교(후관동)	대전시 유성구 월드컵대로 270
충청도, 대전, 세종	유성생명과학고등학교(실습동)	대전시 유성구 월드컵대로 270
	솔펫동물병원(우송정보대학) ※ 대학 캠퍼스 외부에 위치	대전시 동구 동대전로 141 (자양동)

※ 본서에 수록된 시험 관련 사항은 추후 변경 가능성이 있으므로 반드시 응시 기간 내 홈페이지를 확인하시기 바랍니다.

반려견 스타일리스트 구성과 특징

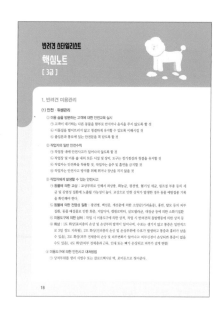

▶ 핵심노트

반려견 스타일리스트 필기합격을 위해 핵심만을 정리하여 전략적인 학습을 할 수 있도록 요약하여 수록하였습니다. 핵심만을 머릿속에 담아서 공부하세요!

▶ 실전모의고사

NCS 학습모듈에서 애완동물미용의 전 내용을 완벽 반영하여 급수 당 5회분, 총 15회분의 750문제를 실었습니다. 문제를 반복하여 풀면 필기합격의 길을 걸을 수 있습니다.

DOG STYLIST

▶ 급수별 편제

1, 2, 3급 수험생 모두 이 책 한 권으로 공부할 수 있도록 급수별로 편제하였습니다. 반려견 스타일리스트 750제 한 권이면 모두 합격할 수 있습니다.

▶ 정답 및 해설

실전모의고사에 대한 해설로 수험생 여러분이 명확하게 이해할 수 있도록 설명하였습니다. 몰랐던 내용을 보충하여 수험생 여러분께 도움이 되고자 하였습니다.

🐾 반려견 스타일리스트 목차

반려견 스타일리스트

핵심노트
[3급]

1. 반려견 미용관리

(1) 안전 · 위생관리

① 미용 숍을 방문하는 고객에 대한 안전교육 실시

　㉠ 고객이 대기하는 다른 동물을 함부로 만지거나 음식을 주지 않도록 할 것

　㉡ 이물질을 떨어뜨리지 않고 청결하게 유지할 수 있도록 이해시킬 것

　㉢ 출입문과 통로에 있는 안전문을 꼭 닫도록 할 것

② 작업자의 일반 안전수칙

　㉠ 작업장 내에 안전사고가 일어나지 않도록 할 것

　㉡ 작업장 및 미용 숍 내의 모든 시설 및 장비, 도구는 정기점검과 청결을 유지할 것

　㉢ 작업자는 안전복을 착용할 것, 작업자는 음주 및 흡연을 금지할 것

　㉣ 작업자는 안전사고 방지를 위해 뛰거나 장난을 치지 않을 것

③ 작업자에게 발생할 수 있는 안전사고

　㉠ **동물에 의한 교상** : 교상부위로 인해서 파상풍, 화농균, 광견병, 혐기성 세균, 림프절 부종 등의 세균 및 감염성 질환에 노출될 가능성이 높다. 교상으로 인한 상처가 발생한 경우 동물 예방접종 기록을 확인해야 한다.

　㉡ **동물에 의한 전염성 질환** : 광견병, 백선증, 개선충에 의한 소양감(가려움증), 홍반, 탈모 등의 피부질환, 동물 배설물로 인한 회충, 지알디아, 캠필로박터, 살모넬라균, 대장균 등에 의한 소화기질환

　㉢ **미용도구에 의한 상처** : 작업 시 미용도구에 의한 상처, 작업 시 반려견의 돌발행동에 의한 상처 등

　㉣ **화상** : 1도 화상(표피층의 손상 및 손상부위 발적이 일어나며, 수포는 생기지 않고 통증은 일반적으로 3일 정도 지속됨), 2도 화상(진피층의 손상 및 손상부위에 수포가 발생하고 통증과 흉터가 남을 수 있음), 3도 화상(피부 전체층의 손상 및 피부변화가 일어나고 피부신경이 손상되면 통증이 없을 수도 있음), 4도 화상(피부 전체층과 근육, 인대 또는 뼈가 손상되고 피부가 검게 변함)

④ 미용도구에 의한 안전사고 대처방법

　㉠ 상처부위를 생리 식염수 또는 클로르헥시딘 액, 포비돈으로 씻어준다.

　㉡ 상처가 심각하고 15분 이상 지혈해도 출혈이 멈추지 않으면 상처 부위를 멸균 거즈나 깨끗한 수건으로 완전히 덮고, 압박하면서 병원으로 이동하여 처치를 받는다.

　㉢ 상처부위에 반창고를 덮어 물이 들어가지 않게 한다.

⑤ 화상에 의한 안전사고 대처방법

　㉠ 화상부위를 흐르는 차가운 물이나 생리 식염수로 30분 이상 통증이 호전될 때까지 적셔준다.

　㉡ 통증이 호전되면 깨끗한 거즈로 상처부위를 살짝 덮어 보호한다.

　㉢ 화상 후 2일째까지는 삼출물이 많이 나오므로 거즈를 두껍게 대 주는 것이 좋다.

　㉣ 습윤 드레싱 밴드를 이용하면 편리하고 안전하게 화상부위를 관리할 수 있다.

　㉤ 얼굴, 관절, 생식기 부위, 넓은 범위의 화상은 화상 전문병원으로 이동하여 치료를 받는다.

⑥ 동물에 의한 안전사고 대처방법

　㉠ 물과 비누를 이용하여 수 분간 상처를 깨끗이 씻어 준다.

　㉡ 멸균 거즈나 깨끗한 수건으로 상처를 압박한다.

　㉢ 피가 계속 날 경우에는 15분 이상 압박하여 지혈한다.

　㉣ 항생제 연고를 바르고 반창고, 거즈, 붕대 등을 이용하여 상처 부위를 완전히 덮어 보호한다.

　㉤ 심하게 붓거나 농이 나오는 경우에는 병원으로 이동하여 처치를 받는다.

⑦ 반려견의 안전사고 예방을 위한 안전 · 유의사항

　㉠ 반려견의 낙상 시에 당황하거나 급하게 동물을 끌어안는 등의 행동은 삼간다.

　㉡ 뾰족하고 날카로운 도구는 반려견이 가까이 가지 못하도록 보관한다.

　㉢ 온수기의 물을 처음 틀었을 때 갑자기 뜨거운 물이나 차가운 물이 나올 수 있으므로 온수기의 물을
　　바로 사용하지 않는다.

　㉣ 동물이 공격성을 보이는 경우, 억지로 잡으려 하지 말고 넓은 이불이나 옷으로 얼굴을 가려준 뒤 물
　　리지 않도록 잡는다.

　㉤ 동물이 미용 중에 잘라낸 털을 삼키지 못하도록 수시로 바닥을 청소한다.

⑧ 안전장비의 점검요령

　㉠ 동물의 도주를 예방하기 위해 사용하는 안전문을 선택할 때에는 충분히 촘촘한 것을 선택한다.

　㉡ 동물마다 독립된 공간을 제공하기 힘든 경우라면, 연령과 성별, 크기가 비슷한 동물끼리 분리한다.

　㉢ 예민하고 공격적인 성향을 보이는 동물 특히 고양이는 이동장에서 대기하도록 하는 것이 좋다.

　㉣ 케이지는 여러 동물들이 대기하는 곳이므로 동물의 출입과 퇴실 때마다 각별히 위생에 신경쓴다.

　㉤ 테이블 고정암은 미용 작업 중에만 사용하고 동물을 혼자 대기시키는 목적으로는 절대 사용해서는
　　안된다.

⑨ 미용도구 소독 시 안전 · 유의사항

㉠ 금속재질의 도구는 부식의 위험이 있으므로, 물에 오랫동안 담그지 않는다.

㉡ 소독제는 도구의 재질을 고려하여 선택한다.

㉢ 소독제를 이용하여 소독할 때, 제품의 설명서에 명시된 희석배율에 따라 희석하여 사용한다.

㉣ 미용도구를 자외선 소독기에 넣기 전에 충분히 건조시킨다.

㉤ 자외선 소독기를 사용할 때는 소독하고 싶은 부분이 램프 쪽을 향하도록 둔다.

㉥ 자외선 소독기를 사용할 때는 미용도구를 포개어 사용하면 효과가 떨어지므로 최대한 펼쳐 놓는다.

㉦ 미용도구가 더러워지면 즉시 세척하고 소독하여 오염물이 말라붙지 않도록 한다.

㉧ 클리퍼 날은 하루에 1번 이상 위의 방법으로 세척하고 소독한다.

(2) 기자재 관리

① 가위의 종류

㉠ 블런트 가위(Blunt Scissors) : 털을 커트하는 데 사용하는 가위이다.

㉡ 시닝가위(Thinning Scissors) : 숱을 치는 데 사용하는 가위로 가윗날의 발수와 홈에 따라 절삭률이 달라진다.

㉢ 커브가위(Curve Scissors) : 가윗날의 모양이 휘어져 곡선부분을 커트할 때 사용한다.

㉣ 텐텐가위(Tenten Scissors) : 시닝가위와 비슷하며, 가윗날의 발수와 홈에 따라 절삭률이 달라지는데 시닝가위보다 절삭률이 좋다.

㉤ 스트록 가위(Stroke Scissors) : 다른 가위에 비해서 가윗날의 배 부분이 둥근 것으로 잘랐을 때 털을 밀어내는 힘이 강하기 때문에 양감과 질감 정리를 해준다.

② 클리퍼 날

㉠ 클리퍼에 부착하여 잘리는 털의 길이를 조절하는 것으로, 클리퍼의 아랫날 두께에 따라 클리핑 길이가 결정되며 윗날은 털을 자르는 역할을 한다.

㉡ 날에 표기된 mm는 동물의 털을 역방향 클리핑 시에 남아 있는 털의 길이이다. 클리퍼의 날은 mm수에 따라 날 사이의 간격이 좁거나 넓다.

㉢ 클리퍼의 날의 mm수가 작을수록 날의 간격이 좁고, mm수가 클수록 날의 간격이 넓다.

㉣ 클리퍼의 날의 mm수가 클수록 피부에 상처를 입힐 수 있는 위험성이 높다.

③ 빗(브러시)의 종류

㉠ 슬리커 브러시(Slicker Brush) : 엉킨 털을 풀거나 드라이를 위한 빗질 등에 사용한다.

㉡ 핀 브러시(Pin Brush) : 장모종의 엉킨 털 및 오염물을 제거하는 데 사용한다.

㉢ 브리슬 브러시(Bristle Brush) : 말, 멧돼지, 돼지 등 여러 동물의 털로 만든 빗이다.

㉣ 오발빗(5-Toothed Comb) : 애완동물의 볼륨을 표현하기 위해 털을 부풀릴 때 사용하며, 포크 콤이라고도 부른다.

      ⓓ 꼬리빗(Pointed Comb) : 동물의 털을 가르거나 래핑을 할 때 사용된다.

④ 스트리핑 나이프의 종류

      ㉠ 코스 나이프(Coarse Knife) : 나이프 종류 중에서 날이 가장 두껍고 거칠다. 언더코트를 제거하는 데 사용한다.

      ㉡ 미디엄 나이프(Medium Knife) : 코스 나이프와 파인 나이프의 중간 두께의 날이다. 꼬리, 머리, 목 부분의 털을 제거하는 데 사용한다.

      ㉢ 파인 나이프(Fine Knife) : 나이프 중에서 날이 가장 얇고 촘촘하다. 귀, 눈, 볼, 목 아래의 털을 제거하는 데 사용한다.

⑤ 미용용품

      ㉠ 지혈제 : 발톱 관리 중 출혈이 생겼을 때 지혈하는 데 사용한다.

      ㉡ 이어파우더 : 귓속의 털을 뽑을 때 털이 잘 잡히도록 하기 위해 사용한다.

      ㉢ 이어클리너 : 귀 세정제로 귀의 이물질을 제거하거나 소독하는 데 사용한다.

⑥ 염색용품

      ㉠ 염모제 : 반려견의 털을 염색하는 데 사용한다.

      ㉡ 컬러믹스 : 염색약과 섞어서 사용하여 밝은색을 표현한다.

      ㉢ 이염 방지제 : 반려견을 염색할 때 염색을 원하지 않는 부위에 바르면 원치 않는 염색을 방지할 수 있다.

      ㉣ 컬러페이스트, 컬러초크, 블로우펜, 페인트펜 : 반려견의 털에 일시적으로 염색효과를 낼 때 사용한다.

      ㉤ 알루미늄 포일 : 염색할 때 염색약이 잘 스며들게 한다.

      ㉥ 이염 방지 테이프 : 다른 부위에 염색이 되는 것을 방지하기 위하여 염색 부위를 감싸주는 데 사용한다.

      ㉦ 일회용 장갑 : 작업자의 손에 염색약이 묻지 않도록 하는 데 사용한다.

⑦ 장모관리용품

      ㉠ 브러싱 스프레이 : 브러싱할 때 생기는 마찰로 인한 모발의 손상을 줄여 쉽게 브러싱을 하는 데 사용한다.

      ㉡ 워터리스 샴푸 : 물 없이 오염을 제거하는 데 사용하며 액상과 파우더 형태가 있다.

      ㉢ 정전기 방지 컨디셔너 : 정전기로 코트가 날리는 현상을 줄여주어 모질 손상을 방지하는 데 사용한다.

      ㉣ 엉킴 제거 제품 : 엉킨 털을 쉽게 풀 수 있도록 하는 데 사용한다.

      ㉤ 래핑지 : 장모종 개의 털을 보호하기 위해 사용하는 것으로 종이 또는 비닐재질 등 소재가 다양하다.

      ㉥ 고무 밴드 : 동물의 털을 묶거나 래핑지를 고정시키는 등의 용도로 사용된다.

⑧ **소모품의 구매요구량 파악 및 구매절차**

　ⓐ **소모품 구매요구량 파악방법** : 일별, 주별, 월별 소모량의 평균 사용량을 체크한다. 소모품 보유량과 예상 사용량을 비교한다. 구매할 소모품의 수량을 결정한다.

　ⓑ **소모품의 구매절차** : 구매처 관리대장과 거래처 관리카드를 확인하여 구매업체를 선정한다. 전화, 메일, 팩스, 인터넷 등의 방법으로 주문한다. 직접방문 구입, 택배발송 납품 받음, 주문 후 담당자가 직접 방문, 담당자가 주기적으로 방문 납품 등

⑨ **미용테이블**

　ⓐ **접이식 미용테이블** : 이동식 미용 테이블로 사용하며, 견고하고 튼튼하지는 않지만 가볍고 휴대하기 간편하다는 장점이 있다.

　ⓑ **수동식 미용테이블** : 접었다 펼 수 있게 제작된 것으로 작업자가 키와 작업스타일에 맞추어 높낮이를 조절할 수 있어 편리하며, 가격이 저렴하고 접어서 이동이 가능하다.

　ⓒ **유압식 미용테이블** : 버튼을 발로 눌러 높낮이를 조절할 수 있으며, 비교적 가격이 저렴하다.

　ⓓ **전동식 미용테이블** : 전력을 이용하여 높낮이를 조절하는 미용테이블로서 자동방식으로 높낮이 조절이 매우 편리한 장점이 있는 반면에 부피가 크고 무거우며 가격이 비싸다는 단점이 있다.

⑩ **테이블 고정암과 바구니**

　ⓐ **테이블 고정암** : 테이블 위에 동물을 올려놓고 미용할 때 사용하거나 자세고정 및 낙상방지를 위해 사용한다.

　ⓑ **테이블 바구니** : 테이블 아래에 도구를 올려놓는 용도로 사용된다.

⑪ **드라이어**

　ⓐ **개인용 드라이어** : 보통 가정에서 사용하는 드라이어로 바람의 세기조절이 어렵고, 세기가 비교적 약하여 미용작업에는 많이 사용되지 않는다.

　ⓑ **스탠드 드라이어** : 바람의 세기조절이나 각도조절이 쉬워 주로 전문 미용 숍에서 미용에 많이 사용한다.

　ⓒ **룸 드라이어** : 박스형태의 룸 안에 동물을 넣고 작동시키면 바람이 나오는 장치로, 작업자가 직접 말리지 않아도 되는 자동 드라이 시스템이다.

　ⓓ **블로어 드라이어** : 강한 바람으로 털을 말리는 드라이어로 호스나 스틱형 관을 끼워 사용하며 바닥이나 테이블 위, 스탠드 위에 올려 각도를 조절하며 사용한다.

(3) 고객상담

① **고객응대를 위한 용모 및 복장**

　ⓐ 유니폼은 항상 깨끗한 상태를 유지하고 과도한 액세서리를 하지 않으며 불쾌한 냄새가 나지 않도록 한다.

ⓛ 단정하고 깔끔한 이미지를 유지하고 짙은 화장은 삼간다.

ⓒ 작업복 착용을 원칙으로 하고, 작업 시간 외의 시간에는 단정한 근무복을 착용하여 전문가로서의 인상을 줄 수 있도록 한다.

ⓔ 짧은 바지나 치마를 입거나 맨발에 슬리퍼를 신는 것은 삼간다.

ⓜ 손톱은 짧게 유지하여 청결하고 단정한 이미지를 준다.

② **불만고객 응대요령**

ⓐ 불만고객에 대해서는 신속하게 대응하여 불만이 확산되는 것을 막아야 한다.

ⓑ 고객의 불편함에 대해 끝까지 진지하게 경청하고 구체적인 원인을 파악한다.

ⓒ 진심어린 말투로 고객의 입장에서 충분히 공감하고 있다는 것을 이야기한다.

ⓓ 부드러운 표현으로 해결방법을 제시하고 최선의 방법을 성의껏 설명한다.

ⓔ 고객의 마음에 공감을 다시 표현하고 정중하게 잘못에 대해 인정하거나 불만요소 표현에 감사를 표한다.

ⓕ 불만고객의 응대순서 : 문제경청 → 동감 및 이해 → 해결방법 제시 → 재동감 및 이해

③ **미용 숍 상담실의 대기환경 조건**

ⓐ **위생과 냄새관리** : 배변, 배뇨 즉시처리 시스템, 털 등이 날리지 않도록 함

ⓑ **상담환경 조성** : 대기시간 관리, 음악, 반려견의 긍정적 기억형성을 위한 대기공간에서 조건 만들기

ⓒ **고양이가 좋아하는 식물** : 캣닙(개박하), 캣그라스, 개다래나무(마타타비), 캣민트, 곽향, 개밀, 레몬그라스 등

ⓓ **개와 고양이에게 위험한 식물** : 아스파라거스 고사리, 옥수수 식물, 디펜바키아, 백합, 시클라멘, 몬스테라, 알로에, 아이비

④ **개체 특성 파악을 위한 고객상담**

ⓐ **일반내용** : 피모상태, 질병유무, 예전에 미용이 끝난 후의 행동유형을 파악하여 접근한다. 문제가 있는 부위는 그림표로 체크하거나 필요시 사진 촬영을 실시한다. 작업 전·후 고객에게 안내하여 오해의 소지를 없앤다.

ⓑ **직접적으로 파악하기** : 육안으로 파악하기, 만져보고 파악하기

ⓒ **간접적으로 파악하기** : 기록확인, 지속적인 고객과의 소통

ⓓ **고객관리차트 작성내용** : 고객정보 기록, 애완동물 정보 기록, 미용스타일 기록, 기록정리와 갱신, 미용관리 차트 작성, 전자차트 사용

⑤ **스크랩북**

ⓐ **활용** : 샘플사진 또는 스타일북을 활용하여 고객이 원하는 미용스타일을 파악하고, 샴푸, 보습제 등의 제품들을 표로 안내하여 고객이 선택하는데 도움을 준다.

    ⓛ **스타일북 작성** : 인터넷 검색 사진 자료 수집하는 방법, 미용 작업 후 촬영하여 수집하는 방법, 스마트 기기를 활용하여 사진 등의 자료를 수집하는 방법 등

    ⓒ **제품안내표** : POP광고 활용, 제품사진 스크랩준비 등

⑥ **요금표**

    ㉠ **비용책정** : 미용가격은 체중, 품종, 크기, 털 길이, 미용기법, 엉킴 정도, 지역과 미용 숍의 전문성 등에 따라 다르므로 미용 소요시간을 기준으로 책정한다.

    ⓛ **요금표 게시방법** : 가격표 부착, 스크랩북 활용 안내

    ⓒ **요금안내** : 미용 작업 전 요금상담을 하는 것이 중요하다. 책정된 요금을 고객에게 안내하고 이해하기 쉽게 안내하여 동의를 구해야 서비스에 만족할 수 있다. 비용이 추가될 수 있는 상황에 대해서는 고객의 불만이 발생하지 않도록 사전에 안내한다.

⑦ **작업 후 상담**

    ㉠ **고객만족도 확인** : 작업 후 확인, 전화확인, 설문조사

    ⓛ **반려견 상태표 작성** : 작업 중 발견한 반려견의 건강상태를 간단하게 작성한다. 고객에게 알기 쉽게 설명하고 필요시 수의사의 진료를 안내한다.

    ⓒ **사고발생 시 대처와 고객안내** : 미용작업 시 작업자가 주의하더라도 발생하는 불가피한 사고에 대비하여 응급처치 요령을 반드시 숙지하고, 위급한 상황에서는 반드시 수의사에게 진료를 받도록 한다.

    ⓔ **사고발생 가능원인** : 낙상, 미용도구에 의한 상처, 화상, 도주

    ⓜ **반려견이 서로 공격할 경우** : 반려견의 뒷다리 들기, 반려견과 다른 동물의 사이 막기, 천 패드나 큰 수건 등을 이용하여 눈 덮기(시야 가리기)

2. 반려견 기초미용

(1) 목욕

① **브러싱의 순서**

    ㉠ 브러싱을 하기 전에 개체의 특징을 파악한 후 작업에 들어간다.

    ⓛ 브러싱(빗질)으로 털의 상태, 피부의 질병 등의 관리상태를 점검한다.

    ⓒ 브러싱을 할 때 피부손상과 털의 끊김에 주의하여 브러싱한다.

② **털의 모량과 길이에 따른 구분과 특징**

    ㉠ **장모종** : 털이 미세하여 단위 면적당 털의 무게가 적은 장모종에는 코커스패니얼, 포메라니안 등이 있다. 부모의 무게가 전체 무게의 70%, 털 수의 80%를 차지하며, 다른 부모의 형태와 비교하여 털

이 비교적 거칠며 털이 적게 빠지는 경향을 가진 장모종에는 푸들, 베들링턴 테리어, 케리블루 테리어 등이 있다.

ⓛ 단모종 : 피모는 주모가 강하게 성장하고, 부모는 무게가 적고 그 수도 적으며 약하게 성장하는 거친단모를 가진 종으로는 로트와일러가 있으며 많은 테리어 종 등이 이러한 형태를 보인다. 미세한 단모를 가진 종으로는 닥스훈트, 미니어처 핀셔 등이 있다.

ⓒ 털 없는 종 : 일부 머리와 다리, 꼬리 등에 털이 나 있으며, 털이 없어 피부 보호막을 형성하기 위한 피부분비물이 많으므로 주기적인 점검과 관리가 필요하다. 샴푸 후 보습과 영양공급으로 피부보호를 위한 관리가 필요하다. 대표적인 견종은 멕시칸 헤어리스, 차이니스 헤어리스 등이다.

③ 털의 모질에 따른 구분과 특징

㉠ 컬리 코트 : 털이 곱슬거리는 형태이다. 자주 빗질을 해주는 것이 중요하며, 목욕과 털 손질 후 필요에 따라 털을 잘라주어야 한다.

ⓛ 실키 코트 : 길고 부드러운 털의 형태를 가진다. 피부관리에 주의하며 빗질을 하여야 한다.

ⓒ 스무드 코트 : 부드럽고 짧은 털을 가지고 있다. 루버브러시 등으로 빗질을 하여 죽은 털 제거 및 피부자극으로 건강하고 윤기 있게 관리한다.

ⓔ 와이어 코트 : 거칠고 두꺼운 형태의 털을 뽑아줌으로써 아름다움을 관리한다.

④ 샴핑의 기능

㉠ 대부분의 샴푸에는 계면활성제, 향수 등의 첨가제, 영양성분과 보습물질이 함유되어 있다.

ⓛ 개의 피부는 pH 7~7.4의 중성에 가깝고 사람 피부(pH 4.5~5.5)와는 다르므로 사람용 샴푸는 개의 피부에 자극적일 수 있다.

⑤ 린싱의 목적

㉠ 린싱의 목적은 샴핑으로 알칼리화된 상태를 중화시키는 것이다.

ⓛ 린싱은 샴핑의 과도한 세정으로 생긴 피부와 털의 손상을 적절히 회복시켜 줄 수 있다.

ⓒ 린싱을 할 때 일반적으로 농축형태로 된 것을 용기에 적당한 농도로 희석하여 사용한다.

ⓔ 과도하게 사용하면 드라잉 후에 털의 끈적거림이 발생하고 지나치게 헹구면 린싱효과가 떨어지므로 적절하게 사용한다.

⑥ 드라잉 방법

㉠ 타월링 : 목욕 후 털에 남아 있는 수분제거를 위해 실시한다. 와이어 코트의 경우에는 타월링의 수분 제거만으로 드라잉을 대체할 수 있다.

ⓛ 새킹 : 털을 최고의 상태로 유지하면서 드라잉을 하기 위해 타월로 몸을 감싸는 작업이다. 드라잉 바람이 건조할 부위에만 가도록 유도하는 것이 중요하며, 바람이 브러싱하는 곳 이외의 털을 건조시키지 않도록 주의한다.

ⓒ 플러프 드라이 : 장모에 비해 비교적 짧은 이중모를 가진 애완동물은 핀 브러시를 사용하여 모근에
서부터 털을 세워가며 모량을 풍성하게 하는 드라잉을 한다.

ⓔ 켄넬 드라이 : 켄넬 박스 안에 목욕을 마친 반려견을 넣고 안으로 바람을 쏘이게 하여 털의 수분이
날아가도록 하는 방법이다.

ⓜ 룸 드라이 : 다양한 사이즈와 기능을 갖춘 박스형식의 드라이어를 말한다.

(2) 기본미용

① 콤의 종류 및 용도

ⓐ 페이스 콤 : 핀의 길이가 짧은 빗이다. 얼굴, 눈 앞과 풋 라인을 자를 때 주로 사용한다.

ⓑ 푸들 콤 : 핀의 길이가 긴 빗이다. 파상모의 피모를 빗을 때 주로 사용한다.

ⓒ 콤 : 핀의 간격이 넓은 면과 핀의 간격이 좁은 면이 반반으로 구성된 빗이다. 핀의 간격이 넓은 면은
털을 세우거나 엉킨 털을 제거할 때 사용한다. 핀의 간격이 좁은 면은 섬세하게 털을 세울 때 사용
한다.

ⓓ 실키 콤 : 길고 짧은 핀이 어우러진 빗이다. 부드러운 피모를 빗을 때 사용한다.

② 발 모양에 따른 분류

ⓐ 캣 풋 : 발가락뼈의 끝부위에 있는 뼈가 작아 고양이 발을 닮은 발 모양이다.

ⓑ 헤어 풋 : 엄지발가락을 제외한 네 발가락 중 가운데 두 발가락이 긴 발 모양으로 베들링턴 테리어,
보르조이, 사모예드 견종에서 많이 볼 수 있다.

ⓒ 페이퍼 풋 : 발바닥이 종이처럼 얇고 패드의 움직임이 빈약한 발 모양이다.

③ 클리퍼 작업

ⓐ 기본 클리핑은 0.1~1mm의 클리퍼 날로 발바닥, 발등, 항문, 복부, 귀, 꼬리, 얼굴부위의 털을 제거
하는 작업이다.

ⓑ 작업을 수행할 때 클리퍼는 피부와 평행하게 들어가야 한다.

④ 기초 시저링

ⓐ 눈 주변의 털 : 눈이 보이도록 눈 앞의 털을 시저링한다.

ⓑ 항문 주변의 털 : 청결을 위해 클리핑 후 항문 주위의 털을 제거한다.

ⓒ 언더라인 : 복부 주변의 털을 클리핑한 후 클리핑 라인의 털을 시저링한다. 가슴 밑부터 턱업 앞까
지의 라인을 시저링한다.

ⓓ 꼬리털 : 꼬리 끝의 피부가 다치지 않게 주의하면서 꼬리털의 길이를 결정한다.

ⓔ 귀털 : 귀 끝을 일직선 또는 라운드로 시저링한다.

ⓕ 발 주변의 털 : 발바닥을 클리핑한 발은 발바닥 패드의 털을 제거하고 발등의 털은 발톱이 가려지도
록 둥그스름하게 주변을 자른다. 발바닥과 발등을 클리핑한 발은 클리핑한 라인이 보이도록 풋 라

인을 자른다. 발 주변의 털을 제거하는 목적은 미끄러짐 방지, 아름다움을 표현하기 위해서이다.

3. 반려견 일반미용1

(1) 개체특성 파악 및 시저링

① 대상에 맞는 미용 스타일을 선정하는 방법

    ㉠ 몸의 구조에 문제가 있는 경우 : 몸 구조의 단점을 파악하여 이를 보완할 수 있는 미용스타일 선택

    ㉡ 반려견 털의 길이가 짧으나 털이 긴 미용스타일을 고객이 원하는 경우 : 당장 길게 보이도록 미용을 할 수 없으므로 향후 고객이 원하는 미용이 될 수 있는 틀을 잡아주는 미용스타일 선택

    ㉢ 털에 오염된 부분이 있는 경우 : 일시적으로 발생한 것인지, 지속적으로 발생할 여지가 있는 것인지에 대한 파악 후 선택

    ㉣ 반려견이 예민하거나 사나울 경우 : 정도를 파악하고 고객에게 설명하며, 미용이 가능할 경우 물림 방지 도구 등의 사용여부를 고객에게 설명하고 동의를 얻음

    ㉤ 반려견이 특정 부위의 미용을 거부할 경우 : 반려견이 스트레스를 받지 않는 방향으로 미용방법 변경

    ㉥ 반려견이 날씨나 온도의 영향을 받는 곳에서 생활할 경우 : 생활환경이 반영된 미용스타일 선택

    ㉦ 반려견이 미끄러운 곳에서 생활하는 경우 : 미끄러지지 않도록 발바닥 아래의 털을 짧게 유지할 수 있는 미용스타일 선택

    ㉧ 고객에게 시간적 여유가 없을 경우 : 비교적 간단하게 관리할 수 있는 미용방법 선택

    ㉨ 반려견이 노령일 경우 : 클리핑 시 주의, 가능하면 미용시간을 짧게 함

    ㉩ 반려견이 질병이 있을 경우 : 시간이 짧게 소요되는 미용스타일 선택

② 반려견의 체형 구분

    ㉠ 하이온 타입 : 몸높이가 몸길이보다 긴 체형으로 몸에 비해 다리가 길다. 긴 다리를 짧게 보이도록 커트하고, 백 라인을 짧게 커트하여 키를 작아보이게 하며, 언더라인의 털을 길게 남겨 다리를 짧게 보이게 한다.

    ㉡ 드워프 타입 : 몸길이가 몸높이보다 긴 체형으로 다리에 비해 몸이 길다. 긴 몸의 길이를 짧아보이게 커트하고, 가슴과 엉덩이 부분의 털을 짧게 커트하여 몸 길이를 짧아보이게 하며, 언더라인의 털을 짧게 커트하여 다리를 길어보이게 한다.

    ㉢ 스퀘어 타입 : 몸길이와 몸높이의 비율이 각각 1:1인 이상적인 체형이다.

③ 푸들의 램 클립

    ㉠ 램 클립이란 어린 양의 모습에서 나온 미용스타일로 푸들의 클립 중에서 가장 보편적인 미용방법이다.

ⓛ 푸들의 램 클립은 다른 미용방법과 달리 얼굴을 클리핑한다는 특징이 있다.

ⓒ 클리핑 부위(0.1~1mm)는 머즐(주둥이), 발바닥, 발등, 복부, 항문, 꼬리 등이다. 이때 꼬리의 경우, 꼬리의 1/3을 클리핑하고 시저링하여 어느 각도에서든 동그랗게 보이도록 한다.

ⓔ 시저링 부위는 머리 부분, 몸통, 다리, 꼬리이다.

ⓜ 퍼프란, 다리에 구슬모양으로 동그랗게 만드는 장식털을 말한다.

(2) 트리밍 관련 용어

① 중요 트리밍 용어 해설

㉠ 그리핑(Gripping) : 트리밍 나이프로 소량의 털을 골라 뽑는 작업을 말한다.

㉡ 듀플렉스 쇼튼(Duplex-Shorten) : 스트리핑 후 일정기간 새로운 털이 자라날 때까지 들뜨고 오래된 털을 다시 뽑는 작업을 말하며, 듀플렉스 트리밍이라고도 한다.

㉢ 레이킹(Raking) : 스트리핑 후 남은 오버코트나 언더코트를 일정 간격으로 제거해주는 작업을 말한다.

㉣ 블렌딩(Blending) : 털의 길이가 다른 곳의 층을 연결하여 자연스럽게 하는 작업을 말한다.

㉤ 새킹(Sacking) : 베이싱 후 털이 튀어나오거나 뜨는 것을 막고 물기를 유지하기 위해 신체를 타월로 감싸는 작업을 말한다.

㉥ 셰이빙(Shaving) : 드레서나 나이프를 이용하여 털을 베듯이 자르는 작업을 말한다.

㉦ 스테이징(Staging) : 미니어처 슈나우저 등에게 작업하는 스트리핑 방법이다.

㉧ 스트리핑(Stripping) : 트리밍 나이프를 사용해 노폐물 및 탈락된 언더코트를 제거하는 작업을 말하며, 과도한 언더코트의 양을 줄이면서 털을 뽑아 스타일을 만들어 내는 방법이다.

㉨ 인덴테이션(Indentation) : 푸들 등에게 스톱에 역V자 모양의 표현을 하는 것이다.

㉩ 트리밍(Trimming) : 털을 뽑거나 자르고 미는 등 불필요한 털을 제거하여 스타일을 만드는 작업을 말한다.

㉪ 플러킹(Plucking) : 트리밍 나이프로 털을 뽑아 원하는 미용스타일을 만드는 작업을 말한다.

㉫ 핑거 앤드 섬 워크(Finger And Thumb Work) : 엄지손가락과 집게손가락을 이용해 털을 제거하는 작업으로, 도구를 사용하는 것보다 자연스러운 표현이 가능하다.

핵심노트
[2급]

1. 반려견 일반미용2

(1) 견체 관련 머리 용어

① 두개의 타입

ㄱ 클린 헤드(Clean Head) : 주름이 없고 앙상한 머리형으로 살루키가 대표적이다.

ㄴ 블로키 헤드(Blocky Head) : 두부에 각이 지거나 펑퍼짐하게 퍼져 길이에 비해 폭이 매우 넓은 네모난 모양의 각진 머리형을 말하며 보스턴 테리어가 대표적이다.

② 얼굴 등

ㄱ 치즐드(Chiselled) : 눈 아래가 건조하고 살집이 없어 윤곽이 도드라지는 형태의 얼굴을 말한다.

ㄴ 퍼로우(Furrow) : 스컬(두부) 중앙에서 스톱(눈 사이 패인부분) 방향으로 세로로 가로지르는 이마 부분의 세로 주름을 말한다.

ㄷ 크라운(Crown) : 두부의 가장 높은 정수리 부분의 두정부를 말하며, 탑 스컬(Top Skull)이라고도 한다.

(2) 견체 관련 눈 용어, 입 용어

① 눈 용어

ㄱ 오벌 아이(Oval Eye) : 일반적인 모양의 타원형 또는 계란형의 눈을 말하며, 대표적인 견종으로는 푸들, 살루키 등이다.

ㄴ 벌징 아이(Bulging Eye) : 튀어나와 볼록하게 보이는 눈을 말한다.

ㄷ 아몬드 아이(Almond Eye) : 눈 양끝이 뾰족한 아몬드 모양의 눈을 말하며, 대표적 견종으로는 저먼 셰퍼드, 도베르만핀셔 등이 있다.

② 입 용어

ㄱ 시저스 바이트(Scissors Bite) : 위턱 앞니와 아래턱 앞니가 조금 접촉되어 맞물린 것을 말하며, 협상교합이라고도 한다.

ㄴ 이븐 바이트(Even Bite) : 위턱과 아래턱이 맞물린 것을 말하며, 절단교합이라고도 한다.

ㄷ 플루즈(Flews) : 늘어진 윗입술을 말한다.

ㄹ 리피(Lippy) : 아래로 늘어지거나 턱이 밀착되지 않은 입술을 말한다.

ㅁ 라이 마우스(Wry Mouth) : 뒤틀려 비뚤어진 입을 말한다.

(3) 견체 관련 코 용어, 귀 용어

① 코 용어

㉠ 로만 노우즈(Roman Nose) : 독수리의 부리 모양과 비슷한 매부리코를 말하며 보르조이가 대표적이다.

㉡ 버터플라이 노우즈(Butterfly Nose) : 살색 코에 검은 반점이 있거나 검은 코에 살색 반점이 있는 코를 말한다.

㉢ 스노우 노우즈(Snow Nose) : 평소에는 코가 검은색이나 겨울철에 핑크색 줄무늬가 생기는 코를 말한다.

㉣ 프레시 노우즈(Fresh Nose) : 살색의 코를 말한다.

② 귀 용어

㉠ 이렉트(Erect) : 귀나 꼬리를 위쪽으로 세운 것을 말한다.

㉡ 이어 프린지(Ear Fringe) : 길게 늘어진 귀 주변의 장식 털을 말하며 세터가 대표적이다.

㉢ 로즈 이어(Rose Ear) : 귀의 안쪽이 보이며 뒤틀려 작게 늘어진 귀로 불독, 휘핏이 대표적이다.

㉣ 벨 이어(bell Ear) : 끝이 둥근 벨과 같은 형태의 둥근 종 모양의 귀를 말한다.

㉤ 파렌 이어(Phalene Ear) : 늘어진 귀 타입을 말하며, 빠삐용의 늘어진 타입은 그 수가 매우 적으며 완전하게 늘어져야만 한다.

(5) 견체 관련 몸통 용어, 다리 용어, 꼬리 용어

① 몸통 용어

㉠ 다운힐(Downhill) : 등선이 허리로 갈수록 낮아지는 모양을 말한다.

㉡ 로치 백(Roach Back) : 등선이 허리로 향하여 부드럽게 커브한 모양을 말하며, 잉어 등이라고도 한다.

㉢ 보시(Bossy) : 어깨 근육이 과도하게 발달해 두꺼운 몸통 타입을 말한다.

㉣ 비피(Beefy) : 근육이나 살이 과도하게 발달해 비만인 몸통 타입을 말한다.

㉤ 숏 백(Short Back) : 기갑의 높이보다 짧은 등을 말한다.

㉥ 스웨이 백(Sway Back) : 캐멀 백의 반대 의미로 등선이 움푹 파인 모양을 말한다.

㉦ 위디(Weedy) : 골량이 부족하여 골격이 가늘고 왜소한 모양을 말하며, 미발육의 신체상태이다.

㉧ 캐멀 백(Camel Back) : 어깨 쪽이 낮고 허리부분이 둥글게 올라가고 엉덩이가 내려간 모양을 말하며, 낙타등이라고도 한다.

㉨ 코비(Cobby) : 몸통이 짧고 간결한 모양의 몸통 타입을 말하며, 몰티즈가 대표적이다.

㉩ 클로디(Cloddy) : 등이 낮고 몸통이 굵어 무겁게 느껴지는 몸통의 타입을 말한다.

② 다리 용어

    ㉠ 배럴 호크(Barrel Hock) : 발가락 부분이 안쪽으로 굽어 밖으로 돌아간 비절을 말한다.

    ㉡ 스트레이트 호크(Straight Hock) : 각도가 없는 관절을 말한다.

    ㉢ 카우 호크(Cow Hock) : 뒷다리 양쪽이 소처럼 안쪽으로 구부러진 다리를 말한다.

    ㉣ 트위스팅 호크(Twisting Hock) : 체중이 과도해 지탱이 어려워 좌우 비절 관절이 염전된 것을 말한다.

③ 꼬리 용어

    ㉠ 로우 셋 테일(Low Set Tail) : 낮게 달린 꼬리를 말한다. 반면에 하이 셋 테일(High Set Tail)은 높게 달린 꼬리를 말한다.

    ㉡ 스크류 테일(Screw Tail) : 와인 오프너 같은 모양의 나선형 꼬리를 말하며, 불독, 보스턴 테리어가 대표적이다.

    ㉢ 이렉트 테일(Erect Tail) : 직립꼬리로 위를 향해 선 꼬리를 말하며, 스코티쉬 테리어, 폭스 테리어 등이 대표적이다.

    ㉣ 크룩 테일(Crook Tail) : 구부러진 꼬리를 말한다.

    ㉤ 플래그폴 테일(Flagpole Tail) : 등선에 대해 직각으로 올라간 꼬리를 말하며, 비글이 대표적이다.

    ㉥ 플룸 테일(Plume Tail) : 깃털 모양의 장식 털이 아래로 늘어진 꼬리를 말하며, 잉글리시 세터가 대표적이다.

    ㉦ 휩 테일(Whip Tail) : 곧고 길며 끝이 가늘고 뾰족한 채찍형의 꼬리를 말하며, 잉글리시 포인터가 대표적이다.

2. 반려견 특수미용

(1) 응용미용

① 푸들의 맨해튼 클립

    ㉠ 허리와 목 부분에 클리핑 라인을 만드는 미용스타일이다.

    ㉡ 밴드를 만들고 목 부분을 클리핑하는 미용스타일이다.

    ㉢ 통상적으로 허리와 목 부분을 클리핑하지만, 목 부분을 클리핑하지 않고 허리선만 드러나게 하는 경우도 많다.

    ㉣ 클리핑 라인이 완벽해야만 전체 커트로 이어지는 라인을 아름답게 표현할 수 있다.

② 푸들의 퍼스트 콘티넨탈 클립

    ㉠ 로제트, 팜펀, 브레이슬릿 커트의 균형미와 조화가 돋보이는 미용스타일이다.

    ㉡ 쇼 클립에 가장 가깝다.

ⓒ 클리핑 면적이 넓고 콘티넨탈 클립보다 짧게 커트되어 가정에서도 관리하기가 용이하다.

ⓔ 로제트, 팜펀, 브레이슬릿의 균형미와 조화가 중요하며, 클리핑 라인의 선정이 중요하다.

③ 푸들의 브로콜리 커트

　　ⓐ 몸통은 짧고 다리는 원통형이며, 비숑 프리제의 머리모양 스타일에 머즐 부분만 짧게 커트하는 미용스타일이다.

　　ⓑ 모량이 충분하고 힘이 있어야 하며 전체적으로 둥근 이미지로 표현한다.

④ 포메라니안의 곰돌이 커트

　　ⓐ 얼굴은 둥글게 몸의 털을 짧게 커트한다.

　　ⓑ 포메라니안 특유의 귀여운 이미지를 연출할 수 있는 미용스타일이다.

⑤ 장모종

　　ⓐ 긴 오버코트와 촘촘한 언더코트가 같이 자라 보온성이 뛰어나지만 털이 잘 엉키는 단점이 있다.

　　ⓑ 1일 1회 이상 브러시를 사용하여 털 결의 순방향으로 빗질해 준다.

　　ⓒ 생식기나 입 주변 등은 래핑 처리하여 오염을 방지하고 털을 보호해 준다.

　　ⓔ **대표적 견종** : 몰티즈, 요크셔테리어, 시츄 등이다.

⑥ 단모종

　　ⓐ 털의 길이가 짧은 것으로 발수성이 좋고 털 관리가 용이하다. 스무드 코트라고도 한다.

　　ⓑ 겨울부터 봄까지의 털갈이 시기에는 주기적으로 빗질하여 주는 것이 좋다.

　　ⓒ 너무 잦은 목욕은 피모를 건조하게 하므로 주의하여야 한다.

　　ⓔ **대표적 견종** : 닥스훈트, 치와와, 미니어처 핀셔, 비글 등이다.

⑦ 아트미용 도구 및 재료

　　ⓐ 헤어스프레이 : 머리 위 털이나 등 털을 세워주는 세팅 작업용으로 사용하며, 눈과 호흡기, 피부에 닿지 않도록 주의한다.

　　ⓑ 글리터 젤 : 털과 장식 털 등에 포인트를 주어 화사한 이미지를 표현하며, 글리터 젤을 사용한 후 헤어스프레이를 사용하면 고정시키는 효과가 있다.

⑧ 유사시 필요한 용품

　　ⓐ 하네스(Harness) : 안전벨트 형식의 용구로 목줄을 불편해하는 개에게 사용한다.(주로 산책 시 사용)

　　ⓑ 스누드(Snood) : 얼굴 주변의 털이 길거나 귀가 늘어져 있는 경우 오염방지를 위한 용도로 주로 사용된다.

　　ⓒ 매너 벨트(Manner Belt) : 수컷의 생식기에 소변을 흡수하는 패드를 쉽게 붙일 수 있도록 도와주는 용도로 사용된다.

　　ⓔ 드라이빙 키트(Driving Kit) : 차 안에서 편안하고 안전하게 개의 이동을 도와주는 용도로 사용한다.

(2) 염색

① 염색준비

　　㉠ **피부 트러블** : 자극에 대한 이상반응 여부, 과거 트러블 이력사항 확인, 클리핑 후 또는 샴푸 교체, 드라이 온도에 따른 이상반응 여부 확인

　　㉡ 염색 후 피부 이상반응 확인, 반려견의 염색 후 이상행동 관찰

　　㉢ **염색 전 털 엉킴 및 오염제거** : 털 엉킴제거, 오염제거

　　㉣ **염색제 선택** : 일회성 염색제, 지속성 염색제

　　㉤ **기타** : 보색대비와 유사대비, 이염(염색작업 시 염료가 염색해야 할 부위가 아닌 다른 곳이 물드는 것을 말함)

② 염색제

　　㉠ **일회성 염색제** : 튜브형 용기에 담긴 겔 타입의 염색제, 분말로 된 초크형 염색제가 있다.

　　㉡ **지속성 염색제** : 목욕으로 제거되지 않고 영구적이며, 겔 타입이다. 염색 후에는 제거가 어렵고, 염색부위를 제거하려면 가위로 커트한다.

③ 이염 방지제 및 이염 방지 방법

　　㉠ **이염 방지제** : 이염 방지 크림, 이염 방지 테이프, 부직포

　　㉡ **이염 방지 방법** : 염색하기 전 이염 방지 크림을 염색할 부위가 아닌 곳에 도포한다. 염색을 방지할 부분에 이염 방지 테이프를 감싸준다. 염색을 방지할 부분에 적당한 크기의 부직포를 씌운다. 염색제가 염색할 부위가 아닌 곳에 묻었을 때는 알칼리 성분의 샴푸를 사용하여 닦아낸다. 알코올 소독 패드는 소독과 이물질 제거에 사용하며, 일회성 염색제 사용 시 컬러를 교체할 때마다 붓을 닦아 주면 위생적이다.

④ 염색방법

　　㉠ **투 톤 염색** : 두 가지 컬러가 한 부위에 동시에 발색되는 것이다. 피부와 가까운 부위의 염색이 더 진하게 나오므로 피부와 가까운 곳에 더 연한 컬러로 염색하는 것이 좋다. 보색대비보다는 유사대비 컬러의 발색이 더 좋다. 보색대비 염색작업 시에는 경계선을 만들어 이염 방지 작업을 철저히 하여야 한다.

　　㉡ **그러데이션 염색** : 두 가지 컬러의 염색제로 한 부위에 동시에 발색하는 것으로 두 가지 컬러 이상의 색 번짐과 겹침을 이용하는 것이다. 유사대비 컬러의 활용을 권장한다.

　　㉢ **블리치 염색(부분 염색)** : 원하는 부위에 부분적으로 컬러 포인트를 주는 방법이다. 염색 시 피부와 1cm 정도 떨어진 곳에서부터 시작한다. 컬러의 발색을 미리 보기 위해 테스트용으로도 활용할 수 있다. 염색을 하고 싶은데 피부가 예민한 애완동물에게 하면 좋다. 염색작업 후 컬러의 발색이 마음에 들지 않으면 염색한 털만 커트해 준다.

ⓐ **염색제 도포 후 작용시간** : 자연 건조 상태로 기다리거나 드라이 작업을 하여 가온한다. 자연 건조 상태로 기다리는 시간은 20~25분 정도이다. 드라이어로 가온하면 시간을 단축할 수 있다. 염색제를 도포한 털의 양과 길이에 따라 시간의 차이가 있다. 작용시간을 기다리는 시간 동안 애완동물을 지켜보며 보정한다.

⑤ **염색도구**

ㄱ **블로우펜** : 일회성 염색제이며 펜을 입으로 불어서 사용한다. 분사량과 분사거리에 따라 발색력이 다르게 나타난다. 작업 후 목욕으로 제거할 수 있고, 털의 길이가 길면 쉽게 활용할 수 있다.

ㄴ **초크** : 수분을 흡수해주며 겔 타입과 펜 타입 염색제와 함께 사용한다. 지속성 염색제를 쓰기 전에 초벌용으로 사용한다. 발림성과 발색력이 좋으며 작업 후 목욕으로 제거할 수 있다.

ㄷ **페인트펜** : 일회성 염색제로 펜 타입이다. 원하는 부위에 정교한 작업이 가능하다. 발림성과 발색력이 좋고 사용이 용이하다.

ㄹ **글리터 젤** : 장식용 반짝이로 손쉬운 장식 및 활용이 가능하다. 반짝이 가루의 날림이 적고 접착력이 있는 것이 특징이다.

⑥ **염색작업 후 샴핑과 린싱을 해야 하는 경우**

ㄱ **염색작업 후 샴핑을 해야 하는 경우** : 세척 후에도 염색제 찌꺼기가 남아 있는 경우, 이염 방지제를 지나치게 많이 사용했을 경우, 염색작업 과정에서 이물질이 묻었을 경우

ㄴ **염색작업 후 린싱을 해야 하는 경우** : 샴핑 후에도 털이 거친 경우, 염색제가 제거되지 않아 여러 번 샴핑했을 경우, 물로 세척한 후에 털이 거칠 때에는 샴핑을 하지 않고 린싱만 한다.

⑦ **영양 보습제**

ㄱ **크림 타입** : 피모가 많아 건조한 경우 효과적이다. 목욕과 타월링한 후 드라이하기 전에 수분이 남아 있는 상태에서 고르게 펴서 발라주거나, 드라이한 후에 건조된 상태에서 발라준다.

ㄴ **로션 타입** : 크림보다 수분함량이 많아 발림성이 좋으므로 목욕과 드라이한 후 발라준다. 피모에 수분기가 없더라도 흡수력이 빠르다.

ㄷ **액상 타입** : 주로 스프레이가 많으며, 수시로 분사해주어 털의 엉킴과 정전기를 방지해 준다. 미용 전 · 후에 가볍게 쓰는 타입으로 건조한 피모에 수시로 분사한다.

⑧ **염색 작업 시 안전 · 유의사항**

ㄱ 염색제 사용 시 이염이 되면 잘 제거되지 않으므로 미리 방지하고 주의하여야 한다. 이염을 방지하기 위해 도안 작업을 한다.

ㄴ 반려견이 염색작업으로 스트레스를 받으면 사나워지거나 우울해질 수 있으므로 주의한다.

ㄷ 블로우펜으로 작업할 때에는 미리 다른 곳에 분사해서 컬러의 농도를 체크하고 반려견이 놀라지 않도록 피모에 미리 바람을 불어보고 작업한다.

ⓔ 스텐실과 페인팅 작업을 할 때에는 염색제가 너무 차갑지 않도록 주의한다. 염색용 붓을 사용할 때
여러 컬러를 자주 교체할 경우에는 알코올 패드로 닦아내면서 작업한다.

반려견 스타일리스트

핵심노트
[1급]

1. 반려견 일반미용3

(1) 피부와 털

① 관련 용어

- ㉠ 러프(Ruff) : 목 주위의 풍부한 장식 털을 말하며, 콜리가 대표적이다.
- ㉡ 새들(Saddle) : 등 부분에 넓은 안장 같은 반점을 말한다.
- ㉢ 스커트(Skirt) : 에이프런 아랫부분의 긴 장식 털을 말한다.
- ㉣ 언더코트(Undercoat) : 아래털 또는 하모, 부모라고도 하며 체온을 유지하고 조절하며 방수성이 있으며 부드럽고 촘촘하게 나 있다. 반면에 오버코트(Overcoat)는 위 털 또는 상모, 주모라고도 하며 외부환경으로부터 신체를 보호하며 언더코트보다 굵고 길다.
- ㉤ 프릴(Frill) : 목 아래와 가슴의 길고 풍부한 털을 말하며, 러프콜리가 대표적이다.
- ㉥ 플럼(Plume) : 깃발 모양 꼬리의 장식 털을 말하며, 잉글리시세터가 대표적이다.

② 털 유형

- ㉠ 스탠드 오프 코트(Stand off Coat) : 꼿꼿하게 선 모양의 털을 말하며, 개립모라고도 하며, 스피츠, 포메라니안 등이 대표적이다.
- ㉡ 스테어링 코트(Staring Coat) : 건조하고 거칠며 상태가 나빠진 털을 말하며, 질병이 있거나 영양상태가 안 좋을 경우 나타난다.
- ㉢ 스트레이트 코트(Straight Coat) : 털이 구불거리지 않은 직선의 털을 말하며, 직립모라고도 한다.
- ㉣ 실키 코트(Silky Coat) : 부드럽고 광택이 있으며 실크와 같은 긴 모질을 말한다.
- ㉤ 아웃 오브 코트(Out of Coat) : 모량이 부족하거나 탈모된 상태를 말한다.
- ㉥ 와이어 코트(Wire Coat) : 뻣뻣하고 강한 형태의 모질로, 상모는 단단하고 바삭거리는 모질이다.
- ㉦ 울리 코트(Woolly Coat) : 양모상의 털을 말하며, 북방 견종에게 많이 나타나며, 워터독의 코트에는 방수효과가 있다.
- ㉧ 웨이비 코트(Wavy Coat) : 상모에 웨이브가 있는 털을 말하며, 파상모라고도 한다.
- ㉨ 위스커(Whisker) : 주둥이 볼 양쪽과 아래턱의 길고 단단한 수염을 말하며, 미니어처 슈나우저가 대표적이다.
- ㉩ 컬리 코트(Curly Coat) : 곱슬거리는 털을 말하며, 권모라고도 한다.
- ㉪ 코디드 코트(Corded Coat) : 언더코트와 오버코트가 자연스럽게 얽혀 새끼줄 모양으로 된 털을 말하며, 코몬도르, 폴리 등이 대표적이다.

ⓔ 하쉬 코트(Harsh Coat) : 거칠고 단단한 와이어 코트를 말한다.

(2) 모색

① 모색 유형

㉠ 그루즐(Gruzzle) : 흑색 계통 털에 회색이나 적색이 섞인 색을 말한다.

㉡ 멀(Merle) : 검정, 블루, 그레이의 배색을 말한다.

㉢ 배저(Badger) : 그레이, 진회색, 화이트가 섞인 모색을 말한다.

㉣ 버프(Buff) : 부드럽고 연한 느낌의 담황색을 말한다.

㉤ 셀프 컬러(Self Color) : 솔리드 컬러(Solid Color), 단일색, 몸 전체 모색이 같은 것을 말한다.

㉥ 알비니즘(Albinism) : 백화현상, 색소 결핍증, 피부, 털, 눈 등에 색소가 발생하지 않는 이상현상으로 유전적 원인에 의해 발생한다.

㉦ 칼라(Collar) : 목 주변을 감싸는 폭 넓은 흰색 반점을 말하며, 콜리가 대표적이다.

㉧ 캡(Cap) : 캡을 쓴 것 같은 두개 위의 어두운 반점을 말하며, 알래스칸 말라뮤트가 대표적이다.

㉨ 키스 마크(Kiss Mark) : 검은 모색의 견종의 볼에 있는 진회색 반점을 말하며, 도베르만핀셔, 로트와일러 등이 대표적이다.

㉩ 트라이 컬러(Tri-Color) : 흰색, 갈색, 검은색의 3가지가 섞인 색을 말한다.

㉪ 트레이스(Trace) : 폰 색의 등줄기를 따른 검은 선을 말하며, 퍼그의 등줄기 색을 말한다.

㉫ 티킹(Ticking) : 흰색 바탕에 한 가지나 두 가지의 명확한 독립적인 반점이 있는 것을 말하며, 브리타니가 대표적이다.

㉬ 파울 컬러(Faul Color) : 폴트 컬러, 부정 모색, 바람직하지 못한 반점이나 모색을 말한다.

㉭ 파티컬러(Parti-Color) : 두 가지 색의 구분된 반점의 색깔을 말하며, 보통 흰 바탕에 윤곽이 뚜렷한 갈색 또는 검은색 반점이 있다.

② 기타

㉠ 대플(Dapple) : 특별히 도드라지는 색 없이 여러 가지 색의 불규칙한 반점을 말한다.

㉡ 론(Roan) : 흰색 털과 유색의 털이 섞여 있는 것을 말한다. 또는 검은 바탕에 흰색의 털이 섞인 것을 말한다. 유색모에 색상에 따라 블루 론, 오렌지 론, 레몬 론, 리버 론, 레드 론 등으로 나뉜다.

㉢ 브린들(Brindle) : 바탕색에 다른 색의 무늬가 존재하는 털을 말하며, 스코티쉬 테리어가 대표적이다.

㉣ 블레이즈(Blaze) : 양 눈과 눈 사이에 중앙을 가르는 가늘고 긴 백색의 선을 말하며, 빠삐용이 대표적이다.

ⓜ 새들(Saddle) : 말안장을 얹은 것 같은 검은색 반점을 말하며, 에어데일 테리어가 대표적이다.

ⓗ 설반 : 반점이 있는 혀를 말하며, 차우차우가 대표적이다.

ⓢ 세이블(Sable) : 황색 또는 황갈색 바탕에 털끝이 검은색을 말한다. 즉 연한 기본 모색에 검은색 털이 섞여 있거나 겹쳐 있는 것이다.

ⓞ 이사벨라(Isabela) : 연한 밤색을 말한다.

ⓩ 제트 블랙(Jet Black) : 순수한 검은색을 말한다.

2. 반려견 고급미용

(1) 쇼미용

① 도그쇼의 의미, 역사, 목적

　㉠ 도그쇼의 의미 : 도그쇼란 견종별 표준에 가장 가까운 구성과 성격 및 기질을 보여주는 개를 뽑는 대회이다.

　㉡ 도그쇼의 역사 : 세계 최초 공식적인 도그쇼는 1859년 영국의 뉴캐슬에서 개최된 '스포팅 도그쇼'이다. 처음 도그쇼 목적은 귀족들이 사냥 후 자신들의 사냥견을 서로 평가하기 위해 만든 자리였다.

　㉢ 도그쇼의 목적 : 다음 세대를 위한 혈통번식의 평가를 쉽게 하기 위해서이다. 견종의 표준에 따른 '완벽한' 이미지에 가장 가까운 개를 뽑는 것이다. 견종의 이상적인 모습을 정한 견종표준에 부합하는 더 우수한 개를 생산하는 것이다. 개를 사랑하는 이들이 즐길 수 있는 최고의 스포츠이다. 도그쇼에 출진하는 것은 견주나 출진견 모두에게 즐거운 취미, 보람이 될 수 있다.

② 도그쇼의 구성원

　㉠ 브리더(Breeder) : 일반적으로 번식한 자견의 모견 소유를 말한다. 각 견종의 견종 표준에 부합하는 우수한 개를 브리딩하는 것이 목적이다.

　㉡ 핸들러(Handler) : 핸들러는 심사위원 앞에서 평가를 받는 자이다. 핸들러는 브리더 오너 핸들러와 사례를 받고 핸들링을 위탁 받는 전문 핸들러로 나눌 수 있다.

　㉢ 심사위원(Judge) : 출진견들을 검토하고 평가한다. 각 견종의 표준에 맞는 완벽한 이미지에 가장 가까운 개를 뽑는다.

③ 도그쇼 미용작업방법

　㉠ 밴딩 라인은 주기적으로 변화를 주어 밴딩 경계 부분의 털 빠짐을 방지한다.

　㉡ 스프레이를 많이 분사하면 털이 인위적으로 굳을 수 있으므로 최대한 적은 양으로 자연스럽게 세팅할 수 있도록 한다.

　㉢ 초크나 파우더를 사용할 때에는 주변 털에 이염될 수 있으니 유의한다.

　㉣ 스프레이와 같은 세팅 제품을 사용한 후에는 가급적 빠른 시간 안에 목욕으로 성분을 제거해주어

피모의 손상을 막는다.

　　ⓜ 스프레이 작업 시에는 필요한 곳 외의 주변 부위를 손으로 가려준다. 특히 얼굴 부위를 작업할 때에는 눈에 스프레이 입자가 들어가지 않도록 주의한다.

④ **견종별 표준미용 규정**

　　㉠ 견종별 표준미용 규정은 주최하는 단체의 견종표준을 따른다.

　　㉡ 가장 일반적인 미용견인 푸들의 미국애견협회 미용규정을 보면 12개월 미만의 강아지는 퍼피클럽으로 출진할 수 있다.

　　㉢ 12개월 이상의 개들은 잉글리시 새들 클럽, 콘티넨탈 클럽으로만 출진할 수 있다.

　　㉣ 모견이나 종견 클래스에는 스포팅 클럽으로 출진할 수도 있다.

⑤ **도그쇼 참가절차**

　　㉠ 출진할 단체에 출진견과 출진자를 등록하는 것이 가장 중요하다.

　　㉡ 출진자의 등록은 해당 단체에 회원가입을 함으로써 가능하다.

　　㉢ 출진견 등록은 개의 혈통을 단체에 등록하여야 한다.

　　㉣ 출진자와 출진견의 등록이 끝나면, 해당 도그쇼의 출진신청에 관한 사항을 단체의 홈페이지 등에서 참고한다.

⑥ **도그쇼 진행 방법**

　　㉠ 다운 앤 백(업 앤 다운) : 말 그대로 위아래로 움직이는 것으로, 출발하기 전 목표 지점을 정해 직선을 흩트리지 않고 나아가며 되돌아 올 때에는 회전을 하고, 개를 정지시킬 위치를 확인하여 심사위원과 적당한 거리를 두고 정지시킨다.

　　㉡ 트라이앵글 : 링을 삼각형으로 사용하여 보행하는 것을 말하며, 링의 한 변을 곧장 나아가서 제1코너에서 90도로 돈 후 제2코너에서 회전하여 심사위원을 향해 돌아온다.

　　㉢ 라운딩 : 원의 형태로 보행하는 것을 말하며 시계 반대 방향으로 돌고 개는 핸들러의 왼쪽에 위치한다. 선두에 있을 때에는 뒷사람들이 준비된 것을 확인한 후 출발하며 뒷사람은 충분한 간격을 유지하여 출발한다.

⑦ **도그쇼 기타참고사항**

　　㉠ 견종그룹의 분류와 클래스 및 수상방식은 나라와 단체별로 조금씩 다르게 운영된다.

　　㉡ 견종 1위 견은 베스트 오브 브리드이다. 즉 해당 견종의 모든 클래스를 통틀어 뽑힌 1위 견이다.

　　㉢ 위너스 독과 어워드 오브 메리트는 각 견종에서 선발된다.

　　㉣ 베스트 인 그룹은 견종별 베스트 오브 브리드 견들이 경합하여 선발되는 그룹 1위 견이다.

　　㉤ 베스트 인 쇼는 각 그룹의 베스트 인 그룹 견들이 경합하여 선발되는 도그쇼 최고의 견이다.

⑧ 미국애견협회(AKC : American Kennel Club)의 견종분류

　㉠ 스포팅 그룹(Sporting Group) : 사냥꾼을 도와 사냥을 하는 사냥개이다. 사냥감을 지목하는 견종(포인터와 세터), 새를 날리는 견종(스페니얼), 땅 또는 물 위의 사냥감을 회수하는 견종(리트리버)이 있다.

　㉡ 하운드 그룹(Hound Group) : 스스로 사냥을 하고 사냥감을 궁지에 몰아 사냥꾼이 올 때까지 기다리거나 후각을 이용해 사냥감의 위치를 알아낸다. 시각형 하운드는 시각을 이용해 사냥, 후각형 하운드는 뛰어난 후각을 이용해 사냥감을 추적한다.

　㉢ 워킹 그룹(Working Group) : 대체적으로 총명하고 강한 체력을 가지고 있으며, 집과 가축을 지키고 수레를 끌며 경찰견, 군견으로 다양한 힘든 일을 해낸다. 대표적인 견종은 맬러뮤트, 복서, 도베르만핀셔, 그레이트 덴, 사모예드 등이다.

　㉣ 테리어 그룹(Terrier Group) : 쥐와 여우 등의 사냥감을 찾아 땅속을 움직이기에 충분히 작고 적합해야 한다. 지면 또는 땅이라는 라틴어 '테라'라는 이름을 가지게 되었으며 확고하고 용감한 기질을 가지고 있다.

　㉤ 토이 그룹(Toy Group) : 사람의 반려동물로서 만들어진 그룹이다. 생기가 넘치고 활기차며 보통 그들의 조상견의 모습을 닮았다.

　㉥ 논스포팅 그룹(Nonsporting Group) : 다른 그룹에 포함되지 않으면서 굉장히 다양한 특성을 가진 나머지 견종들로 구성된다.

　㉦ 목축그룹(Herding Group) : 목동과 농부를 도와 가축을 다른 장소로 움직이도록 이끌고 감독한다.

⑨ 세계애견연맹(FCI : Federation Cynologique International)의 견종분류

　㉠ 1그룹 : 목양견과 목축견

　㉡ 2그룹 : 핀셔, 슈나우저, 몰로시안, 스위스캐틀독

　㉢ 3그룹 : 테리어

　㉣ 4그룹 : 닥스훈트 견종

　㉤ 5그룹 : 스피츠와 프라이미티브 견종

　㉥ 6그룹 : 후각형 수렵견종(세인트하운드 견종)

　㉦ 7그룹 : 조렵견종(포인팅 견종)

　㉧ 8그룹 : 영국 총렵견종(레트리버, 플러싱 도그, 워터 도그 견종)

　㉨ 9그룹 : 반려견과 애완견종

　㉩ 10그룹 : 시각형 수렵견종(사이트하운드 견종)

⑩ 테이블 매너 훈련 과정

　㉠ 절대적으로 1회 훈련을 너무 오랜시간 무리하게 시키지 않는다.

　㉡ 훈련의 규칙은 일관성이 있어야 하며, 즐겁게 하여야 한다.

　㉢ 미용사와 충분한 교감과정을 통해 심리적 안정을 취하도록 한다.

ⓔ 미용을 하기에 적당한 컨디션인지 확인 및 관찰하는 과정 또한 훈련의 일부가 된다.

ⓜ 개와 눈을 맞추어 개가 심리적으로 안정을 취할 수 있도록 한다.

ⓗ 클램프가 단단히 고정되어 있는지 확인한다.

ⓢ 부드러운 터치로 개를 먼저 안정시킨 후, 개의 상태를 손으로 만져보며 확인한다.

⑪ 스태그(Stag)

ⓐ 완벽한 스태그 자세는 금방이라도 앞으로 나아갈 것 같지만 움직이지 않는 안정된 자세를 말한다.

ⓑ 개의 시선은 전방에 무엇인가를 주시하는 모습이어야 한다.

ⓒ 앞발과 뒷발의 체중이 각각 6:4정도를 이루는 것이 좋다.

ⓓ 머리는 알맞은 높이로 쳐든 모습이 좋다.

ⓔ 개의 긴장을 풀어 준 후 스태그 자세를 취하도록 다리 위치를 조정한다.

⑫ 쇼미용 스트리핑

ⓐ 핸드 스트리핑 : 털이 잘리지 않고 반드시 뿌리까지 뽑히도록 한다. 손이 미끄러진다면 파우더, 초크 또는 손가락 고무장갑 등을 사용할 수 있다. 한 번에 많은 양의 털을 잡아당기는 것은 개의 피부에 자극이 갈뿐더러, 뽑지 않아야 할 털까지 뽑게 되므로 주의하여야 한다.

ⓑ 스트리핑 나이프 : 스트리핑 나이프는 명칭이 나이프지만 털을 잘라내는 데 있지 않고 털을 뿌리째 뽑아낼 수 있도록 쉽게 잡을 수 있도록 도와주는 도구이다.

⑬ 스트리핑 관련 용어

ⓐ 플러킹(Plucking) : 주로 손을 이용해 적은 양의 털을 뽑는 행위 자체의 스트리핑 방법으로 손끝이나 트리밍 나이프를 사용해 털을 뽑는 작업이다.

ⓑ 레이킹(Raking) : 트리밍 나이프나 콤 등을 이용해 피부에 자극을 주어 가며 죽은 털이나 두꺼운 언더코트를 제거해 새로운 털이 잘 자랄 수 있게 촉진시켜 주는 작업이다.

ⓒ 롤링(Rolling) : 털을 양호한 상태로 유지하기 위해 주기적으로 부드러운 털이나 떠 있는 털, 긴털을 나이프나 손가락을 이용해 뽑아 라인을 정리하는 작업으로서 코트워크(Coat Work)와 동의어이다.

ⓓ 스테이지 스트리핑(Stage Stripping) : 단계를 나누어 진행하는 스트리핑 방법의 순서로써, 털이 자라나는 주기를 계산하여 완성모습을 미리 설정하여 계획하는 것이 매우 중요하다. 주로 도그쇼에 맞춰 완성될 기간을 설정하고 스트리핑할 부분을 구분하여 기간의 간격을 두고 순서대로 작업한다.

ⓔ 풀 스트리핑(Full Stripping) : 새로운 털의 발모를 재촉하기 위해 피부가 보일 정도까지 털을 뽑아주는 작업이다. 특정 견종에 있어 좋은 털, 즉 뻣뻣한 털로 만드는데 그 목적이 있다.

ⓕ 블렌딩(Blending) : 스트리핑한 털의 경계가 뚜렷이 나지 않도록 길이를 조금씩 바꿔 자연스럽게 보이도록 하는 작업이다.

⑭ 쇼미용 메이크업

   ㉠ 컬러 전문 샴푸 : 색을 강조하기 위해 일반적으로 염색을 하기도 하지만, 손상을 최소화하며 자연스럽게 색을 강조할 수 있는 방법으로 평상시 컬러 전용 샴푸를 사용하여 관리할 수 있다.

   ㉡ 컬러 초크 : 분필을 사용하는 것처럼 바를 수 있다. 털이 상해서 색이 바랜 경우에 털색을 더욱 선명하게 하기 위해 사용한다.

   ㉢ 컬러 파우더 : 도그쇼에서 이상적인 색감을 표현하기 위해 사용할 수 있다. 일반적으로 컬러 초크보다 입자가 곱고 점착력이 우수하여 더 오랜 시간을 유지할 수 있다.

   ㉣ 밴드 : 주로 고무, 실리콘 또는 라텍스 재질의 밴드이며 크기도 다양하다.

   ㉤ 스프레이 : 도그쇼 미용실에서 털의 모양을 고정시키고자 할 때 사용한다. 볼륨, 고정, 컬러, 광택 등의 용도에 따라 선택하여 사용한다.

   ㉥ 콜레스테롤 크림 : 보통 쇼미용에서 컬러 초크나 파우더의 접착을 쉽게 하기 위해서 소량 사용할 수 있다.

(2) 장모관리

① 장모종의 브러싱 관련 제품종류

   ㉠ 브러싱 컨디셔너 : 털의 정전기로 인한 마찰손상을 줄여주고 브러싱을 쉽도록 도와준다. 손상된 코트에 보습효과를 주어 피모의 손상을 빨리 회복시켜준다. 코트가 건강한 상태로 유지되도록 도움을 준다.

   ㉡ 워터리스 샴푸 : 물을 사용하지 않고 코트 부위에 직접 뿌리고 드라이어로 말리거나 수건으로 닦아서 사용하는 샴푸이다. 물이 필요 없으므로 목욕 시설이 없는 야외에서도 샴핑이 가능하다.

   ㉢ 정전기 방지 컨디셔너 : 정전기를 예방해 주며 정전기로 코트에 날리는 현상을 해결해 준다. 목욕 후 완전히 수분이 건조되지 않은 상태의 코트에 직접 뿌려 사용하기도 한다. 코트가 완전히 말라 브러싱이 필요한 상태에 사용하여 코트를 보호할 수 있다.

   ㉣ 엉킴제거 제품 : 모질 손상이 적고 엉킨 털을 쉽게 풀 수 있게 도와주는 제품이다. 사용 후 일정시간 후에 엉킴을 제거한다.

② 장모관리용 브러시의 종류 및 사용방법

   ㉠ 슬리커 브러시(Slicker Brush) : 엉킨 털을 풀거나 드라이를 위한 빗질 등에 사용한다. 금속 또는 플라스틱 재질의 판에 고무 쿠션이 붙어 있고 그 위에 구부러진 핀이 촘촘하게 박혀 있다.

   ㉡ 브리슬 브러시(천연모 브러시) : 동물의 털로 만든 빗으로 오일이나 파우더 등을 바르거나 피부를 자극하는 마사지 용도로 사용한다. 말, 멧돼지, 돼지 등 여러 동물의 털이 이용된다. 실키 코트를 사용하며, 털과 피부의 노폐물 제거와 오일 브러싱에 사용한다.

   ㉢ 핀 브러시(Pin Brush) : 장모종의 엉킨 털 및 오염물을 제거하는 데 사용한다. 플라스틱 또는 나무판 위에 고무쿠션이 붙어 있고 둥근 침 모양의 핀이 박혀 있다.

  ⓔ 콤(Comb) : 엉킨 털 및 죽은 털의 제거, 가르마, 코밍 등의 다양한 용도로 사용된다. 긴 금속 막대 위에 끝이 굵은 둥근 빗살이 꽂혀 있다. 가볍고 탄력이 있어 털의 손상을 줄여주는 장점이 있다.

③ 장모종의 목욕
  ㉠ 볼륨 목욕제품 : 털에 볼륨을 주어 모량이 풍성하게 보이게 하며 미용 시 스타일 완성이 쉽다. 피부와 모질의 건강, 털 빠짐의 감소, 수월한 모질관리, 볼륨효과를 높일 수 있는 제품을 선택한다. 푸들이나 비숑 프리제 등의 견종 및 볼륨이 필요한 테리어 종에 적합하다.
  ㉡ 딥 클렌징 목욕제품 : 충분한 딥 클렌징을 하여 빌드업 현상을 제거하는 데 사용한다. 모발이나 모공에 축적되어 있는 이물질을 제거해 주는 제품이다. 모발에 필요한 수분과 유용한 오일 성분까지 함께 제거하지 않는 제품을 선택하는 것이 중요하다.
  ㉢ 실키코트 목욕제품 : 털을 차분하고 부드럽게 하여 모질의 광택 유지 및 관리가 용이하도록 도와주는 제품이다. 모질의 윤기, 정전기와 엉킴방지, 차분한 털의 결 유지에 좋은 제품을 선택한다. 몰티즈, 요크셔 테리어 등과 같은 견종에 적합하다.
  ㉣ 화이트닝 목욕제품 : 하얀색의 모색을 더욱 하얗게 보이도록 하기 위한 제품이다. 오래된 얼룩이나 먼지는 깨끗하게 제거하면서 모질손상이 적은 제품을 선택한다.

④ 장모 관리용품
  ㉠ 브러싱 스프레이 : 브러싱할 때 생기는 마찰로 인한 모발의 손상을 줄여 쉽게 브러싱을 하는데 사용한다.
  ㉡ 워터리스 샴푸 : 물 없이 오염을 제거하는데 사용하며, 액상과 파우더 형태가 있다.
  ㉢ 정전기 방지 컨디셔너 : 정전기로 코트가 날리는 현상을 줄여주어 모질 손상을 방지하는 데 사용한다.
  ㉣ 엉킴 제거제품 : 엉킨 털을 쉽게 풀 수 있도록 하는 데 사용한다.
  ㉤ 래핑지 : 장모종 개의 털을 보호하기 위해 사용하며, 종이 또는 비닐재질 등 소재가 다양하다.
  ㉥ 고무 밴드 : 동물의 털을 묶거나 래핑지를 고정시키는 등의 용도로 사용한다.

⑤ 모질의 특징
  ㉠ 싱글코트 : 상모와 하모 중에 상모만을 가진 일중모의 구조로 되어 있어 환모가 없고 털의 빠짐이 적고, 피부가 얇기 때문에 추위에 약하고 장모종인 경우에는 털이 엉키기 쉽다. 대표적 견종으로는 푸들, 몰티즈, 요크셔 테리어 등이다.
  ㉡ 더블코트 : 상모와 하모의 이중모의 구조로 되어 있어, 피모를 보호하는 얇고 거친 털인 상모와 부드럽고 촘촘하고 추위에 강한 하모로 구성되어 있으며, 환모기가 있어 하모의 털이 많이 빠진다. 대표적 견종은 슈나우저, 포메라니안, 시베리안허스키 등이다.

⑥ 펫 타월

 ⓐ **습식타월** : 딱딱한 타월을 물에 적셔서 부드러워지면 타월의 물기를 짜서 사용하며, 한 장의 타월로 여러 번 짜서 쓰며 물기를 제거할 수 있다. 재질이 매끈하여 수건에 털이 붙지 않으며, 세탁 후 젖은 상태에서 접어서 보관한다.

 ⓑ **건식타월** : 흡수력이 뛰어나기 때문에 물기를 제거하는 데 효과적이며, 젖은 수건은 다른 수건으로 교체해서 사용해야 하므로 여러 장의 수건이 필요하다.

3급
실전모의고사

DOG STYLIST

01 다음 중 작업자에게 발생할 수 있는 안전사고 유형에 해당되지 않는 것은?

① 동물에 의한 교상
② 미용장비에 의한 낙상
③ 전기기구에 의한 화상
④ 미용도구에 의한 상처
⑤ 동물에 의한 전염성 질환

02 다음 〈보기〉 증상에 해당하는 화상 단계는?

> **보기**
>
> 피부 전체층과 근육, 인대 또는 뼈가 손상되고 피부가 검게 변함

① 1도 화상
② 2도 화상
③ 3도 화상
④ 4도 화상
⑤ 5도 화상

03 다음 중 자비 소독에 대한 설명으로 틀린 것은?

① 질병의 감염이나 전염을 예방하기 위해 행한다.
② 100℃의 끓는 물에서 10~30분 정도 끓여 소독한다.
③ 의류, 금속 제품, 유리 제품 등에 적당한 소독 방법이다.
④ 미생물 전부를 사멸시키는 것은 불가능하다.
⑤ 아포와 일부 바이러스에 특히 효과적이다.

04 다음 중 피부 표피에 굴을 파고 서식하므로 소양감(가려움증)이 매우 심한 인수 공통 전염병은?

① 광견병
② 백선증
③ 개선충
④ 지알디아
⑤ 캠필로박터

05 피부소독제 중 클로르헥시딘에 대한 설명으로 틀린 것은?

① 알코올보다 소독 효과가 빠르게 나타난다.
② 일상적인 손 소독과 상처 소독에 모두 사용하는 광범위한 소독제이다.
③ 0.5%의 농도가 되도록 물 또는 식염수에 희석하여 사용한다.
④ 동물의 눈, 귀 부위에 사용해서는 안 된다.
⑤ 4% 이상의 농도에서는 피부에 자극이 될 수 있다.

07 미용도구의 소독 시 안전 및 유의사항에 대한 설명으로 틀린 것은?

① 소독제는 도구의 재질을 고려하여 선택한다.
② 소독제는 제품의 설명서에 명시된 희석배율에 따라 희석하여 사용한다.
③ 자외선 소독기를 사용할 때는 소독하고 싶은 부분이 램프 쪽을 향하도록 둔다.
④ 자외선 소독기를 사용할 때는 미용도구를 포개어 사용하면 단위 면적당 소독 효과가 효율적이다.
⑤ 클러퍼 날은 하루에 1번 이상 세척하고 소독한다.

3급

06 다음 중 동물의 이물질 섭취에 의한 안전사고 대처방법으로 틀린 것은?

① 작업 중 작업대에 털이 쌓이지 않도록 자주 청소하고 확인한다.
② 작업 중 동물이 화학제품을 핥지 못하게 각별히 주의한다.
③ 동물이 어떤 이물질을 섭취했는지 기억한다.
④ 이물질을 섭취한 동물이 숨을 제대로 쉬지 못하면 인공호흡법에 따라 응급조치한다.
⑤ 이물질을 섭취한 동물이 음식물을 먹고 토하는 경우, 이물질이 식도 등 소화기관에 있을 가능성이 높으므로 동물 병원으로 이동한다.

08 다음 중 손목의 스윙으로 자르는 데 적당한 가위는?

① 블런트 가위(Blunt Scissors)
② 시닝 가위(Thinning Scissors)
③ 커브 가위(Curve Scissors)
④ 텐텐 가위(Tenten Scissors)
⑤ 스트록 가위(Stoke Scissors)

09 다음 중 클리퍼 날에 대한 설명으로 틀린 것은?

① 클리퍼의 윗날 두께에 따라 클리핑 길이가 결정되며 아랫날은 털을 자르는 역할을 한다.

② 날에 표기된 mm는 동물의 털을 역방향 클리핑 시에 남아 있는 털의 길이이다.

③ 클리퍼의 날은 mm수에 따라 날 사이의 간격이 좁거나 넓다.

④ 클리퍼의 날의 mm수가 작을수록 날의 간격이 좁고, mm수가 클수록 날의 간격이 넓다.

⑤ 클리퍼의 날의 mm수가 클수록 피부에 상처를 입힐 수 있는 위험성이 높다.

10 다음 중 애완동물의 볼륨을 표현하기 위해 털을 부풀릴 때 사용하는 빗은?

① 슬리커 브러쉬(Slicker Brush)

② 핀 브러쉬(Pin Brush)

③ 오발빗(5-Toothed Comb)

④ 꼬리빗(Pointed Comb)

⑤ 브리슬 브러시(Bristle Brush)

11 다음의 〈보기〉에서 물림방지도구에 해당하는 것을 모두 고르시오.

> **보기**
>
> ㉠ 겸자 ㉡ 입마개
> ㉢ 코트킹 ㉣ 이어파우더
> ㉤ 엘리자베스 칼라 ㉥ 도그 위그 견체모형

① ㉠, ㉡   ② ㉠, ㉣

③ ㉡, ㉢   ④ ㉡, ㉤

⑤ ㉤, ㉥

12 다음 중 실제 견을 대신하여 미용연습 시에 사용하는 인공 털을 의미하는 용어는?

① 초크   ② 위그

③ 포일   ④ 겸자

⑤ 래핑

13 다음 중 장모관리용품에 해당되지 않는 것은?

① 이염 방지제
② 브러싱 스프레이
③ 워터리스 샴푸
④ 정전기 방지 컨디셔너
⑤ 래핑지

14 다음 〈보기〉의 설명에 해당하는 드라이어는?

> 보기
>
> 강한 바람으로 털을 말리는 드라이어로, 호스나 스틱형 관을 끼워 사용한다.

① 펫 드라이어
② 블로어 드라이어
③ 스탠드 드라이어
④ 룸 드라이어
⑤ 개인용 드라이어

15 다음 〈보기〉의 불만고객 응대요령을 순서대로 나열한 것은?

> 보기
>
> ㉠ 고객의 마음에 공감을 다시 표현하고 정중하게 잘못에 대해 인정하거나 불만요소 표현에 감사를 표한다.
> ㉡ 고객의 불편함에 대해 끝까지 진지하게 경청하고 구체적인 원인을 파악한다.
> ㉢ 진심어린 말투로 고객의 입장에서 충분히 공감하고 있다는 것을 이야기한다.
> ㉣ 부드러운 표현으로 해결방법을 제시하고 최선의 방법을 성의껏 설명한다.

① ㉠ → ㉡ → ㉢ → ㉣
② ㉡ → ㉠ → ㉢ → ㉣
③ ㉡ → ㉢ → ㉣ → ㉠
④ ㉢ → ㉡ → ㉣ → ㉠
⑤ ㉢ → ㉣ → ㉡ → ㉠

16 다음 중 개와 고양이에게 위험한 식물이 아닌 것은?

① 백합
② 알로에
③ 아이비
④ 몬스테라
⑤ 레몬그라스

3급

17 개와 친밀감을 형성하는 방법으로 틀린 것은?

① 고객에게 먼저 개를 만져도 되는지 물어 본다.
② 개를 만질 때 머리부터 쓰다듬으며 만진다.
③ 몸을 낮추고 개의 눈높이보다 낮은 상태로 접근한다.
④ 손을 펴 작업자의 냄새를 맡을 수 있도록 한다.
⑤ 낯선 환경을 두려워하지 않는 개라면 공이나 장난감을 던지고 가져오는 놀이를 통해 친해지도록 한다.

18 다음 중 고양이를 이해한 내용으로 틀린 것은?

① 고양이의 얼굴표정이나 몸의 자세를 확인하고 다가간다.
② 고양이에 대한 접촉은 가볍게 지속적으로 시도한다.
③ 경계심이 강한 고양이는 엉덩이와 뒷다리부터 받쳐 않는다.
④ 고양이를 안을 때에는 손을 펼쳐서 먼저 앞다리 뒤의 가슴과 배 부분을 안아서 들어올린다.
⑤ 고양이의 스트레스를 줄이기 위하여 페로몬 성분의 제품을 이용한다.

19 다음 중 고객관리차트 작성내용에 대한 설명으로 틀린 것은?

① 고객정보는 개인정보보호법에 의해 관리하고 외부로 유출되지 않도록 한다.
② 애완동물의 이름, 품종, 나이, 분양 가격, 중성화 수술 여부, 과거병력 등의 정보를 수집하여 작성한다.
③ 미용작업 전 · 후 스타일을 기록하여 다음 방문 시 고객과 원활한 상담이 될 수 있도록 한다.
④ 미용관리 차트는 서식을 참조하여 고객정보와 애완동물 정보를 수기로 작성하여 보관한다.
⑤ 전자차트는 고객과 애완동물 정보를 컴퓨터 프로그램을 사용하여 작성 및 보관한다.

20 다음 중 미용 요금표 및 요금안내 시 유의사항으로 틀린 것은?

① 고객의 가격 혼선을 줄이기 위해 미용방법에 따른 요금표와 품종에 따른 요금표 중 하나를 선택하여 비치한다.
② 요금상담은 미용 작업 전 진행한다.
③ 미용가격은 체중, 품종, 크기, 털 길이, 미용기법, 엉킴 정도, 지역과 미용 숍의 전문성 등에 따라 다르므로 미용 소요시간을 기준으로 책정한다.
④ 책정된 요금을 고객에게 안내하고 이해하기 쉽게 안내하여 동의를 구한다.
⑤ 비용이 추가될 수 있는 상황에 대해서는 고객의 불만이 발생하지 않도록 사전에 안내한다.

21 입모근, 혈관, 임파관, 신경 등이 분포되어 있는 반려견의 피부 조직은?

① 표피(Epidermis)
② 진피(Dermis)
③ 땀샘(Sweat Gland)
④ 피지선(Sebaceous Fat)
⑤ 피하지방(Subcutaneous Fat)

22 다음의 〈보기〉에서 설명에는 반려견 털의 종류는?

> 보기
>
> 안면부에 집중되어 있으며, 외부자극에 의한 감각을 수용하는 털이다.

① 보호털(Guard Hair)
② 솜털(Wool Hair)
③ 촉각털(Tactile Hair)
④ 긴 털(Long Hair)
⑤ 부드러운 털(Smooth Hair)

23 다음 중 와이어 코트를 지닌 대표적인 견종에 해당하는 것은?

① 푸들
② 몰티즈
③ 치와와
④ 노리치 테리어
⑤ 케리블루 테리어

24 다음 중 샴핑의 기능에 대해 틀리게 설명한 것은?

① 눈에 자극이 없고, 오물이 잘 제거되어야 한다.
② pH가 알칼리성에 가까운 샴푸를 사용한다.
③ 개의 피부는 사람의 피부와 다르므로 사람용 샴푸는 개의 피부에 자극적일 수 있다.
④ 천연성분을 함유한 자극이 적은 제품을 선택한다.
⑤ 털의 상태에 따라 영양강화, 민감, 보습 등 샴푸의 종류를 선택해야 한다.

3급

25 다음 중 반려견의 린싱에 대한 설명으로 틀린 것은?

① 린싱의 목적은 샴핑으로 알칼리화된 상태를 중화시키는 것이다.
② 린싱은 샴핑의 과도한 세정으로 생긴 피부와 털의 손상을 적절히 회복시켜 줄 수 있다.
③ 린싱을 할 때 일반적으로 농축형태로 된 것을 용기에 적당한 농도로 희석하여 사용한다.
④ 린스를 과도하게 사용하면 드라잉 후에 털의 끈적거림이 발생한다.
⑤ 린싱을 한 후 린스 성분이 털에 남아 있지 않도록 충분히 헹구어 준다.

26 다음 중 털을 최고의 상태로 유지하면서 드라잉을 하기 위해 타월로 몸을 감싸는 드라잉 방법은?

① 타월링
② 새킹
③ 플러프 드라이
④ 컨넬 드라이
⑤ 룸 드라이

27 다음 중 핀의 간격이 넓은 면과 핀의 간격이 좁은 면이 반반으로 구성된 빗은?

① 페이스 콤
② 푸들 콤
③ 콤
④ 실키 콤
⑤ 클리퍼 콤

28 가위의 명칭 중 동날과 정날을 조작하는 손가락으로 바르게 연결된 것은?

	동날	정날
①	엄지손가락	둘째손가락
②	엄지손가락	세째손가락
③	엄지손가락	넷째손가락
④	집게손가락	둘째손가락
⑤	집게손가락	넷째손가락

29 다음의 〈보기〉에서 반려견의 귀의 구조 중 내이를 구성하는 기관으로 바르게 연결된 것은?

보기

ㄱ 회전을 감지하는 기관
ㄴ 위치와 균형을 감지하는 기관
ㄷ 듣기를 담당하는 기관

	ㄱ	ㄴ	ㄷ
①	전정기관	반고리관	달팽이관
②	전정기관	달팽이관반	반고리관
③	달팽이관	전정기관	반고리관
④	반고리관	달팽이관	전정기관
⑤	반고리관	전정기관	달팽이관

30 다음 〈보기〉의 빈칸에 들어갈 값으로 옳은 것은?

보기

코커스패니얼은 귀 시작부에서 (   )을/를 클리핑하는 견종에 해당한다.

① 1/2　　　　② 1/3
③ 2/3　　　　④ 1/4
⑤ 3/4

31 반려견이 질병이 있을 경우 미용 스타일 선정 방법으로 가장 타당한 것은?

① 생활환경이 반영된 미용 스타일을 선택한다.
② 시간이 짧게 소요되는 미용 스타일을 선택한다.
③ 비교적 간단하게 관리할 수 있는 미용 방법을 선택한다.
④ 반려견이 스트레스를 받지 않는 방향으로 미용 방법을 변경한다.
⑤ 물림방지 도구 등의 사용 여부를 고객에게 설명하고 동의를 얻는다.

32 다음 중 클리핑에 대한 설명으로 틀린 것은?

① 1mm 클리퍼 날은 정교한 클리핑을 해야 할 때 사용한다.
② 역방향으로 클리핑 시 클리퍼 날에 표기된 숫자는 역방향으로 클리핑 시 남는 털 길이이다.
③ 정방향으로 클리핑 시 클리퍼 날에 표기된 길이와 동일한 털 길이가 남는다.
④ 전체 클리핑은 털을 깎아 내는 부위가 많고 면적이 넓으므로 전문가용 클리퍼를 사용하는 것이 좋다.
⑤ 가슴 클리핑 시 주둥이를 잡고 얼굴 쪽을 위로 들어 올려 클리핑한다.

3급

33 다음 중 시닝 가위를 사용하는 경우에 해당하지 않는 것은?

① 부위별 커트 후 각을 없앨 때 사용한다.

② 모질이 부드럽고 힘이 없어 처지는 모질에 사용한다.

③ 모량이 많은 털을 가볍게 하고 털의 단사를 자연스럽게 연결할 때 사용한다.

④ 얼굴 라인을 자를 때 좋다.

⑤ 작업 시 실수를 해도 라인이 뚜렷하지 않아 수정이 가능하다.

34 단점을 보완하기 위해 〈보기〉와 같은 미용이 요구되는 반려견 체형은?

> **보기**
>
> • 긴 몸의 길이를 짧아보이게 커트한다.
> • 가슴과 엉덩이 부분의 털을 짧게 커트하여 몸 길이를 짧아보이게 한다.
> • 언더라인의 털을 짧게 커트하여 다리를 길어 보이게 한다.

① 코비 타입

② 하이온 타입

③ 드워프 타입

④ 스퀘어 타입

⑤ 레이시 타입

35 다음 중 푸들의 램 클립에 대한 설명으로 틀린 것은?

① 푸들의 클립 중에서 가장 보편적인 미용 방법이다.

② 푸들의 램 클립은 다리를 클리핑한다는 특징이 있다.

③ 시저링 부위는 머리 부분, 몸통, 다리, 꼬리이다.

④ 클리핑 부위는 머즐(주둥이), 발바닥, 발등, 복부, 항문, 꼬리 등이다.

⑤ 퍼프란 다리에 구슬모양으로 동그랗게 만드는 장식털을 말한다.

36 다음 그림에서 (가)에 해당하는 클리핑 값은?

① 1/3

② 2/3

③ 1/4

④ 1/5

⑤ 2/5

37 다음 중 귀 끝의 1/3을 클리핑하는 견종은?

① 요크셔 테리어
② 코커스패니얼
③ 베들링턴 테리어
④ 댄디 딘먼트 테리어
⑤ 케리블루 테리어

38 다음 중 반려견의 귀 관리에 대한 설명으로 틀린 것은?

① 반려견의 귓속을 관리해 주어야 외부 기생충의 기생 및 귓병을 예방할 수 있다.
② 외이염이 발생하기 쉽기 때문에 귓속 털을 인위적으로 뽑아서는 안 된다.
③ 귀가 밑으로 처진 견종은 귀가 귀 안쪽 구멍을 막고 있어 습기가 쉽게 차고 습도가 높아 균이 번식하기 쉬우며, 이를 방치하면 귓병의 원인이 될 수 있다.
④ 귓속에 털이 자라지 않는 견종은 탈지면에 이어클리너를 사용하여 귓속을 닦아준다.
⑤ 귀 청소를 하기 위해서는 겸자, 이어파우더, 이어클리너, 탈지면 등이 필요하다.

39 다음 중 직립 테일 견종은?

① 비글
② 페키니즈
③ 포메라니안
④ 푸들
⑤ 웰시코기 펨브로크

40 다음의 〈보기〉에서 쫑긋 선 귀의 대표 견종을 바르게 묶은 것은?

> **보기**
>
> ㄱ. 몰티즈 ㄴ. 슈나우저
> ㄷ. 코커스패니얼 ㄹ. 폭스 테리어
> ㅁ. 요크셔 테리어
> ㅂ. 웨스트하이랜드 화이트 테리어

① ㄱ, ㄴ, ㄷ
② ㄴ, ㄷ, ㄹ
③ ㄴ, ㅁ, ㅂ
④ ㄷ, ㄹ, ㅁ
⑤ ㄷ, ㅁ, ㅂ

3급

41 반려견의 모든 전반적인 관리를 전문적으로 하는 사람을 이르는 말은?

① 브리더(Breeder)
② 트리머(Trimmer)
③ 트레이너(Trainer)
④ 핸들러(Handler)
⑤ 뷰티션(Beautician)

42 스트리핑 후 일정기간 새로운 털이 자라날 때까지 들뜨고 오래된 털을 다시 뽑는 작업을 의미하는 용어는?

① 그루밍(Grooming)
② 레이킹(Raking)
③ 시닝(Thinning)
④ 쇼 클립(Show Clip)
⑤ 듀플렉스 쇼튼(Duplex-Shorten)

43 다음 〈보기〉의 ㉠, ㉡에 들어갈 말로 옳게 짝 지어진 것은?

> 보기
>
> • 털의 길이가 다른 곳의 층을 연결하여 자연스럽게 하는 작업을 (㉠)이라 한다.
> • 냄새나 더러움을 제거하고 흰색의 털이 더욱 하얗게 표현되도록 제품을 문질러 바르는 작업을 (㉡)이라 한다.

	㉠	㉡
①	베이싱(Bathing)	새킹(Sacking)
②	블렌딩(Blending)	초킹(Chalking)
③	스테이징(Staging)	코밍(Combing)
④	플러킹(Plucking)	피킹(Picking)
⑤	트리밍(Trimming)	클리핑(Clipping)

44 다음 중 트리밍(Trimming)과 관련된 용어 설명이 틀린 것은?

① 트리밍 나이프로 소량의 털을 골라 뽑는 작업을 그리핑(Gripping)이라고 한다.
② 털을 가위로 잘라 일직선으로 가지런히 하는 작업을 파팅(Parting)이라고 한다.
③ 두부를 부풀려 볼륨 있게 모양을 낸 것을 스웰(Swell)이라고 한다.
④ 가위로 털을 잘라내는 작업을 시저링(Scissoring)이라고 한다.
⑤ 개의 몸의 하얀 털을 더욱 하얗게 보이도록 하는 작업을 화이트닝(Whitening)이라고 한다.

45 다음의 〈보기〉에서 설명하는 트리밍 관련 용어는?

> 보기
>
> 트리밍 나이프를 사용해 노폐물 및 탈락된 언더코트를 제거하는 작업을 말하며, 과도한 언더코트의 양을 줄이면서 털을 뽑아 스타일을 만들어 내는 방법이다.

① 래핑(Wrapping)

② 카딩(Carding)

③ 토핑오프(Topping-Off)

④ 스트리핑(Stripping)

⑤ 핑거 앤드 섬 워크(Finger And Thumb Work)

46 다음의 〈보기〉는 트리밍 관련 용어 중 인덴테이션(Indentation)에 대한 설명이다. 빈칸에 들어갈 모양으로 알맞은 것은?

> 보기
>
> 인덴테이션(Indentation)은 푸들 등에게 스톱에 (   ) 모양의 표현을 하는 것이다.

① T자

② 역T자

③ V자

④ 역V자

⑤ X자

47 다음 중 두부의 털을 밴딩하고 세트 스프레이를 뿌려 탑 노트를 만드는 작업을 의미하는 트리밍 관련 용어는?

① 셋업(Set Up)

② 밴드(Band)

③ 브러싱(Brushing)

④ 세트 스프레이(Set Spray)

⑤ 오일 브러싱(Oil Brushing)

48 눈 끝에서 귀 뿌리 부분까지 설정한 가상의 선을 의미하는 트리밍 관련 용어는?

① 아이 라인(Eye Line)

② 이어 라인(Ear Line)

③ 페이스 라인(Face Line)

④ 파팅 라인(Parting Line)

⑤ 이미지너리 라인(Imaginary Line)

3급

49 다음 중 트리밍(Trimming)과 관련된 용어 설명이 틀린 것은?

① 스테이징(Staging)은 미니어처 슈나우저 등에게 작업하는 스트리핑 방법이다.

② 코밍(Combing)은 털을 가지런하게 빗질하는 작업으로, 보통 털의 방향으로 일정하게 정리하는 것이 기본이다.

③ 플러킹(Plucking)은 트리밍 나이프로 털을 뽑아 원하는 미용스타일을 만드는 작업이다.

④ 페이킹(Faking)은 스트리핑 후 완성된 아웃코트 위에 튀어나오는 털을 뽑아 정리하는 작업이다.

⑤ 피킹(Picking)은 듀플렉스 쇼튼처럼 주로 손가락을 사용하여 오래된 털을 정리하는 작업이다.

50 다음의 〈보기〉는 핑거 앤드 섬 워크(Finger And Thumb Work)에 대한 설명이다. ㉠, ㉡에 알맞은 손가락은?

> **보기**
>
> 핑거 앤드 섬 워크(Finger And Thumb Work)는 (㉠)과 (㉡)을/를 이용해 털을 제거하는 작업으로, 도구를 사용하는 것보다 자연스러운 표현이 가능하다.

	㉠	㉡
①	엄지손가락	집게손가락
②	엄지손가락	가운뎃손가락
③	집게손가락	가운뎃손가락
④	집게손가락	약손가락
⑤	약손가락	새끼손가락

필기시험

50문제 / 60분   정답 및 해설 249p

01 작업자 관련 안전 수칙으로 옳지 않은 것을 고르시오.

① 작업자는 애완동물을 미용 할 때, 음주와 흡연을 하지 않는다.

② 작업자는 미용 숍과 작업장 안의 환경을 항상 청결하게 유지한다.

③ 작업자는 작업 중 안전사고를 방지하기 위해 반드시 동물과 작업에만 집중한다.

④ 작업자는 작업장 안에서 애완동물의 시선을 끌만한 예쁘고 화려한 옷을 착용한다.

⑤ 작업자는 미용 숍과 작업장 안에 있는 모든 시설 및 작업 도구를 주기적으로 점검해야 한다.

02 작업자에게 발생할 수 있는 안전사고로 옳지 않은 것을 고르시오.

① 화상

② 낙상

③ 동물에 의한 교상

④ 미용 도구에 의한 상처

⑤ 동물에 의한 전염성 질환

03 애완동물 미용 안전 · 위생관리에 대한 설명으로 옳지 않은 것을 고르시오.

① 작업장이란 미용을 하는 장소를 말하며, 미용 숍은 반려견 용품을 전시 또는 판매, 고객안내 및 상담, 반려견이 대기하는 공간을 의미한다.

② 작업장에는 반려견과 여러 미용도구 및 기자재들이 있고, 장시간 미용작업을 하므로 작업자 및 반려견에게 불의의 사고가 일어나지 않도록 한다.

③ 작업장과 미용 숍 내의 모든 시설 및 장비, 도구는 정기적인 점검 및 청결을 유지하며, 작업자는 안전을 위해 정해진 복장을 착용하여야 한다.

④ 미용 숍을 운영하는 대표자는 반드시 미용 숍에 방문하는 고객에게도 사전에 안전교육을 실시하여야 한다.

⑤ 작업자는 반려견에게 불의의 사고유발 및 직 · 간접적으로 건강에 위해를 줄 수 있는 음주 및 흡연을 금지한다.

04 동물대기장소와 관련하여 방문 고객에게 실시하여야 할 안전교육과 거리가 먼 것을 고르시오.

① 미용 숍 또는 작업장에 있는 소화기나 소화전은 점검을 하여 정상적으로 유지되게 하며, 하수구에 유류를 버리지 않도록 교육한다.
② 대기하는 다른 동물을 함부로 만지지 않도록 교육한다.
③ 대기하는 다른 동물에게 음식을 주지 않도록 교육한다.
④ 동물의 갑작스런 도주를 예방하기 위해 출입문과 통로에 있는 안전문을 꼭 닫도록 교육한다.
⑤ 동물 대기 장소에는 많은 동물이 있으므로, 고객에게 뛰어다니지 않도록 이해시킨다.

05 테이블 고정 암에 대한 설명으로 옳지 않은 것을 고르시오.

① 동물을 혼자 대기시키는 목적으로 사용해서는 절대 안 된다.
② 고정 암을 선택할 때에는 목을 고정하는 목줄만 있는 형태만 선택한다.
③ 목줄과 배를 고정하는 하니스는 동물을 너무 꽉 조이지 않는다.
④ 목줄과 배를 고정하는 하니스는 동물의 움직임을 제한할 정도로만 조여 준다.
⑤ 동물이 편하게 서 있을 수 있게 하니스가 고정 장치에 너무 팽팽하게 연결되지 않아야 한다.

06 다음에서 설명하는 화학적 소독제의 종류를 고르시오.

• 넓은 범위의 살균력을 가지며 소독력 또한 좋다.
• 락스의 구성 성분으로 기구 소독, 바닥 청소, 세탁, 식기 세척 등 다양한 용도로 쓰인다.
• 개에서 전염성이 높은 파보, 디스템퍼, 인플루엔자, 코로나바이러스 등과 살모넬라균 등을 불활성화시킬 수 있다.

① 에탄올
② 페놀류
③ 과산화물
④ 계면활성제
⑤ 차아염소산나트륨

07 다음에서 설명하는 인수 공통 전염병을 고르시오.

• 곰팡이 감염으로 인한 피부 질환이다.
• 곰팡이에 감염된 동물에 직접 접촉하거나 오염된 미용 기구, 목욕조 등의 접촉으로 감염된다.

① 회충
② 개선충
③ 백선증
④ 지알디아
⑤ 캠필로박터

08 민가위라고도 부르며 애완동물의 털을 자르는 데 사용하고, 사용 용도에 따라 가위의 크기와 길이가 다양한 이 가위로 옳은 것을 고르시오.

① 시닝 가위(thinnig scissors)

② 커브 가위(curve scissors)

③ 텐텐 가위(tenten scissors)

④ 블런트 가위(blunt scissors)

⑤ 스트록 가위(stroke scissors)

09 다음 설명의 빈칸에 들어갈 말로 옳은 것을 고르시오.

> (   )은/는 애완동물의 털을 일정한 길이로 자르는 데 사용한다. 전체 미용이 가능한 전문가용과 기본 미용이나 섬세한 부분의 클리핑에 사용하는 소형 (   ) 등이 있다.

① 빗(comb)

② 가위(scissors)

③ 클리퍼(clipper)

④ 브러시(brush)

⑤ 나이프(knife)

10 슬리커 브러시(slicker brush)에 대한 설명으로 옳지 않은 것을 〈보기〉에서 모두 고르시오.

> ㄱ. 동물의 털로 만든 빗이다.
> ㄴ. 엉킨 털을 빗거나 드라이를 위한 빗질 등에 사용하는 빗이다.
> ㄷ. 장모종의 엉킨 털을 제거하고 오염물을 탈락시키는 용도로 사용된다.
> ㄹ. 금속이나 플라스틱 재질의 판에 고무 쿠션이 붙어 있고 그 위에 구부러진 철사 모양의 쇠가 촘촘하게 박혀 있다.

① ㄱ, ㄴ

② ㄱ, ㄷ

③ ㄱ, ㄹ

④ ㄷ, ㄹ

⑤ ㄴ, ㄷ, ㄹ

11 다음 설명에 해당하는 것으로 옳은 것을 고르시오.

> • 포크 콤(fork comb)이라고도 부른다.
> • 애완동물의 볼륨을 표현하기 위해 털을 부풀릴 때에 사용한다.

① 가위(scissors)

② 클리퍼 날(clipper blade)

③ 오발빗(5-Toothed comb)

④ 브리슬 브러시(bristle brush)

⑤ 핀 브러시(pin brush)

3급

12 미디엄 나이프(medium knife)에 대한 설명으로 옳은 것을 〈보기〉에서 모두 고르시오.

> **보기**
>
> ㄱ. 머리 부분의 털만 제거할 수 있다.
> ㄴ. 세 종류 나이프 중에서 가장 두껍다.
> ㄷ. 코스 나이프와 파인 나이프의 중간 두께의 날이다.

① ㄱ
② ㄴ
③ ㄷ
④ ㄱ, ㄴ
⑤ ㄱ, ㄷ

13 소독 기기에 대한 설명으로 옳지 않은 것을 고르시오.

① 자외선을 이용하여 살균하는 기계이다.
② 애완동물의 미용 도구 소독에 사용한다.
③ 많은 양의 물을 빨리 데울 수 있는 장점이 있다.
④ 소독과 건조 기능을 함께 갖춘 제품이 편리하다.
⑤ 가열 살균이나 약제 소독에 비해 소독에 걸리는 시간이 짧기 때문에 사용이 간편하다.

14 고객 응대의 태도와 요령에 대한 내용으로 옳지 않은 것을 고르시오.

① 작업자에게 불쾌한 냄새가 나지 않도록 관리한다.
② 고객이 거부감을 느끼지 않도록 과도한 액세서리는 착용하지 않는다.
③ 작업 외의 시간에는 단정한 근무복이 아니라도 자유롭게 입을 수 있다.
④ 단정하고 깔끔한 이미지를 위하여 위화감을 주는 짙은 화장은 하지 않는다.
⑤ 손톱은 짧게 유지하는 것이 좋고 유니폼은 항상 깨끗한 상태로 착용해야 한다.

15 상담 환경 조성에 대한 설명으로 옳지 않은 것을 고르시오.

① 숍 내부에는 잔잔한 선율의 음악을 틀어 안정감을 줄 수 있도록 한다.
② 공간과 시간에 여유가 있다면 고객에게 차나 다과를 준비하거나 대접한다.
③ 고객의 불만 요소를 줄이기 위해서는 애완동물과 충분히 상담을 해야 한다.
④ 애완동물이 긍정적인 기억을 가질 수 있도록 대기 공간에서 간식을 주거나 놀이를 하는 등의 좋은 연관을 가지게끔 고객에게 안내 한다.
⑤ 숍 대기 공간에 상담을 위한 의자와 테이블을 놓기에 장소가 협소하다면 고객이 서서 대기하거나 상담할 수 있도록 복잡하지 않은 작은 공간을 마련하는 것이 좋다.

16 개와 고양이에게 위험한 식물인 것을 〈보기〉에서 모두 고르시오.

> **보기**
> ㄱ. 알로에
> ㄴ. 아이비
> ㄷ. 몬스테라
> ㄹ. 시클라멘
> ㅁ. 아스파라거스 고사리

① ㄷ, ㄹ
② ㄴ, ㄷ, ㄹ
③ ㄱ, ㄴ, ㄹ, ㅁ
④ ㄱ, ㄴ, ㄷ, ㅁ
⑤ ㄱ, ㄴ, ㄷ, ㄹ, ㅁ

17 고객 응대의 수행에 대한 설명으로 옳은 것을 고르시오.

① 미용 예약이 되어 있는 고객에게는 애완동물의 이름만 확인한다.
② 예약을 하지 않고 방문한 고객에게 미용 서비스를 제공할 수 없다면 어쩔 수 없이 고객을 보내야 한다.
③ 애완동물 미용에 소요되는 시간은 설명하지 않고 숍에서 기다릴지, 다른 용무를 보고 올지 확인한다.
④ 애완동물 미용 숍의 특성상 애완동물 용품의 판매 등이 함께 제공되므로 고객이 원하는 서비스를 제공할 수 있도록 한다.
⑤ 미용 예약이 되어 있지 않아 작업을 진행할 수 없을 때에는 "오늘 예약이 종료되어 안 돼요.", "전화 예약 안 하면 미용 못 합니다." 등의 부정적인 안내를 어쩔 수 없이 해야 한다.

18 개체 특성 파악을 위한 고객 상담에 대한 설명으로 옳지 않은 것을 고르시오.

① 미용 작업을 하면서 이루어질 수 있는 상황에 대해 설명해야 한다.
② 애완동물이 나타내는 행동과 피모의 상태, 신체의 건강 상태를 만져 보면서는 확인하면 안 된다.
③ 개체 특성 파악을 위해 문제가 있는 부위는 그림표로 체크하고 필요한 경우에는 사진을 촬영하여 남긴다.
④ 애완동물의 상태는 계속 변하므로 상태를 확인하여 기록하는 일은 고객과 소통하며 지속적으로 갱신한다.
⑤ 애완동물의 전신 건강 상태와 질병의 유무와 과거 병력, 미용 전후로 나타내는 애완동물의 행동을 고객에게 듣고 기록한다.

19 애완동물의 개체 특성 파악하기에 대한 설명으로 옳은 것을 고르시오.

① 고양이 페로몬 제품을 사용할 때에는 동물의 얼굴에 직접 사용한다.
② 동물 행동 이해에서 간식을 주며 접근하는 것은 모든 동물에게 적용된다.
③ 애완동물이 개체별 특성에 상관없이 대기할 수 있는 장소를 선정한다.
④ 애완동물의 미용 경험과 미용 후 나타났던 신체 건강의 변화를 묻는다.
⑤ 애완동물의 행동과 피모 상태, 신체 건강에 문제가 있는지 눈으로만 확인한다.

20 고양이의 의사표현 중 '공격 준비'를 나타내는 표정으로 옳은 것을 고르시오.

① 눈을 가늘게 뜬다.
② 귀 뒷면이 보이도록 돌아간다.
③ 눈을 동그랗게 뜨고 동공이 확장된다.
④ 얼굴에 긴장감이 없고 힘이 빠져 있다.
⑤ 납작해진 귀에 입을 벌리고 '하악' 소리를 낸다.

21 브러싱에 대한 설명으로 옳지 않은 것을 고르시오.

① 털갈이 시기 관리의 기본이다.
② 애완동물과 작업자 사이에 친숙함이 형성된다.
③ 브러싱이 충분히 되지 않아도 드라잉은 수월하게 할 수 있다.
④ 털의 관리 상태, 건강 상태, 기생충과 이물질의 점검 등을 관리할 수 있다.
⑤ 피부에 적당한 자극을 주어 신진 대사와 혈액 순환이 촉진되어 건강한 털을 유지할 수 있다.

22 개를 예로 든 피부의 구조와 특징에 대한 설명으로 옳지 않은 것을 고르시오.

① 주모(primary hair)는 짧고 얇으며 뻣뻣하다.
② 진피(dermis)는 입모근, 혈관, 임파관, 신경 등이 분포한다.
③ 표피(epidermis)는 피부의 외층 부분으로 개와 고양이의 표피는 털이 있는 부위가 얇다.
④ 입모근(arretor pili muscle)은 불수의근으로 추위, 공포를 느꼈을 때 털을 세울 수 있는 근육이다.
⑤ 피하 지방(subcutaneous fat)은 피부 밑과 근육 사이의 지방으로 피부 밑과 근육 사이에 분포한다.

23 다음 설명에 해당하는 것으로 옳은 것을 고르시오.

> • 부드럽고 짧은 털을 가지고 있으며 루버 브러시 등을 사용하여 털을 관리한다.
> • 빗질하여 죽은 털을 제거하고 피부 자극을 주어 건강하고 윤기 있게 관리를 할 수 있다.

① 롱 코트
② 컬리 코트
③ 실키 코트
④ 스무스 코트
⑤ 와이어 코트

24 샴핑의 목적에 대한 설명으로 옳지 않은 것을 고르시오.

① 오염된 피부와 털을 청결히 할 수 있다.
② 과도한 피지 제거와 세정을 위한 것이다.
③ 건강한 피부와 털을 점검하고 관리할 수 있다.
④ 정상적인 피부 보호막을 유지하기 위해 중요하다.
⑤ 털의 발육과 피부의 건강을 위해 관리하는 것이다.

25 린스의 종류와 기능에 대한 내용으로 옳은 것을 고르시오.

① 린스는 정전기 방지제, 보습제의 성분은 들어가 있지 않다.
② 드라이로 인한 열의 손상을 막기 위한 전처리제 역할도 한다.
③ 빗질로 발생한 손상에서 털을 보호해 주는 역할까지는 안 한다.
④ 린스에 함유된 오일 성분을 비롯한 여러 기능성 성분이 털에 윤기와 광택을 주지는 않는다.
⑤ 최근 시판되고 있는 린스 제품의 종류에는 천연 성분을 함유하여 자극이 적은 천연 제품, 기능이 강화된 제품, 엉킴을 풀기 위한 크림 형태의 고농축 제품 세 가지가 있다.

26 다음 설명에 해당하는 것을 고르시오.

> • 길고 짧은 핀이 어우러진 빗이다.
> • 부드러운 피모를 빗을 때 사용한다.

① 콤
② 롱 콤
③ 푸들 콤
④ 실키 콤
⑤ 페이스 콤

27 선회축(pivot point)에 대한 설명으로 옳은 것을 고르시오.

① 정날과 동날 양쪽의 뾰족한 앞쪽 끝이다.
② 정날과 동날의 안쪽 면의 자르는 날 끝이다.
③ 정날에 연결된 원형의 고리로 넷째 손가락을 끼워 조작한다.
④ 정날과 약지환에 이어져 있으며, 정날과 동날의 양쪽에 있는 가위도 있다.
⑤ 가위를 느슨하게 하거나 조이는 역할을 하며 양쪽 날을 하나로 고정시켜 주는 중심축이다.

28 주둥이 부위를 클리핑 할 때 사용하는 클리퍼 날의 길이로 옳은 것을 고르시오.

① 0.1~1mm

② 2~3mm

③ 3~4mm

④ 4~5mm

⑤ 5~6mm

29 발톱관리에 대한 내용으로 옳은 것을 고르시오.

① 살을 파고 들어간 발톱의 휘어진 부분을 가위로 자른다.

② 살에 박힌 발톱은 뽑아 주지 않고 구멍이 난 살 부분을 소독한다.

③ 출혈이 있는 발톱 부위를 엄지손가락으로 힘을 주어 지압하면 안 된다.

④ 발톱의 중간 지점이 부러져 있는 발톱은 발톱이 부러진 부분의 바로 윗부분을 자른다.

⑤ 발톱이 길어 보행에 지장을 주는 발톱은 휘어진 부분의 시작점을 발톱깎이로 잘라 주면 안 된다.

30 기본 클리핑 시 발의 털 제거에 대한 내용 중 옳지 않은 것을 〈보기〉에서 모두 고르시오.

> 보기
>
> ㄱ. 처음에는 애완동물을 보정하여 안정적으로 잡아 준다.
> ㄴ. 대형견 또한 발바닥 패드 안쪽의 털을 제거해야 한다.
> ㄷ. 발등의 털을 제거할 때에는 발등이 움직이지 않도록 손으로 보정한다.

① ㄱ

② ㄴ

③ ㄷ

④ ㄱ, ㄴ

⑤ ㄴ, ㄷ

31 대상에 맞는 미용 스타일을 선정하는 방법으로 옳지 않은 것을 고르시오.

① 털에 오염된 부분이 있을 때

② 몸의 구조에 문제가 있을 때

③ 애완동물이 예민하거나 사나울 때

④ 애완동물이 특정 부위의 미용을 거부할 때

⑤ 털 길이가 짧으나 고객이 털이 짧은 미용 스타일을 원할 때

32 애완동물이 예민하거나 사나울 때 주의해야 할 사항으로 옳지 않은 것을 고르시오.

① 애완동물의 예민함과 사나움의 정도를 파악한다.

② 미용사는 애완동물의 상태가 미용이 가능한 정도인지를 파악한다.

③ 만약 미용이 불가능하다면 이유를 고객에게 이해하기 쉽게 설명해야 한다.

④ 미용이 가능한 경우에는 물림 방지 도구의 사용 여부 등을 고객에게 알리고 동의를 얻어야 한다.

⑤ 애완동물의 보행에 방해가 되는 발바닥 아래의 털을 짧게 유지할 수 있는 미용 스타일을 선택한다.

33 포스트 클리핑 신드롬(post clipping syndrome)에 대한 설명으로 옳은 것을 고르시오.

① 피부병이다.

② 이중모 개에게서는 발견되지 않는다.

③ 원인은 확실하게 밝혀지지 않았다.

④ 포스트 클리핑 신드롬을 예방하기 위해서는 털을 짧게 클리핑해야 한다.

⑤ 털을 깎은 자리에 털이 다시 자라나는 증상이다.

34 애완동물의 나이가 많을 때 파악해야 하는 것으로 옳은 것을 〈보기〉에서 모두 고르시오.

> 보기
>
> ㄱ. 치아의 상태
> ㄴ. 모량과 모질
> ㄷ. 보호자의 나이
> ㄹ. 관절 이상 여부

① ㄱ, ㄴ

② ㄱ, ㄷ

③ ㄴ, ㄷ

④ ㄱ, ㄴ, ㄷ

⑤ ㄱ, ㄴ, ㄹ

35 전체 클리핑에 대한 내용으로 옳은 것을 고르시오.

① 고객의 요청에만 따라서 전체 클리핑을 한다.

② 전체 클리핑이란 애완동물의 등, 배, 다리에 있는 털만을 모두 클리퍼로 깎는 작업이다.

③ 전체 클리핑을 할 때에는 클리퍼로 털을 깎아 내는 부위가 넓고 많으므로 소형 클리퍼를 사용한다.

④ 전문가용 클리퍼를 사용하면 클리퍼 날의 폭이 좁고 얇아서 클리핑 작업 시간이 길어지고 애완동물의 피부에 자극을 줄 수 있다.

⑤ 전체 클리핑을 할 때에는 클리퍼 날의 사이즈(mm)에 따라 털을 정방향으로 깎느냐 역방향으로 깎느냐에 따라 털 길이가 달라진다.

36 다음의 모질에 따른 가위 선택 방법에 대한 설명이 어떤 경우인지 옳은 것을 고르시오.

> • 부위별 커트 후 각을 없앨 때 사용한다.
> • 얼굴의 머리 부분이나 다리 장식 털을 커트할 때 많이 사용한다.
> • 아치형 또는 동그랗게 커트할 때 쉽고 간단하게 연출할 수 있다.

① 보브 가위를 사용하는 경우
② 시닝 가위를 사용하는 경우
③ 커브 가위를 사용하는 경우
④ 핑킹 가위를 사용하는 경우
⑤ 블런트 가위를 사용하는 경우

37 다음 빈칸에 들어갈 말로 옳은 것을 고르시오.

> (   )은 어린 양의 모습에서 나온 미용 스타일로 푸들의 클립 중에서 가장 보편화된 미용 방법이다. 푸들의 (   )은 다른 미용 방법과 달리 얼굴을 클리핑한다는 특징이 있다.

① 램 클립
② 더치 클립
③ 맨하탄 클립
④ 다이아몬드 클립
⑤ 파자마 더치 클립

38 위그 시저링하기에 대한 설명으로 옳지 않은 것을 고르시오.

① 견체 모형이 넘어지지 않게 주의한다.
② 견체 모형의 다리는 테이블 면에 닿게 한다.
③ 눈과 눈 사이를 역V자형으로 클리핑하여 인덴테이션을 만든다.
④ 콤으로 위그 털을 빗지말고 양쪽 귀를 들어서 하나로 묶어 준다.
⑤ 뒤에서 보았을 때와 옆에서 보았을 때 다리의 굵기가 일정 하도록 커트한다.

39 다음 설명에 해당하는 트리밍 용어로 옳은 것을 고르시오.

> • 애완동물 미용사이다.
> • 동물의 피모 관리를 전문적으로 하는 사람으로 트리머(trimmer)라고 부르기도 한다.

① 스웰(swell)
② 심사위원(judge)
③ 핸들러(handler)
④ 훈련사(trainer)
⑤ 그루머(groomer)

40 다음 설명에 해당하는 트리밍 용어로 옳은 것을 고르시오.

> • 피모에 대한 일상적인 손질을 모두 포함하는 포괄적인 것이다.
> • 몸을 청결하게 하고 건강하게 하기 위한 브러싱, 베이싱, 코밍, 트리밍 등의 피모에 대한 모든 작업을 포함한다.

① 스웰(swell)
② 셰이빙(shaving)
③ 랩핑(wrapping)
④ 그루밍(grooming)
⑤ 트리밍(trimming)

41 트리밍 나이프로 소량의 털을 골라 뽑는 것을 뜻하는 트리밍 용어로 옳은 것을 고르시오.

① 새킹(sacking)
② 그리핑(gripping)
③ 레이킹(raking)
④ 블렌딩(blending)
⑤ 스트리핑(stripping)

42 발톱 손질을 뜻하는 트리밍 용어로 옳은 것을 고르시오.

① 세트업(set up)
② 베이싱(bathing)
③ 브러싱(brushing)
④ 스테이징(staging)
⑤ 네일 트리밍(nail trimming)

43 다음 설명에 해당하는 트리밍 용어로 옳은 것을 고르시오.

> • 듀플렉스 트리밍(duplex trimming)이라고도 한다.
> • 스트리핑 후 일정 기간 새 털이 자라날 때까지 들뜬 오래된 털을 다시 뽑는 것이다.

① 시닝(thinning)
② 치핑(chipping)
③ 클리핑(clipping)
④ 인덴테이션(indentation)
⑤ 듀플렉스 쇼튼(duplex-shorten)

3일

44 다음 설명에 해당하는 트리밍 용어로 옳은 것을 고르시오.

> - 드라이어로 코트를 말리는 과정이다.
> - 모질이나 품종의 스탠더드에 따라 여러 가지 드라이 방법을 달리 활용할 수 있다.

① 밴드(band)
② 드라잉(drying)
③ 카딩(carding)
④ 커팅(cutting)
⑤ 타월링(toweling)

45 다음 설명에 해당하는 트리밍 용어로 옳은 것을 고르시오.

> - 동물의 보행에 불편함이 없어야 하며 털을 보호할 수 있도록 해야 한다.
> - 장모종의 긴 털을 보호하기 위해 적당한 양의 털을 나누어 래핑지로 감싸주는 작업이다.

① 피킹(picking)
② 파팅(parting)
③ 새킹(sacking)
④ 플러킹(plucking)
⑤ 래핑(wrapping)

46 면도날로 털을 잘라 내는 것을 뜻하는 트리밍 용어로 옳은 것을 고르시오.

① 시닝(thinning)
② 페이킹(faking)
③ 블렌딩(blending)
④ 토핑오프(topping off)
⑤ 레이저 커트(razor cut)

47 스트리핑 후 남은 오버코트나 언더코트를 일정 간격으로 제거해 주는 것을 뜻하는 트리밍 용어로 옳은 것을 고르시오.

① 치핑(chipping)
② 레이킹(raking)
③ 클리핑(clipping)
④ 샴핑(shampooing)
⑤ 세트 스프레이(set spray)

48 다음 설명에 해당하는 트리밍 용어로 옳은 것을 고르시오.

> • 샴푸 후 린스를 뿌려 코트를 마사지하고 헹구어 내는 작업이다.
> • 털을 부드럽게 하여 정전기를 방지하고 샴푸로 인한 알칼리 성분을 중화하는 작업이다.

① 초킹(chalking)
② 린싱(rinsing)
③ 쉐이빙(shaving)
④ 화이트닝(whitening)
⑤ 오일 브러싱(oil brushing)

49 털을 가위로 잘라 일직선으로 가지런히 하는 것을 뜻하는 트리밍 용어로 옳은 것을 고르시오.

① 커팅(cutting)
② 코밍(combing)
③ 밥 커트(bob cut)
④ 플러킹(plucking)
⑤ 토핑오프(topping-off)

50 클리핑이나 시저링으로 띠 모양의 형태를 만드는 것을 뜻하는 트리밍 용어로 옳은 것을 고르시오.

① 밴드(band)
② 커팅(cutting)
③ 트리밍(trimming)
④ 시저링(scissoring)
⑤ 핑거 앤드 섬 워크(finger and thumb work)

3급

01 전기 및 화재 안전 수칙으로 옳은 것을 고르시오.

① 작업자는 소화기의 사용 방법을 몰라도 된다.

② 작업자는 물기가 있는 손으로 전기 기구를 만진다.

③ 전선의 피복이 벗겨진 것을 발견하면 즉시 전원을 차단한다.

④ 작업자는 미용 숍과 작업장에 있는 모든 전선을 만져도 좋다.

⑤ 작업자는 미용 숍 또는 작업장에 있는 소화기의 비치 장소를 알 필요는 없다.

02 작업자의 안전 교육에 대한 설명으로 옳지 않은 것을 고르시오.

① 고객에게 대기하는 다른 동물을 함부로 만지지 않도록 교육한다.

② 고객에게 대기하는 다른 동물에게 간식을 줄 수 있도록 교육한다.

③ 고객에게 작업자의 허락 없이 함부로 작업장에 들어가지 않도록 이해시킨다.

④ 동물 대기 장소에는 많은 동물이 있으므로, 고객에게 뛰어다니지 않도록 이해시킨다.

⑤ 동물 대기 장소에서는 고객에게 이물질을 떨어뜨리지 않고 청결하게 유지할 수 있도록 이해시킨다.

03 다음 중 1도 화상에 대한 내용으로 옳지 않은 것을 고르시오.

① 피부의 표피층에만 손상이 발생

② 손상부위에 발적이 나타남

③ 수포는 발생하지 않음

④ 통증이 일반적으로 3일 정도 지속됨

⑤ 흉터가 남을 수 있음

04 작업자에게 발생할 수 있는 동물에 의한 안전사고 예방방법으로 옳지 않은 것을 고르시오.

① 동물이 불안해하고 두려움을 느끼거나 공격성을 나타내는 등의 부정적인 감정상태를 동물의 신체외형의 변화로 파악한다.

② 동물에게 물림방지 도구를 착용시킨다.

③ 동물이 편안한 상태가 되도록 시간을 주고 혼자 있을 수 있는 독립된 공간에 대기시킨다.

④ 동물이 부정적인 감정상태인 경우에는 물리기 쉬우므로 억지로 붙잡거나 동물의 얼굴 가까이에 손을 대거나 큰 소리를 내는 행위를 삼가야 한다.

⑤ 동물이 작업대 위에 있는 경우, 작업자는 항상 동물을 주시해야 하며, 동물을 붙잡을 수 있도록 가까운 거리에 있어야 한다.

05 다음 빈칸에 들어갈 말로 옳은 것을 고르시오.

> 동물의 도주를 예방하기 위해 사용하는 (　　)을/를 선택할 때에는 충분히 촘촘한 것을 선택한다. 또 대기하는 동물의 크기에 따라 충분히 높고, 특히 (　　)의 잠금 장치가 튼튼해야 하며, 동물이 물리력을 가하여 열 수 없는 방향으로 제작되어야 한다.

① 안전문
② 케이지
③ 이동장
④ 바닥재
⑤ 테이블 고정암

06 다음 빈칸에 들어갈 옳은 것을 고르시오.

> • (　　) 바이러스로 인해 급성 바이러스성 뇌염을 일으키는 질병이다.
> • 주로 (　　) 바이러스에 감염된 동물의 교상과 상처 부위를 통해 감염된다.

① 회충
② 광견병
③ 개선충
④ 백선증
⑤ 대장균

07 과산화수소에 대한 설명으로 옳은 것을 〈보기〉에서 모두 고르시오.

> 보기
> ㄱ. 도포 시 거품이 나는 것이 특징이다.
> ㄴ. 2.5~3%의 농도를 소독용으로 사용한다.
> ㄷ. 산화력이 강하고 이산화탄소가 발생한다.
> ㄹ. 혐기성 세균 번식을 억제하는 효과가 있다.

① ㄱ, ㄴ
② ㄱ, ㄷ
③ ㄴ, ㄹ
④ ㄴ, ㄷ, ㄹ
⑤ ㄱ, ㄴ, ㄷ

08 텐텐 가위(tenten scissors)에 대한 설명으로 옳지 않은 것을 고르시오.

① 요술 가위라고도 부른다.
② 제품에 따라 잘리는 양이 다르다.
③ 제품별 절삭률을 숙지하고 사용해야 한다.
④ 시닝 가위와 비슷하지만 절삭률이 더 좋다.
⑤ 가윗날의 모양이 휘어져 있어 곡선 부분을 자를 때에 좋다.

09 다음 설명에 해당하는 것으로 옳은 것을 고르시오.

> • 덧끼우는 날에 따라 길이를 조절하여 클리핑할 수 있다.
> • 클리퍼 날에 끼우는 덧빗으로 보통 1mm 길이의 클리퍼 날에 덧끼워 사용한다.

① 코트 킹(coat king)
② 핀 브러시(pin brush)
③ 클리퍼 날(clipper blade)
④ 클리퍼 콤(clipper comb)
⑤ 슬리커 브러시(slicker brush)

10 동물의 털을 가르거나 래핑을 할 때 사용하는 것은?

① 콤(comb)
② 꼬리빗(pointed comb)
③ 브리슬 브러시(bristle brush)
④ 슬리커 브러시(slicker brush)
⑤ 클리퍼 날(clipper blade)

11 물림 방지 도구에 해당하는 것을 〈보기〉에서 모두 고르시오.

> 보기
>
> ㄱ. 겸자
> ㄴ. 입마개
> ㄷ. 발톱깎이
> ㄹ. 슬리커 브러시
> ㅁ. 엘리자베스 칼라

① ㄱ, ㄴ
② ㄴ, ㅁ
③ ㄴ, ㄷ, ㄹ
④ ㄱ, ㄹ, ㅁ
⑤ ㄱ, ㄴ, ㅁ

12 귓속의 털을 뽑을 때 털이 잘 잡히도록 하기 위해 사용하는 것을 고르시오.

① 염모제
② 네일파우더
③ 네일클리너
④ 이어파우더
⑤ 컬러페이스트

13 유압식 미용 테이블의 설명으로 옳은 것을 〈보기〉에서 모두 고르시오.

───── 보기 ─────

ㄱ. 부피가 크고 가격이 비싸다는 단점이 있다.
ㄴ. 버튼을 발로 눌러 높낮이를 조절하는 미용 테이블이다.
ㄷ. 전력을 이용하여 높낮이를 조절하는 미용 테이블이다.
ㄹ. 높낮이 조절이 편리하며 비교적 가격이 저렴한 장점이 있다.

① ㄴ
② ㄱ, ㄴ
③ ㄱ, ㄷ
④ ㄴ, ㄹ
⑤ ㄷ, ㄹ

14 인사 예절과 화법에 대한 내용으로 옳은 것을 〈보기〉에서 모두 고르시오.

───── 보기 ─────

ㄱ. 고객의 눈을 마주 보며 밝은 미소로 인사를 하여 신뢰감을 높인다.
ㄴ. "고객님.", "○○ 보호자님." 등의 상황과 상대에 알맞은 호칭을 사용한다.
ㄷ. 애완동물이 놀라지 않도록 낮은 음성의 어두운 목소리로 고객을 응대한다.
ㄹ. 부드러운 말투와 친절한 안내만으로는 고객에게 지불하는 비용 이상의 효과를 느낄 수 있게 하지는 않는다.

① ㄱ, ㄴ
② ㄱ, ㄷ
③ ㄴ, ㄷ
④ ㄴ, ㄹ
⑤ ㄷ, ㄹ

15 상담 · 대기 공간의 위생과 냄새 관리에 대한 내용으로 옳은 것을 〈보기〉에서 모두 고르시오.

───── 보기 ─────

ㄱ. 너무 시끄러울 수 있으므로 청소기는 사용하지 않는다.
ㄴ. 배변 봉투와 위생 용품은 잘 보이지 않는 구석에 비치한다.
ㄷ. 아로마 발향을 이용하여 편안하고 아늑한 느낌을 줄 수 있도록 한다.
ㄹ. 애완동물의 배변 · 배뇨 처리 시 사용한 쓰레기통은 수시로 비워 준다.

① ㄱ, ㄴ
② ㄱ, ㄷ
③ ㄴ, ㄷ
④ ㄴ, ㄹ
⑤ ㄷ, ㄹ

16 고객의 불만 사항이 발생했을 때 응대의 수행에 대한 설명으로 옳지 않은 것을 고르시오.

① 집중해서 고객의 이야기를 경청한다.
② 상담자가 실수한 부분에 대해서는 적절한 해결 방법을 제시한다.
③ 고객이 느꼈을 불편함에 '그러나', '하지만' 등의 접속사는 사용하며 이유를 설명한다.
④ 해결 방법을 제시할 때에는 고객으로 하여금 최선의 방법이라 느끼도록 상담자가 성의껏 표현한다.
⑤ 고객의 불만이 상품, 제도, 상담자의 태도, 고객 자신 등의 어떠한 부분에서 고객의 불만이 발생하였는지 요소를 파악한다.

3급

17 전화 응대 요령에 대한 설명으로 옳지 않은 것을 고르시오.

① 메모지와 미용 예약 장부를 전화기 옆에 늘 준비한다.

② 전화벨이 3번 이상 울리기 전에 환한 미소와 밝은 목소리로 받는다.

③ 전화 응대는 친절, 정확, 신속, 예의의 네 가지 원칙을 기본으로 한다.

④ 고객과의 대화가 복잡하지 않도록 최대한 단답형으로 응대하는 것이 좋다.

⑤ 애완동물 숍의 첫인상이 될 수 있는 전화 응대는 고객 응대 서비스에서 매우 중요한 요소이다.

18 애완동물의 상태 확인하기에 대한 내용으로 옳지 않은 것을 고르시오.

① 애완동물의 눈, 귀, 구강, 전신 상태, 다리 모양, 걸음걸이를 확인한다.

② 털 엉킴이 오래되어 발적, 탈모, 피부염, 부스럼과 딱지가 생겼는지 확인한다.

③ 경계심이 많지 않은 고양이의 경우에는 얼굴을 살며시 쓰다듬으면서 귀 안쪽으로 체온계를 넣어 측정한다.

④ 애완동물이 노령이거나 심리적으로 불안한 상태를 보인다면 고객에게 충분히 설명한 뒤 미용 동의서를 받는다.

⑤ 애완동물에게 피부의 염증, 발적, 탈모, 피모의 분비물, 낙설, 부스럼과 딱지 등이 보인다면 미리 고객에게 안내하여 반드시 미용 후에 수의사의 진료를 받도록 안내한다.

19 스타일북에 제작에 대한 설명으로 옳지 않은 것을 〈보기〉에서 모두 고르시오.

> 보기
>
> ㄱ. 품종별로만 수집한 자료를 붙인다.
> ㄴ. 수집한 자료 중 작업이 가능한 사진을 붙인다.
> ㄷ. 각 스타일의 이름을 기입할 때에는 많이 불리는 이름으로 정해 주어 고객이 쉽고 혼돈하지 않도록 돕는다.

① ㄱ

② ㄴ

③ ㄷ

④ ㄱ, ㄴ

⑤ ㄴ, ㄷ

20 애완동물이 서로 공격할 때에 떨어뜨리는 안전한 방법으로 옳은 것을 〈보기〉에서 모두 고르시오.

> 보기
>
> ㄱ. 개의 뒷다리를 든다.
> ㄴ. 개와 다른 동물의 사이를 막는다.
> ㄷ. 천 패드나 큰 수건 등을 이용하여 눈을 덮는다.

① ㄱ

② ㄴ

③ ㄱ, ㄴ

④ ㄴ, ㄷ

⑤ ㄱ, ㄴ, ㄷ

21 다음 빈칸에 들어갈 것으로 옳은 것을 고르시오.

> 엉킨 털을 풀 때 털을 잡아당겨 빗질이 고통스럽지 않도록 강도를 조절한다. 장모의 털을 유지하고 있는 개체에게 엉킴이 있을 경우에는 엉킨 털 풀기에 도움이 되는 (　　　)을/를 도포하여 털의 손상을 최소화해야 한다.

① 샴푸
② 스킨
③ 에센스
④ 컨디셔너
⑤ 헤어스프레이

22 다음 설명에 해당하는 것으로 옳은 것을 고르시오.

> • 방수 기능으로 체온이 유지된다.
> • 몸의 외형을 이루는 털로 길고 두껍다.

① 긴털(long hair)
② 솜털(wool hair)
③ 흰털(white hair)
④ 보호털(guard hair)
⑤ 촉각털(tarctile hair)

23 빗질하기의 안전·유의 사항으로 옳지 않은 것을 고르시오.

① 애완동물의 개체별 특성을 숙지한다.
② 애완동물의 건강 상태는 작업 후에 확인하는 것이 좋다.
③ 애완동물의 찰과상을 예방하기 위해 정기적으로 빗의 파손 여부를 확인한다.
④ 피부의 손상에 주의하고 피부의 면과 각도, 강도를 조절하며 브러시를 사용한다.
⑤ 애완동물의 머리, 관절, 피부, 안구 등 돌출된 부위에 사용할 때에는 찰과상에 주의한다.

24 루버 브러시에 대한 내용으로 옳지 않은 것을 〈보기〉에서 모두 고르시오.

> **보기**
> ㄱ. 목욕 시에는 사용할 수 없다.
> ㄴ. 브러싱을 하여 윤기 있는 털을 유지시킬 수 있다.
> ㄷ. 단모종의 죽은 털 제거와 피부 마사지에 사용한다.
> ㄹ. 고무 재질의 판과 돌기로 구성되어 있으며, 글로브 형태만 있다.

① ㄱ, ㄴ
② ㄱ, ㄷ
③ ㄴ, ㄷ
④ ㄱ, ㄹ
⑤ ㄷ, ㄹ

25 샴핑에 대한 내용으로 옳지 않은 것을 고르시오.

① 물의 온도와 수압을 조절한다.
② 몸 전체에 샴푸를 골고루 도포한다.
③ 피부를 적당히 자극하여 마사지한다.
④ 눈과 귓속에 샴푸가 들어가지 않도록 주의한다.
⑤ 용기에 샴푸를 희석하여 사용하거나 희석한 샴푸를 스펀지에 적셔 사용하면 안 된다.

26 시닝 가위에 대한 설명으로 옳지 않은 것을 〈보기〉에서 모두 고르시오.

〈보기〉

ㄱ. 털을 자연스럽게 연결시킬 때 사용한다.
ㄴ. 빗살 사이의 간격 수에 따라 잘리는 면의 절삭력에 차이는 없다.
ㄷ. 가위 자국은 있지만 실키 코트의 부드러운 털과 처진 털을 자를 때 사용한다.
ㄹ. 한쪽 면(정날)은 빗살로, 다른 한쪽 면(동날)은 가위의 자르는 면으로 되어 있다.

① ㄱ, ㄴ
② ㄱ, ㄷ
③ ㄴ, ㄷ
④ ㄴ, ㄹ
⑤ ㄷ, ㄹ

27 클리퍼 날의 사이즈에 대한 설명으로 옳은 것을 〈보기〉에서 모두 고르시오.

〈보기〉

ㄱ. 클리퍼 날의 mm 수가 작으면 날의 간격이 좁다.
ㄴ. 클리퍼 날의 mm 수가 클수록 클리퍼 날의 간격이 넓다.
ㄷ. 클리퍼 날의 mm 수가 클수록 피부에 상처를 입힐 수 있는 위험성이 높다.

① ㄱ
② ㄴ
③ ㄷ
④ ㄱ, ㄴ
⑤ ㄱ, ㄴ, ㄷ

28 발톱 및 발바닥에 대한 내용으로 옳지 않은 것을 고르시오.

① 개나 고양이는 앞발에 다섯 개, 뒷발에 네 개의 발톱이 있다.
② 발톱은 발가락뼈를 보호하며 발가락뼈의 역할을 보조해 준다.
③ 발톱은 지면으로부터 발을 보호하기 위해 단단하게 되어 있다.
④ 발의 발가락뼈(지골)는 애완동물이 보행할 때 힘을 지탱해 주는 역할을 한다.
⑤ 발톱에는 혈관과 신경이 연결되어 있지는 않지만 발톱이 자라면서 혈관과 신경도 같이 자란다.

29 귀 청소에 대한 내용으로 옳지 않은 것을 고르시오.

① 주기적으로 털을 뽑아 관리해야 한다.

② 대부분의 견종은 귓속에서 털이 자라난다.

③ 귀 청소를 하기 위해서는 겸자와 탈지면 만 필요하다.

④ 소형견과 중형견은 귓속의 털이 자라기 때문에 외이염이 발생하기 쉬우므로 털을 뽑아 주어야 한다.

⑤ 귀가 밑으로 쳐진 견종은 귀가 귀 안쪽 구 멍을 막고 있어서 습기가 쉽게 차고 습도 가 높아 세균이 번식하기 쉽다.

30 발의 미용 스타일 중 발의 생긴 모양대로 동그랗게 자르는 동그란 발의 대표 견종을 〈보기〉에서 모두 고르시오.

┌─── 보기 ───┐
ㄱ. 푸들
ㄴ. 페키니즈
ㄷ. 포메라니안
└──────────┘

① ㄱ

② ㄴ

③ ㄷ

④ ㄱ, ㄴ

⑤ ㄴ, ㄷ

31 애완동물이 노령이거나 지병이 있을 때 주의 해야 할 사항으로 옳지 않은 것을 〈보기〉에서 모두 고르시오.

┌─── 보기 ───┐
ㄱ. 청각이나 시각을 잃은 경우에는 예민할 수 있으므로 주의한다.

ㄴ. 동물이 오랜 시간 서 있어야 작업이 가 능한 미용 스타일은 권장한다.

ㄷ. 피부에 탄력이 없고 주름이 있으므로 클 리핑할 때 상처가 나지 않게 주의해야 한다.

ㄹ. 위생 관리 부분보다는 디자인에 초점을 맞춘 미용 스타일을 선택하는 것이 바람 직하다.
└──────────┘

① ㄱ, ㄴ

② ㄴ, ㄹ

③ ㄷ, ㄹ

④ ㄱ, ㄴ, ㄷ

⑤ ㄴ, ㄷ, ㄹ

32 미용 스타일의 제안에 대한 내용으로 옳지 않은 것을 고르시오.

① 새로운 미용 용어를 이해하도록 노력한다.

② 고객이 이해할 수 있는 용어를 활용하여 설명한다.

③ 미용 스타일을 제안하기 전에 먼저 고객 의 요구 사항을 구체적으로 파악한다.

④ 스타일북을 활용하여 고객과 미용사 간에 생길 수 있는 생각의 오차를 줄인다.

⑤ 고객의 의견도 중요하지만 미용사의 의견 이 중요하므로 이를 우선적으로 반영한다.

3급

33 애완동물 몸의 구조적 특징을 파악하기에 대한 내용으로 옳지 않은 것을 고르시오.

① 애완동물의 이상적인 체형을 파악한다.
② 애완동물의 몸 구조에서 단점이 되는 부분이 있다면 보완한다.
③ 애완동물의 몸 구조에서 장점이 되는 부분이 있다면 부각시킨다.
④ 보완이 어려운 정도의 단점이라면 고객에게 양해를 구하고 포기한다.
⑤ 애완동물 종의 이상적인 표준과 미용 의뢰를 받은 동물의 몸 구조를 비교한다.

34 이미지너리 라인에 대한 설명으로 옳지 않은 것을 고르시오.

① 클리핑하기 전에 만들어 놓는 가상선이다.
② 정방향으로 클리핑을 하면 털이 난 방향에 따라 이미지너리 라인을 만들 수 있다.
③ 등을 클리핑할 때에는 개체 특성상 정방향으로 이미지너리 라인을 만들 수도 있다.
④ 역방향으로 클리핑을 하면 털이 난 반대 방향에 따라 이미지너리 라인을 만들 수 있다.
⑤ 얼굴을 클리핑할 때에는 항상 털이 난 반대 방향으로 이미지너리 라인을 만들어야 한다.

35 클리핑 작업하기의 안전·유의사항으로 옳지 않은 것을 고르시오.

① 최소 두 개체의 전체 클리핑이 끝나면 항상 소독을 한다.
② 클리퍼를 장시간 사용할 경우 클리퍼 날에 화상을 입힐 수 있으므로 주의한다.
③ 애완동물의 항문 주변이나 생식기 주변을 클리핑할 때에는 찰과상을 입히지 않도록 주의한다.
④ 애완동물이 물거나 산만할 경우에는 클리퍼를 입으로 물거나 상처를 입을 수 있으므로 입마개를 씌워야 한다.
⑤ 클리퍼 날이 손상되었는지 수시로 확인하고 손상이 있으면 수리하고 교체하여 애완동물의 피부에 상처가 나지 않게 주의한다.

36 블런트 가위를 사용하는 경우에 대한 설명으로 옳은 것을 〈보기〉에서 모두 고르시오.

> **보기**
> ㄱ. 마무리 작업에 사용한다.
> ㄴ. 전반적인 커트에 사용한다.
> ㄷ. 모질이 부드럽고 힘이 없어 빗질하였을 때 처지는 모질에 사용한다.
> ㄹ. 모질이 굵고 건강하여 콤으로 빗질하였을 때 털이 잘 서는 모질에 사용한다.

① ㄱ, ㄴ
② ㄴ, ㄷ
③ ㄴ, ㄹ
④ ㄱ, ㄴ, ㄷ
⑤ ㄱ, ㄴ, ㄹ

37 애완동물의 신체적 체형이 하이온 타입일 때, 하이온 타입의 신체적 단점을 보완하기 위해 해야하는 방법으로 옳지 않은 것을 〈보기〉에서 모두 고르시오.

보기

ㄱ. 긴 다리를 더 길어 보이게 커트한다.
ㄴ. 백 라인을 짧게 커트하여 키를 작아 보이게 한다.
ㄷ. 언더라인의 털을 길게 남겨 다리를 짧아 보이게 한다.
ㄹ. 언더라인의 털을 짧게 커트하여 다리를 길어 보이게 한다.

① ㄱ, ㄴ
② ㄱ, ㄷ
③ ㄱ, ㄹ
④ ㄴ, ㄹ
⑤ ㄱ, ㄴ, ㄹ

38 부분별 시저링에 대한 설명으로 옳지 않은 것을 고르시오.

① 앞다리의 앞면, 뒷면, 옆면, 안쪽면의 다리 굵기 같게 자른다.
② 개체의 전반부를 작업하기 위해 턱 밑을 강하고 단단하게 잡아 준다.
③ 앞다리의 위쪽에서 아래쪽 방향으로 모근의 털을 콤으로 빗어 털을 세운다.
④ 개체와 너무 가까우면 전체적인 밸런스를 맞추기 힘들고 어느 특정 부위에만 관심이 치우칠 수 있다.
⑤ 뒷다리 → 몸통 → 앞가슴 → 앞다리 → 몸통 → 뒷다리 → 목 → 얼굴 → 귀 → 꼬리 순으로 작업을 한다.

39 물로 코트를 적셔 샴푸로 세척하고 충분히 헹구어 내는 작업을 뜻하는 트리밍 용어로 옳은 것을 고르시오.

① 스웰(swell)
② 타월링(toweling)
③ 베이싱(bathing)
④ 스펀징(sponging)
⑤ 샴핑(shampooing)

40 브러싱(brushing)에 대한 설명으로 옳지 않은 것을 고르시오.

① 털을 좌우로 분리시키는 것이다.
② 브러시를 이용하여 빗질하는 것이다.
③ 엉킨 털 뭉치를 제거하고 피모를 청결하게 한다.
④ 피부를 자극하여 마사지 효과를 주고 노폐모와 탈락모를 제거한다.
⑤ 피부의 혈액 순환을 좋게 하고 신진대사를 촉진하여 건강한 피모가 되도록 한다.

41 털의 길이가 다른 곳의 층을 연결하여 자연스럽게 하는 것을 뜻하는 트리밍 용어로 옳은 것을 고르시오.

① 커팅(cutting)
② 시닝(thinning)
③ 코밍(combing)
④ 블렌딩(blending)
⑤ 시저링(scissoring)

42 드라이어를 사용하여 털을 말리거나 펴는 작업을 뜻하는 트리밍 용어로 옳은 것을 고르시오.

① 플럼(plume)
② 레이킹(raking)
③ 피킹(picking)
④ 에이프런(apron)
⑤ 블로우 드라잉(blow drying)

43 베이싱 후 털이 튀어나오거나 뜨는 것을 막아 가지런히 하기 위해 신체를 타월로 싸놓는 것을 뜻하는 트리밍 용어로 옳은 것을 고르시오.

① 린싱(rinsing)
② 새킹(sacking)
③ 드라잉(drying)
④ 타월링(toweling)
⑤ 그루밍(grooming)

44 다음 설명에 해당하는 트리밍 용어로 옳은 것을 고르시오.

- 샴푸를 이용하여 씻기는 것이다.
- 몸을 따뜻한 물로 적시고 손가락으로 마사지 하여 세척한 후 헹구어 내는 작업이다.

① 피킹(picking)
② 레이킹(raking)
③ 세트업(set up)
④ 샴핑(shampooing)
⑤ 화이트닝(whitening)

45 톱 노트 부분의 코트를 세우기 위해 스프레이 등을 뿌리는 작업을 뜻하는 트리밍 용어로 옳은 것을 고르시오.

① 치핑(chipping)
② 세트업(set up)
③ 스테이징(staging)
④ 토핑오프(topping-off)
⑤ 세트 스프레이(set spray)

46 톱 노트를 형성시키기 위해 두부의 코트를 밴딩하고 세트 스프레이를 하는 작업을 뜻하는 트리밍 용어를 고르시오.

① 스웰(swell)
② 세트업(set up)
③ 랩핑(wrapping)
④ 플러킹(plucking)
⑤ 아이래시(eyelash)

47 드레서나 나이프를 이용하여 털을 베듯이 자르는 기법을 뜻하는 트리밍 용어로 옳은 것을 고르시오.

① 커팅(cutting)
② 클리핑(clipping)
③ 셰이빙(shaving)
④ 그리핑(gripping)
⑤ 인덴테이션(indentation)

48 쇼 클립(show clip)에 대한 내용으로 옳지 않은 것을 〈보기〉에서 모두 고르시오.

보기

ㄱ. 보통 각 견종의 표준에 맞는 그루밍 방법이 정해져 있다.
ㄴ. 출진할 시기에 맞추어 출진 견이 최고의 상태로 돋보일 수 있어야 한다.
ㄷ. 쇼 일주일 전에 초점을 맞추어 계획적으로 피모를 정돈해 두어야 하는 것이 좋다.
ㄹ. 쇼에 출진하기 위한 그루밍으로 쇼에서 창의적인 타입의 미용 스타일을 완성해야 한다.

① ㄱ, ㄴ
② ㄱ, ㄷ
③ ㄱ, ㄹ
④ ㄴ, ㄷ
⑤ ㄷ, ㄹ

49 두부를 부풀려 볼륨 있게 모양을 낸 것을 뜻하는 트리밍 용어로 옳은 것을 고르시오.

① 밴드(band)

② 스웰(swell)

③ 페이킹(faking)

④ 랩핑(wrapping)

⑤ 블렌딩(blending)

50 미니어처슈나우저 등에게 작업하는 스트리핑 방법을 뜻하는 트리밍 용어로 옳은 것을 고르시오.

① 새킹(sacking)

② 치핑(chipping)

③ 스테이징(staging)

④ 토핑오프(topping-off)

⑤ 핑거 앤드 섬 워크(finger and thumb work)

01 작업자의 안전 수칙 및 안전 교육에 대한 설명으로 옳지 않은 것을 고르시오.

① 작업자는 항상 안전 수칙을 숙지한다.

② 작업자와 고객은 출입문과 통로에 있는 안전 문을 꼭 열어둔다.

③ 작업자는 안전 수칙에 어긋난 행동을 하는 경우, 즉시 행동을 수정해야 한다.

④ 고객은 동물의 도주 방지를 위해 목줄이나 가슴줄 없이 동물을 절대 바닥에 풀어놓지 않는다.

⑤ 애완동물이 공격적인 성향을 나타낼 수 있으므로, 고객은 대기하고 있는 낯선 동물을 함부로 만지지 않는다.

02 애완동물에게 발생할 수 있는 사고로 옳지 않은 것을 고르시오.

① 뾰족한 미용도구에 상처를 낼 수 있다.

② 미용 숍에서의 동물은 불안하고 예민한 상태이므로 항상 조심한다.

③ 동물의 피부에 전원이 약하게 접촉하였을 때에는 감전의 위험도는 크지 않다.

④ 동물의 피부는 사람보다 두꺼워서 사람보다 높은 온도에서 화상을 입을 수 있다.

⑤ 동물이 건물 밖으로 도주 하였을 경우에는 교통사고와 같은 심각한 문제를 일으킬 수 있다.

03 작업장에서 주로 발생하는 화재의 원인이 아닌 것을 고르시오.

① 전선의 합선으로

② 전류의 과부하로

③ 정전기 불꽃으로 인한 전기 화재로

④ 낡은 전선이나 전기 기구의 절연 불량으로

⑤ 물이 흐르는 통로 등에 손상으로 균열 등이 생겨서

04 동물의 미용 도구의 상처에 의한 안전사고를 예방하는 방법으로 옳지 않은 것을 고르시오.

① 작업 중에는 필요한 도구만 손에 쥐고 사용한다.

② 미용 도구를 항상 소독 관리하여 청결하도록 유지한다.

③ 사용하지 않는 도구는 동물이 있는 작업대에 가능하면 올려놓지 않도록 한다.

④ 가위, 클리퍼, 발톱깎이, 빗 등 자주 쓰는 도구는 항상 작업대 위에 올려놓는다.

⑤ 동료가 뾰족하고 날카로운 도구를 사용하여 작업하고 있을 때에는 안전거리를 유지한다.

05 일광 소독에 대한 설명으로 옳은 것을 〈보기〉에서 모두 고르시오.

> **보기**
>
> ㄱ. 특정 화학 제품을 사용하여 소독하는 것을 말한다.
> ㄴ. 작업장에서 사용하는 수건 및 의류의 소독에 적합하다.
> ㄷ. 100℃의 끓는 물에 소독 대상을 넣어 소독하는 것을 말한다.
> ㄹ. 소독 대상을 맑은 날 오전 10시~오후 2시 사이에 직사광선에 충분히 노출시킨다.

① ㄱ, ㄴ
② ㄴ, ㄷ
③ ㄴ, ㄹ
④ ㄱ, ㄴ, ㄷ
⑤ ㄴ, ㄷ, ㄹ

06 미용도구 세척 및 소독하기에 대해 옳지 않은 것을 고르시오.

① 손을 깨끗이 씻은 후, 장갑을 끼고 작업한다.
② 완전히 건조시킨 후 정해진 장소에 보관한다.
③ 세척 후 미용 도구에 잔여물이 없도록 충분히 헹군다.
④ 부드러운 재질의 세척용 솔로 도구의 표면이 손상되지 않도록 세척한다.
⑤ 알맞은 소독제가 있어도 소독하면 안 되고 자외선 소독기에 노출시켜 소독한다.

07 다음 설명에 해당하는 인수 공통 전염병으로만 묶인 것을 고르시오.

> 이 병원균은 동물의 배설물 등에 의해 옮겨지며, 주로 입으로 감염되어 사람과 동물에게 장염과 같은 소화기 질병을 일으킨다.

① 회충, 개선충
② 회충, 지알디아
③ 백선증, 지알디아
④ 개선충, 살모넬라균
⑤ 개선충, 캠필로박터

08 클리퍼 날(clipper blade)에 대한 설명으로 옳은 것을 고르시오.

① 클리퍼의 아랫날은 두께를 조절하지 않는다.
② 번호에 따른 날의 길이는 제조사마다 모두 같다.
③ 동물의 종류나 미용 방법 및 사용 부위에 따라 적당한 길이를 선택하여 사용한다.
④ 클리퍼 날에는 번호가 적혀 있는데, 일반적으로 번호가 클수록 털의 길이가 길게 깎인다.
⑤ 아랫날 두께에 따라 클리핑되는 길이가 결정되지는 않으며 윗날은 털을 자르는 역할을 한다.

09 다음 설명에 해당하는 것으로 옳은 것을 고르시오.

> • 동물의 털로 만든 빗이다.
> • 말, 멧돼지, 돼지 등 여러 동물의 털이 이용된다.
> • 오일이나 파우더 등을 바르거나 피부를 자극하는 마사지 용도로 사용된다.

① 콤(comb)
② 핀 브러시(pin brush)
③ 꼬리빗(pointed comb)
④ 슬리커 브러시(slicker brush)
⑤ 브리슬 브러시(bristle brush)

10 스트리핑에 사용하는 나이프 중 코스 나이프(coarse knife)가 제거하는 것을 고르시오.

① 언더코트를 제거
② 눈과 귀의 털 제거
③ 꼬리와 머리의 털 제거
④ 눈과 꼬리의 털 제거
⑤ 귀와 머리의 털 제거

11 발톱갈이(nail file)에 대한 설명으로 옳은 것을 고르시오.

① 발톱을 깎는 데 쓴다.
② 발톱을 다듬는 데 사용한다.
③ 집게형, 니퍼형, 기요틴형 등 다양한 종류가 있다.
④ 충전을 하거나 건전지를 넣어 사용하는 전동식만 있다.
⑤ 사람의 손으로 양방향으로 움직여 사용하는 수동식만 있다.

12 슬리커 브러시의 관리 방법에 대해 옳은 것을 〈보기〉에서 모두 고르시오.

> **보기**
>
> ㄱ. 굵은 콤 등을 사용하지 않고 반드시 손가락을 이용하여 털을 제거한다.
> ㄴ. 젖은 채로 보관하면 패드가 부식되거나 핀에 녹이 생길 수 있으므로 완전히 건조시켜 보관한다.
> ㄷ. 패드 부분에 물이 들어가지 않도록 뒤집어 닦아 주며 브러시의 물기를 털어 내고 뜨겁지 않은 바람으로 말려 준다.
> ㄹ. 콤이나 손을 이용하여 슬리커 브러시에 붙은 털을 제거하고 패드 부분과 빗 전체 부분의 이물질을 제거하기 위해 비눗물로 세척한 후 깨끗한 물로 씻어 낸다.

① ㄱ, ㄴ, ㄷ
② ㄱ, ㄴ, ㄹ
③ ㄴ, ㄷ, ㄹ
④ ㄱ, ㄷ, ㄹ
⑤ ㄱ, ㄴ, ㄷ, ㄹ

3급

13 다음 설명에 해당하는 것으로 옳은 것을 고르시오.

> • 장모종 개의 털을 보호하기 위해 사용한다.
> • 종이로 된 것, 비닐로 된 것 등 소재가 다양하다.
> • 털의 성질에 따라 두께나 소재를 선택하여 사용한다.

① 래핑지
② 고무밴드
③ 워터리스 샴푸
④ 엉킴 제거 제품
⑤ 브러싱 스프레이

14 불만 고객 응대 과정으로 옳은 것을 〈보기〉에서 모두 고르시오.

> 보기
> ㄱ. 동감 및 이해
> ㄴ. 문제 경청
> ㄷ. 요구사항 거절
> ㄹ. 해결 방법 경청

① ㄱ, ㄴ
② ㄱ, ㄷ
③ ㄴ, ㄷ
④ ㄱ, ㄹ
⑤ ㄷ, ㄹ

15 개와 고양이에게 위험한 식물이 아닌 것을 〈보기〉에서 모두 고르시오.

> 보기
> ㄱ. 장미
> ㄴ. 디펜바키아
> ㄷ. 백합
> ㄹ. 캣닙(개박하)
> ㅁ. 옥수수식물

① ㄱ, ㄴ
② ㄴ, ㄷ
③ ㄱ, ㄹ
④ ㄷ, ㄹ
⑤ ㄱ, ㄹ, ㅁ

16 상담 환경 조성과 응대의 수행에 대한 설명으로 옳지 않은 것을 고르시오.

① 단정한 복장으로 고객을 맞이할 준비를 한다.
② 작업장 내부에 부착된 고객 응대 수칙을 상담 전에 확인한다.
③ 숍 내외부에 고객과 애완동물에게 위해를 줄 수 있는 물품은 정리한다.
④ 재방문한 고객에게는 애완동물의 이름, 미용 기록 등을 기억하고 대화한다.
⑤ 고객 방문 시 다른 업무를 수행 중일 때에는 다음에 방문해달라고만 말해야 한다.

17 고양이 이해하기에 대한 설명으로 옳지 않은 것을 고르시오.

① 고양이는 개처럼 복종을 강요하거나 길들일 수 없다.

② 경계심이 강한 고양이의 경우에는 발이나 아랫배를 만지며 안아야 한다.

③ 고양이는 환경의 변화에 예민하게 반응할 수 있으므로 얼굴 표정이나 몸의 자세를 확인하고 다가간다.

④ 고양이를 들 때에는 손을 펼쳐서 앞다리 뒤의 가슴과 배 부분을 안아서 들어 올린 후 바로 엉덩이와 뒷다리를 받친다.

⑤ 고양이에게 스트레스를 줄이기 위하여 페로몬 성분의 제품을 이동장이나 대기 공간에 사용하여 불안감을 줄일 수 있도록 돕는다.

18 기초 신체검사에 대한 설명으로 옳지 않은 것을 고르시오.

① 기초 신체검사에는 기본적으로 체중과 체온을 측정한다.

② 애완동물의 체온이 높아졌을 때에는 얼음팩을 올리면 안 된다.

③ 수의사의 진료가 필요한 경우에는 작업을 진행하지 않고 고객에게 안내한다.

④ 애완동물의 정확한 체중을 측정하기 위해서 사람이 함께 잴 수 있는 체중계로 재는 것이 좋다.

⑤ 기침과 콧물, 거친 숨을 쉬거나 과도한 헐떡임, 호흡이 불안정하지 않은지 확인해야 하며 이때 시간이 지나도 안정되지 않는다면 미용 작업을 중지한다.

19 스크랩북 제작에 대한 내용으로 옳은 것을 고르시오.

① 인터넷으로 스타일 북의 정보 수집을 위해서는 저작권이 문제되지 않는지 확인하여 자료를 취합한다.

② 애완동물 숍에서 사용하는 샴푸, 보습제 등의 제품들을 피모에 맞게끔 선택할 수 있도록 표로 만들어 보여 준다.

③ 스마트 기기를 활용하여 사진을 검색하여 모아 놓으면 스타일북을 따로 제작하지 않아도 상담이 원활하게 이루어질 수 있다.

④ 고객이 원하는 애완동물의 미용 스타일을 정확하게 파악하기 위해서는 여러 예시 사진이나 스타일에 대한 그림을 활용하는 것이 좋다.

⑤ 제품 안내 방법 중 POP 광고 활용은 주제별로 제품을 전단지나 사진을 활용, 스크랩하여 소책자로 만들어 필요한 제품의 브랜드와 관련 없이 장점과 단점을 구별하여 선택할 수 있는 역할을 한다.

20 미용 후 관리 방법의 안내로 옳지 않은 것을 고르시오.

① 빗질 주기를 안내한다.

② 빗질하는 방법을 안내한다.

③ 품종에 따라 관리하는 방법을 안내한다.

④ 피모 상태에 따라 목욕시키는 방법을 안내한다.

⑤ 피부가 문제가 있는 경우에는 다른 고객이 추천하는 샴푸를 사용할 수 있도록 안내한다.

21 다음 설명에 해당하는 것으로 옳은 것을 고르시오.

> • 보온 기능과 피부 보호의 역할을 한다.
> • 짧은 털로 주모가 바로 설 수 있게 도와준다.

① 진피(dermis)
② 모낭(papilla)
③ 땀샘(sweat gland)
④ 부모(secondary hair)
⑤ 피지선(sebaceous gland)

22 컬리 코트에 대한 설명으로 옳은 것을 〈보기〉에서 모두 고르시오.

> ㄱ. 목욕과 털 손질 후 필요에 따라 털을 잘라 주어야 한다.
> ㄴ. 길고 부드러운 털의 형태로 빗질할 때 피부 관리에 주의가 필요하다.
> ㄷ. 털이 곱슬거리는 형태로 엉키지 않도록 자주 빗질해 주는 것이 중요하다.
> ㄹ. 대표적인 견종은 푸들(poodle), 에어데 일테리어(airedale terrier), 베들링턴테리어(Bedlington terrier), 케리블루테리어(kerryblue terrier) 등이 있다.

① ㄱ, ㄴ
② ㄱ, ㄹ
③ ㄷ, ㄹ
④ ㄱ, ㄴ, ㄹ
⑤ ㄱ, ㄷ, ㄹ

23 빗질하기의 안전·유의 사항으로 옳은 것을 고르시오.

① 애완동물의 도주와 낙상 방지를 위해 고정 장치를 사용하면 안 된다.
② 작업 장소는 애완동물의 자유로움을 위해 탈출 경로를 차단시키면 안 된다.
③ 노령이거나 질병이 있는 동물은 호흡이나 행동 등의 상태에 각별히 유의한다.
④ 작업 장소는 청결해야 하지만 밖의 먼지가 유입될 수 있으므로 통풍은 잘 되지 않아도 좋다.
⑤ 손질 시 작업대의 높이는 사람이 작업하므로 사람만 편안함을 느낄 수 있는 안전한 곳에서 실시한다.

24 샴푸의 기능과 특징에 대한 내용으로 옳은 것을 고르시오.

① 사람용 샴푸는 개의 피부와 잘 맞다.
② 개의 피부는 염기성에 가까우며 사람 피부와는 다르다.
③ 잔류물을 남기지 않고 눈에 자극이 있더라도 오물을 잘 제거할 수 있어야 한다.
④ 대부분의 샴푸에는 향수 기능의 다양한 첨가제, 영양 성분과 보습 물질만이 함유되어 있다.
⑤ 샴핑은 외부 먼지, 때와 피지를 제거하고 모질을 부드럽고 빛나게 하여 빗질하기 쉽도록 해야 한다.

25 드라이 작업 목적에 대한 내용으로 옳지 않은 것을 고르시오.

① 피부에서 털 안쪽으로 풍향을 설정하여 드라이를 한다.

② 품종과 털의 특징에 따라 드라이하는 방법이 달라질 수 있다.

③ 일정한 순서를 정하여 작업해야 효율적으로 작업을 할 수 있다.

④ 바람으로 말리는 동안 반복적으로 신속하게 빗질을 해야 한다.

⑤ 드라이어의 풍향, 풍량, 온도의 조절과 브러시를 사용하는 타이밍은 드라잉에서 가장 중요하다.

26 푸들 콤에 대한 설명으로 옳은 것을 〈보기〉에서 모두 고르시오.

> 보기
>
> ㄱ. 핀의 길이가 짧다.
> ㄴ. 핀의 길이가 길다.
> ㄷ. 파상모의 피모를 빗을 때 사용한다.
> ㄹ. 얼굴, 눈 앞과 풋라인을 자를 때 주로 사용한다.

① ㄱ, ㄴ
② ㄱ, ㄷ
③ ㄱ, ㄹ
④ ㄴ, ㄷ
⑤ ㄴ, ㄹ

27 다음 설명에 해당하는 것을 고르시오.

> • 눈 앞의 털이나 풋 라인의 털, 귀 끝의 털을 자를 때 많이 사용한다.
> • 블런트 가위와 같은 모양의 가위로 평균 5.5인치(13.97cm)의 크기이다.

① 시닝 가위
② 핑킹 가위
③ 보브 가위
④ 커브 가위
⑤ 블런트 가위

28 클리퍼와 클리퍼 날에 대한 설명으로 옳지 않은 것을 〈보기〉에서 모두 고르시오.

> 보기
>
> ㄱ. 요란한 소리가 난다면 클리퍼 날이 잘 끼워진 것이다.
> ㄴ. 클리퍼 본체의 클리퍼 날 끼우는 틈은 항상 누워 있어야 한다.
> ㄷ. 클리퍼 본체 쪽으로 누워 있으면 겸자를 사용해서 일으켜 세운다.
> ㄹ. 클리퍼에 전원이 들어오는지 확인한 후 클리퍼 본체 앞부분의 클리퍼 날 끼우는 틈에 클리퍼 날을 끼운다.

① ㄱ, ㄴ
② ㄱ, ㄷ
③ ㄱ, ㄹ
④ ㄴ, ㄹ
⑤ ㄷ, ㄹ

29 다음 빈칸에 들어갈 말로 옳은 것을 고르시오.

> 겸자에 탈지면을 말아 귓속의 이물질을 제거할 때 겸자의 방향을 귓속을 향해 (　　) 이/가 되게 한다.

① 수직
② 일직선
③ 왼쪽 위
④ 오른쪽 위
⑤ 왼쪽 아래

30 귀 관리하기의 안전·유의 사항으로 옳지 않은 것을 고르시오.

① 겸자로 귓속의 피부를 찌르지 않도록 주의한다.
② 겸자의 끝이 탈지면 밖으로 나오지 않도록 주의한다.
③ 귓속의 피부 상태가 좋지 않아 피가 나는 경우에는 귀 청소를 중단한다.
④ 고름이 많이 찬 귀라도 먼저 오염 방지를 위해 겸자로 털을 뽑아야 한다.
⑤ 귓속에 많은 양의 이어파우더가 들어가지 않게 이어파우더 용기 안의 공기를 빼 준다.

31 애완동물 미용 스타일 제안하기의 안전·유의사항에 대해 옳지 않은 것을 고르시오.

① 애완동물에 대해 파악한 자료는 고객 차트에 작성하여 보관한다.
② 미용하기 전보다 미용한 후에 애완동물의 건강 상태를 확인하는 것이 좋다.
③ 고객의 다음 내방 때 같은 내용을 다시 묻지 않도록 상담 내용을 자세히 기록한다.
④ 고객의 애완동물의 단점을 이야기할 때에는 고객이 불쾌하지 않도록 단어 선택에 주의한다.
⑤ 미용 스타일을 결정할 때에는 고객의 의견을 우선적으로 반영해야 불만 사항을 줄일 수 있다.

32 털의 오염도에 따라 결정될 수 있는 사항으로 옳은 것을 〈보기〉에서 모두 고르시오.

> 보기
> ㄱ. 비용
> ㄴ. 미용 스타일
> ㄷ. 미용에 걸리는 시간
> ㄹ. 애완동물의 털의 길이

① ㄱ, ㄴ
② ㄱ, ㄷ
③ ㄴ, ㄷ
④ ㄱ, ㄴ, ㄷ
⑤ ㄴ, ㄷ, ㄹ

33 애완동물의 생활 환경을 파악할 때의 내용으로 옳지 않은 것을 고르시오.

① 애완동물이 생활하는 곳이 실내인지 실외인지 확인한다.

② 애완동물이 생활하는 곳의 바닥이 미끄럽지 않은지 확인한다.

③ 애완동물이 생활하는 장소가 외부 기생충으로부터 안전한지 파악한다.

④ 애완동물이 배변 활동을 하는 곳의 특징까지는 파악하지 않아도 좋다.

⑤ 동물이 실외에서 생활하는 경우에는 계절과 날씨에 맞추어 알맞은 미용 스타일을 제안해야 한다.

34 전체 클리핑할 때 부위별 보정 방법으로 옳지 않은 것을 고르시오.

① 가슴을 클리핑할 때에는 주둥이를 잡고 얼굴 쪽을 위로 들어 올린다.

② 머리를 클리핑할 때에는 주둥이를 잡고 위 쪽으로 향하게 보정한다.

③ 뒷다리를 클리핑할 때에는 관절이 움직이지 않게 고정하여 보정한다.

④ 얼굴을 클리핑할 때에는 양쪽 입꼬리 부분을 귀 쪽으로 당겨서 보정한다.

⑤ 앞다리를 클리핑할 때에는 다리의 관절이 움직이지 않게 겨드랑이에 손을 넣어 보정한다.

35 몸길이와 몸높이의 길이가 1:1의 이상적인 체형으로 옳은 것을 고르시오.

① 포린 타입
② 드워프 타입
③ 하이온 타입
④ 스퀘어 타입
⑤ 오리엔탈 타입

36 푸들의 램 클립에 대한 설명으로 옳지 않은 것을 고르시오.

① 꼬리의 1/3을 클리핑한다.

② 앞다리는 네모형으로 시저링한다.

③ 꼬리는 어느 각도에서 봐도 동그랗게 시저링한다.

④ 몸통부의 시저링은 백라인, 언더라인, 앞가슴이 있다.

⑤ 퍼프는 다리에 구슬모양으로 동그랗게 만드는 장식털이다.

3급

93

37 위그 시저링하기 중에서 앞다리 털 시저링에 대한 설명으로 옳지 않은 것을 고르시오.

① 앞다리의 옆면의 털을 지면을 향해 일직선으로 커트한다.

② 앞면의 털은 다리 시작점에서 지면을 향해 직선으로 커트한다.

③ 네 면의 굵기가 같게 원통형이 되도록 밸런스에 맞추어 커트한다.

④ 뒷다리의 앞면, 옆면, 뒷면, 안쪽 면 모두 지면을 향해 평행하게 커트한다.

⑤ 뒷다리의 앞면, 옆면, 뒷면, 안쪽 면 모두 지면을 향해 수직으로 커트한다.

38 부분별 시저링에 대한 안전 · 유의 사항으로 옳지 않은 것을 고르시오.

① 애완동물이 가위에 다치지 않도록 주의한다.

② 미용 도구는 바닥에 떨어뜨리지 않도록 한다.

③ 미용 도구에 애완동물이 상처를 입지 않도록 주의한다.

④ 애완동물이 미용 테이블 위에 있을 때에는 작업자는 현장에서 벗어나지 않는다.

⑤ 보정할 때 똑바로 서 있지 않고 주저 앉는 동물은 손에 힘을 주어서라도 일으켜야 하는 것이 좋다.

39 스트리핑(stripping)에 대한 내용으로 옳은 것을 〈보기〉에서 모두 고르시오.

> ㄱ. 트리밍 나이프로 소량의 털을 골라 뽑는 미용 방법이다.
> ㄴ. 트리밍 나이프를 사용해 노폐물 및 탈락된 언더코트를 제거하는 미용 방법이다.
> ㄷ. 과도한 언더코트 양을 줄이기 위해 털을 뽑아 스타일을 만들어 내는 미용 방법이다.

① ㄱ

② ㄴ

③ ㄷ

④ ㄱ, ㄷ

⑤ ㄴ, ㄷ

40 샴핑할 때 스펀지를 이용하는 것을 뜻하는 트리밍 용어로 옳은 것을 고르시오.

① 린싱(rinsing)

② 새킹(sacking)

③ 베이싱(bathing)

④ 스펀징(sponging)

⑤ 샴핑(shampooing)

41 시닝(thinning)에 대한 설명으로 옳은 것을 고르시오.

① 트리밍 나이프로 소량의 털을 골라 뽑는 것

② 여러 기법으로 모색 및 모질에 대한 눈속임을 하는 것

③ 트리밍 칼로 털을 뽑아 원하는 미용 스타일을 만드는 것

④ 털의 길이가 다른 곳의 층을 연결하여 자연스럽게 하는 것

⑤ 빗살 가위로 과도하게 많은 부분의 털을 잘라 내어 모량을 감소시키고 형태를 만드는 것

43 피모에 오일을 발라 브러싱하는 것을 뜻하는 트리밍 용어로 옳은 것을 고르시오.

① 셰이빙(shaving)

② 타월링(toweling)

③ 오일 브러싱(oil brushing)

④ 오일 체인징(oil changing)

⑤ 오일 샴푸잉(oil shampooing)

42 가위로 털을 잘라 내는 것을 뜻하는 트리밍 용어로 옳은 것을 고르시오.

① 카딩(carding)

② 치핑(chipping)

③ 클리핑(clipping)

④ 시저링(scissoring)

⑤ 듀플렉스 쇼튼(duplex-shorten)

44 외부에 설정하는 가상의 선을 뜻하는 트리밍 용어로 옳은 것을 고르시오.

① 린싱 라인(rinsing line)

② 레이킹 라인(raking line)

③ 클리핑 라인(clipping line)

④ 브러싱 라인(brushing line)

⑤ 이미지너리 라인(imaginary line)

45 다음 설명에 해당하는 트리밍 용어로 옳은 것을 고르시오.

> • 우묵한 패임을 만드는 것이다.
> • 푸들 등에게 하는 스톱에 역V형 표현이다.

① 비피(beefy)
② 레인지(rangy)
③ 몰팅(molting)
④ 언더숏(undershot)
⑤ 인덴테이션(indentation)

46 냄새나 더러움을 제거하기 위해 흰색 털에 흰색을 표현할 수 있는 제품을 문질러 바르는 것을 뜻하는 트리밍 용어로 옳은 것을 고르시오.

① 초킹(chalking)
② 치핑(chipping)
③ 페이킹(faking)
④ 트리밍(trimming)
⑤ 화이트닝(whitening)

47 가위나 빗살 가위를 사용하여 털끝을 잘라내는 미용 방법을 뜻하는 트리밍 용어로 옳은 것을 고르시오.

① 코밍(combing)
② 시닝(thinning)
③ 치핑(chipping)
④ 셰이빙(shaving)
⑤ 시저링(scissoring)

48 빗질하거나 긁어내어 털을 제거하는 미용 방법을 뜻하는 트리밍 용어로 옳은 것을 고르시오.

① 린싱(rinsing)
② 카딩(carding)
③ 그리핑(gripping)
④ 플러킹(plucking)
⑤ 브러싱(brushing)

49 가위나 클리퍼로 털을 잘라 원하는 형태를
만들어 내는 것을 뜻하는 트리밍 용어로
옳은 것을 고르시오.

① 스웰(swell)

② 커팅(cutting)

③ 세트업(set up)

④ 그리핑(gripping)

⑤ 그루밍(grooming)

50 다음 설명에 해당하는 트리밍 용어로 옳은
것을 고르시오.

> • 털을 가지런하게 빗질하는 것이다.
> • 보통 털의 방향으로 일정하게 정리하는
> 것이 기본적인 의미이다.

① 파팅(parting)

② 코밍(combing)

③ 브러싱(brushing)

④ 시저링(scissoring)

⑤ 블로 드라잉(blow drying)

3급

50문제 / 60분　　정답 및 해설 261p

01 고객 및 작업자의 안전수칙의 내용으로 옳지 않은 것을 고르시오.

① 미용 숍을 방문하는 고객에게는 사고에 대비하여 안전교육을 반드시 실시하여야 한다.

② 작업자는 피복이 벗겨진 전선을 발견하면 전원을 차단하지 말고 즉시 신고하며, 전기고장을 발견하면 바로 한전 또는 전기 전문가에게 수리를 요청한다.

③ 방문고객에 대한 안전교육으로는 고객이 대기하는 다른 동물을 함부로 만지거나 음식을 주지 않도록 하며, 이물질을 떨어 뜨리지 않고 청결하게 유지할 수 있도록 이해시킨다.

④ 작업자는 반드시 비상구의 위치를 알아야 한다.

⑤ 하수구에 유류를 함부로 버려서는 안 되며, 작업자는 소화기 비치장소를 알아야 한다.

02 작업자와 관련된 안전수칙의 내용으로 옳지 않은 것을 고르시오.

① 작업자는 작업 중 안전사고를 방지하기 위해 반드시 동물과 작업에만 집중하여 작업해야 한다.

② 작업자는 작업장 안과 미용 숍, 특히 동물 이 대기하는 장소에서 장난을 치거나 뛰 어다니면 안 된다.

③ 작업자는 작업장 안에서 동물을 안전하게 보호할 수 있도록 정해진 복장을 착용한다.

④ 작업자는 미용 숍과 작업장 안의 환경을 항상 청결하게 유지한다.

⑤ 작업자는 미용 숍과 작업장 안에 있는 모 든 시설 및 작업도구를 주기적으로 점검 해야 한다.

03 미용 도구에 의한 안전사고에 대처하는 방법 으로 옳은 것을 고르시오.

① 상처 부위는 흐르는 물로 씻는다.

② 클로르헥시딘 또는 포비돈으로 소독하지 않는다.

③ 상처 부위를 생리 식염수로 흘려서 세척 하는 방법이 있다.

④ 출혈이 있는 경우에는 멸균 거즈나 깨끗 한 수건으로 압박과정 없이 지혈한다.

⑤ 상처가 심각하면 하루정도 기다린 후 병 원으로 이동하여 처치를 받는다.

04 동물의 화상에 의한 안전사고를 예방하고 대처하는 방법으로 옳지 않은 것을 고르시오.

① 헤어드라이어가 직접 동물의 몸에 닿지 않도록 한다.
② 동물을 목욕시킬 때 온수의 온도는 30~31℃ 정도로 준비한다.
③ 처음 온수를 틀 때에는 바닥을 향해 물을 조금 흘려보낸 후 사용한다.
④ 클리퍼의 금속날이 너무 뜨거워진 경우에는 날이나 클리퍼를 교체하여 사용한다.
⑤ 헤어드라이어를 동물에게 향하기 전에 미리 작업자의 손바닥에 바람의 온도가 너무 뜨겁지 않은지 확인한다.

05 작업자의 위생 관리 점검 항목에 대한 설명으로 옳은 것을 〈보기〉에서 모두 고르시오.

> 보기
>
> ㄱ. 작업복과 신발은 오염이 덜 되는 소재를 선택한다.
> ㄴ. 동물이 머리카락을 물어뜯는 것을 방지하기 위해 뒤로 단정히 묶는 것이 좋다.
> ㄷ. 작업복은 일차적으로 신체를 보호할 수 있도록 가능하면 긴 형태의 상하의를 선택한다.
> ㄹ. 작업자는 냄새가 강한 화장품과 향수의 사용은 가능하지만 흡연은 되도록 피하는 것이 좋다.

① ㄱ, ㄴ
② ㄱ, ㄴ, ㄷ
③ ㄱ, ㄴ, ㄹ
④ ㄴ, ㄷ
⑤ ㄴ, ㄷ, ㄹ

06 다음에서 설명하는 화학적 소독제의 종류를 고르시오.

> • 일반적으로 손, 피부 점막, 식기, 금속 기구와 식품 등을 소독할 때 사용한다.
> • 분자 안에 친수성기와 소수성기를 모두 가지고 있어, 물과 기름 모두에 잘 녹는 특징이 있다.
> • 제품의 설명서에 명시된 희석 배율로 희석한 후, 분무하거나 일정 시간 소독제 안에 담가 소독한다.

① 알코올
② 페놀류
③ 메탄올
④ 과산화물
⑤ 계면 활성제

07 미용 숍의 위생관리에 대한 설명으로 옳지 않은 것을 고르시오.

① 청소 도구와 소독 재료를 준비한다.
② 물기가 있으면 미리 닦고 진공청소기를 이용하여 청소한다.
③ 사용한 청소 도구를 위생적으로 관리한 후, 제자리에 정돈해 둔다.
④ 큰 쓰레기 또는 오염물을 먼저 치우고, 빗자루를 이용하여 청소한다.
⑤ 청소나 소독은 더러운 곳에서 시작하여 가장 깨끗한 곳에서 끝내는 것을 추천한다.

3급

08 코트킹(coat king)에 대한 설명으로 옳은 것을 〈보기〉에서 고르시오.

> ㄱ. 직선, 곡선, 무구 등 다양한 종류가 있다.
> ㄴ. 귓속의 털을 뽑거나 다듬을 때에 사용한다.
> ㄷ. 필요 없는 언더코트를 자연스럽게 제거해 주는 도구이다.
> ㄹ. 애완동물의 모발 특징에 따라 날의 촘촘함 정도와 크기를 선택하여 사용한다.

① ㄱ
② ㄱ, ㄴ
③ ㄴ, ㄹ
④ ㄷ, ㄹ
⑤ ㄱ, ㄴ, ㄹ

09 가위의 관리 방법으로 옳지 않은 것을 고르시오.

① 가윗날의 예리함이 가위의 품질에서 가장 중요하다.
② 가위를 사용하기 전후에 윤활제를 뿌리는 것이 좋다.
③ 가위의 연마는 숙련된 전문가에게 의뢰하는 것이 좋다.
④ 가위를 왕복하여 닦을 때에는 전용 가죽이나 천을 사용한다.
⑤ 볼트의 조절은 각 개인에게 알맞은 정도의 차이가 있으므로 적절히 조절한다.

10 클리퍼와 클리퍼 날의 관리 방법에 대해 옳은 것을 고르시오.

① 날에 기름이 묻은 상태로 클리핑을 해야 한다.
② 새로 구입한 클리퍼로 애완동물의 털을 바로 클리핑한다.
③ 클리퍼 날은 사용 전후에 윤활제를 뿌려 주는 것이 좋다.
④ 클리퍼 날과 클리퍼의 모터는 클리퍼의 성능과 밀접한 연관은 없다.
⑤ 클리퍼 날은 연마가 가능하며 관리를 잘하더라도 반영구적으로 사용할 수 없다.

11 핀 브러시의 관리 방법에 대해 옳지 않은 것을 고르시오.

① 너무 뜨거운 바람은 패드 부분에 손상을 주므로 주의해야 한다.
② 브러시를 흔들어서 물기를 털어 내고 뜨거운 바람으로 말려 준다.
③ 브러시에 남은 이물질은 비눗물로 씻어 내고 깨끗한 물로 헹구어 제거한다.
④ 직사광선, 오일, 제습기나 공기 청정기는 패드 부분에 손상을 줄 수 있으므로 가급적 피해야 한다.
⑤ 엄지손가락과 집게손가락을 이용하여 핀 브러시에 붙은 털을 제거하고 핀 브러시와 패드 부분에 낀 이물질을 모두 제거한다.

12 애완동물의 털에 일시적으로 염색 효과를 낼 때 사용하는 것을 〈보기〉에서 모두 고르시오.

보기

ㄱ. 블로펜
ㄴ. 컬러초크
ㄷ. 이염 방지제
ㄹ. 컬러페이스트

① ㄱ, ㄴ
② ㄴ, ㄷ
③ ㄱ, ㄴ, ㄷ
④ ㄱ, ㄴ, ㄹ
⑤ ㄴ, ㄷ, ㄹ

13 스탠드 드라이어에 대한 설명으로 옳은 것을 고르시오.

① 보통 가정에서 사용하는 드라이어이다.
② 바람의 세기 조절이나 각도 조절이 쉽다.
③ 애완동물 미용 작업에 많이 사용하지는 않는다.
④ 강한 바람으로 털을 말리는 드라이어이다.
⑤ 박스 형태의 룸 안에 동물을 넣고 작동시키면 바람이 나오는 장치가 부착되어 있다.

14 고객 응대의 수행에 대한 설명으로 옳지 않은 것을 〈보기〉에서 고르시오.

보기

ㄱ. 고객과 애완동물이 신날 수 있도록 빠른 비트의 신나는 음악을 제공한다.
ㄴ. 애완동물의 미용 시간 동안 대기하는 고객에게는 차와 다과를 접대할 수 있도록 한다.
ㄷ. 대기실의 잡지와 간행물은 수시로 확인하여 오래된 것은 폐기하고 새로운 정보를 접할 수 있도록 돕는다.

① ㄱ
② ㄴ
③ ㄷ
④ ㄱ, ㄷ
⑤ ㄱ, ㄴ, ㄷ

15 개와 친밀감 형성하기에 대한 설명으로 옳은 것을 〈보기〉에서 모두 고르시오.

보기

ㄱ. 개에게 접근하기 전에 고객에게 먼저 "만져도 될까요?"라고 묻는다.
ㄴ. 만져도 된다는 고객과 개의 사인이 있더라도 갑자기 머리부터 만지지 않는다.
ㄷ. 어린 개 또는 활동량이 많거나 낯선 환경을 두려워하지 않는 개라면 놀이를 이용하여 개의 본능을 자극하여 친해지는 것도 방법이다.
ㄹ. 개가 애완동물 숍에 들어와서 작업자에게 인사를 할 때, 냄새를 맡으며 주변을 살필 때는 이름을 부르며 전용 비스킷은 줄 수 있으나 간식은 주지 않는다.

① ㄱ
② ㄱ, ㄴ
③ ㄱ, ㄴ, ㄷ
④ ㄱ, ㄴ, ㄹ
⑤ ㄱ, ㄴ, ㄷ, ㄹ

3급

16 고객 관리 차트 작성요령에 대한 설명으로 옳지 않은 것을 고르시오.

① 첫 방문 시 스타일북 작성을 위해 사진을 찍어도 되는지 미리 동의를 받는다.

② 고객의 정보는 애완동물 숍 안에서만 사용 되어야하며 외부로 유출되지 않도록 관리한다.

③ 애완동물의 정보로는 애완동물의 이름, 품종, 나이 정도만 간단히 기록해 놓을 필요가 있다.

④ 고객의 개인 정보와 애완동물의 신체 건강상의 정보는 변동이 있을 수 있으므로 작업 전에 반드시 확인한다.

⑤ 작업 전후에는 반드시 미용 스타일을 기록하여 다음 작업을 할 때 고객과 원활한 소통이 이루어질 수 있도록 한다.

17 차트 작성 매뉴얼 구성하기의 안전 · 유의사항으로 옳지 않은 것을 고르시오.

① 전화 응대 시 고객이 요구하는 것을 빠르게 파악할 수 있도록 한다.

② 애완동물의 미용 스타일의 만족도는 고객에게 확인하여 차트에 기록한다.

③ 예약 문자나 전화 통화가 필요한 고객은 미리 기록하여 빠짐없이 안내한다.

④ 고객의 정보를 수집할 때에는 애완동물 미용 이외에 필요한 최대한의 정보를 받아야 한다.

⑤ 전화 응대 시 고객이 필요로 하는 정보는 친절하지만 간단하게 설명할 수 있도록 하며, 그 밖에 필요하지 않은 이야기는 하지 않는다.

18 미용 동의서 작성 요령에 대한 설명으로 옳은 것을 〈보기〉에서 모두 고르시오.

> **보기**
>
> ㄱ. 접종과 건강 검진의 유무를 확인한다.
> ㄴ. 과거의 병력을 기록하기보다는 현재의 병력을 기록한다.
> ㄷ. 미용 후 스트레스로 인한 2차적인 증상이 나타날 수 있음을 안내한다.
> ㄹ. 사납거나 무는 동물의 경우에는 도구의 도움은 받을 수 없으므로 미용 불가를 안내한다.
> ㅁ. 경계심이 강하고 예민한 동물에게는 쇼크나 경련 등의 증상이 나타날 수 있음을 안내한다.

① ㄱ, ㄴ, ㄷ

② ㄱ, ㄴ, ㄹ

③ ㄱ, ㄷ, ㄹ

④ ㄱ, ㄷ, ㅁ

⑤ ㄱ, ㄴ, ㄹ, ㅁ

19 다음 빈칸에 들어갈 것으로 옳지 않은 것을 고르시오.

> 미용 가격은 (   ) 등에 따라 달라지므로 미용에 소요되는 시간을 기준으로 책정한다.

① 체중

② 품종

③ 털 길이

④ 미용 기법

⑤ 고객의 태도

20 미용 후 고객 상담하기의 대한 내용으로 옳지 않은 것을 고르시오.

① 고객이 요구한 스타일대로 작업이 이루어 졌는지 확인한다.

② 미용 작업 후 건강 상태나 피모 상태의 변화가 있는지 한 달 후쯤 확인하는 작업이 필요하다.

③ 애완동물의 건강상의 문제나 스트레스로 작업이 지연된 경우에는 고객에게 조심스럽게 사실을 알린다.

④ 처음 상담과 다르게 작업 시간이 지연되었을 때에는 그 이유와 상황을 명확히 전달하고 양해를 구할 수 있도록 한다.

⑤ 작업 중 발견한 애완동물의 건강 상태를 간단하게 작성하여 고객에게 알기 쉽게 설명하고 수의사의 진료를 받도록 안내한다.

21 와이어 코트의 대표적인 견종으로 옳은 것을 〈보기〉에서 모두 고르시오.

> **보기**
>
> ㄱ. 퍼그(pug)
> ㄴ. 치와와(Chihuahua)
> ㄷ. 노리치테리어(Norwich terrier)
> ㄹ. 요크셔테리어(Yorkshire terrier)
> ㅁ. 와이어헤어드닥스훈트(wire haired Dachshund)
> ㅂ. 와이어헤어드폭스테리어(wire haired fox terrier)

① ㅁ, ㅂ
② ㄱ, ㅁ, ㅂ
③ ㄴ, ㅁ, ㅂ
④ ㄷ, ㅁ, ㅂ
⑤ ㄷ, ㄹ, ㅁ, ㅂ

22 핀 브러시 사용에 대한 설명으로 옳지 않은 것을 고르시오.

① 핀 브러시의 무게만으로 가볍게 누른다.

② 핀 브러시의 핀 면 전체를 사용하여 빗질한다.

③ 손목의 탄력을 이용하여 원을 그리듯 움직이며 빗질한다.

④ 빗질하지 않는 손으로 개체를 보정하거나 털과 피부를 고정시킨다.

⑤ 엄지손가락과 집게손가락으로 손잡이를 움켜쥐고 나머지 손가락으로 손잡이를 받쳐준다.

23 어린 동물의 목욕에 대한 설명으로 옳지 않은 것을 고르시오.

① 처음 손질은 놀라거나 아프게 하지 않도록 주의한다.

② 손질하는 것을 즐거워하므로 습관화시켜 관리하기 쉽게 길들일 필요는 없다.

③ 발바닥이나 생식기, 항문 주변 등의 털은 짧게 깎아 자주 목욕시키는 일이 없도록 한다.

④ 놀아 주는 것처럼 빗을 대거나 발을 만지작거려 사람의 손길에 익숙하게 길들인 후 손질을 시작한다.

⑤ 목욕은 온수로 최단 시간에 자극이 최소가 되도록 하며 호흡기에 물이 들어가지 않도록 세심한 주의가 필요하다.

24 린스에 대한 내용으로 옳지 않은 것을 고르시오.

① 개체 특징에 알맞은 린스 제품을 사용한다.
② 털 상태에 따라 기능이 강화된 제품을 고려해 사용한다.
③ 린스는 하얀색 털은 더 하얗게 만들 수 있으므로 주의한다.
④ 건강한 털 관리를 위해 린스의 기능에 대한 정보를 습득한다.
⑤ 린스는 샴푸와 같이 종류와 기능이 다양하고 사용 선택의 폭이 넓다.

25 다음 설명에 해당하는 것을 고르시오.

• 털을 최고의 상태로 유지하여 드라잉하기 위해 타월로 몸을 감싸는 작업이다.
• 드라이어의 바람이 건조할 부위에만 가도록 유도하는 것이 중요하며 바람이 브러싱하는 곳 주변의 털을 건조시키지 않도록 주의한다.

① 새킹
② 타월링
③ 룸 드라이
④ 켄넬 드라이
⑤ 플러프 드라이

26 클리핑 시 2mm클리퍼 날을 적용하는 부위로 옳은 것을 〈보기〉에서 모두 고르시오.

보기

ㄱ. 귀
ㄴ. 꼬리
ㄷ. 발바닥
ㄹ. 개체의 몸통부
ㅁ. 슈나우저의 얼굴
ㅂ. 코커스패니얼의 얼굴

① ㄱ, ㄴ
② ㄴ, ㄷ
③ ㄷ, ㄹ
④ ㅁ, ㅂ
⑤ ㄹ, ㅁ, ㅂ

27 이어클리너의 효과가 아닌 것을 〈보기〉에서 모두 고르시오.

보기

ㄱ. 모공 수축
ㄴ. 귀지의 용해
ㄷ. 미끄럼 방지
ㄹ. 귓속의 악취 제거

① ㄱ, ㄴ
② ㄱ, ㄷ
③ ㄴ, ㄷ
④ ㄴ, ㄹ
⑤ ㄷ, ㄹ

28 클리퍼를 사용할 때의 주의 사항으로 옳은 것을 〈보기〉에서 모두 고르시오.

> **보기**
>
> ㄱ. 클리퍼 날을 피부에 세워서 사용해야 한다.
> ㄴ. 클리퍼를 사용하고 나서는 클리퍼 날 사이의 털을 제거한 후 소독제로 소독해야 한다.
> ㄷ. 클리퍼 날의 밀리미터 수가 작을수록 피부에 해를 입힐 수 있으므로 주의해 사용해야 한다.
> ㄹ. 클리퍼를 장시간 사용하면 기계가 뜨거워져 애완동물이 피부에 화상을 입힐 수 있으므로 냉각제로 열을 식히면서 사용해야 한다.

① ㄱ, ㄴ
② ㄴ, ㄷ
③ ㄴ, ㄹ
④ ㄱ, ㄹ
⑤ ㄷ, ㄹ

29 다음 중 귀의 전체를 클리핑하는 견종을 고르시오.

① 슈나우저
② 요크셔테리어
③ 코커스패니얼
④ 베들링턴테리어
⑤ 댄디디몬드테리어

30 기본 클리핑 시 주둥이의 털을 자를 때로 옳지 않은 것을 고르시오.

① 볼의 털은 코를 향해 제거해 나간다.
② 귀에서 눈 끝 방향으로 털을 밀어 준다.
③ 눈과 눈 사이의 털은 V자가 되도록 밀어 준다.
④ 주둥이의 길이만큼 목 부위 털을 U에 가까운 V로 밀어 준다.
⑤ 귓구멍의 시작점에서 눈 끝이 일직선이 되도록 소형 클리퍼로 털을 밀어 제거한다.

31 미용에서 추가적으로 요금이 발생하는 경우로 옳지 않은 것을 고르시오.

① 엉킴 정도
② 젖은 상태
③ 털의 오염도
④ 미용사의 의견
⑤ 애완동물의 미용 협조 정도

3급

32 미용 스타일을 구상할 때 파악해야 하는 고객의 특성으로 옳은 것을 〈보기〉에서 모두 고르시오.

> **보기**
>
> ㄱ. 생활 패턴
> ㄴ. 취향이나 성향
> ㄷ. 가족 구성 및 특징

① ㄱ
② ㄱ, ㄴ
③ ㄱ, ㄷ
④ ㄴ, ㄷ
⑤ ㄱ, ㄴ, ㄷ

33 3mm 클리퍼 날을 역방향으로 전체 클리핑을 할 때의 내용으로 옳지 않은 것을 고르시오.

① 한 손으로 애완동물이 움직이지 않게 보정하고 허벅지와 다리의 털을 클리핑한다.
② 기본 클리핑이 된 개를 3mm 클리퍼 날을 이용하여 역방향으로 전체 클리핑할 준비를 한다.
③ 다리의 안쪽 털은 반대쪽 다리를 들어서 보정을 하고 안 보이는 부분까지 꼼꼼하게 클리핑한다.
④ 한 손으로 애완동물이 움직이지 않게 보정하고 꼬리 뿌리 부분부터 등선과 몸통 부분을 클리핑한다.
⑤ 한 손으로 애완동물이 움직이지 않게 보정하고 엉덩이 부분과 몸통을 연결하여 겨드랑이는 제외하고 클리핑한다.

34 푸들의 램 클립에 대한 안전 · 유의 사항으로 옳지 않은 것을 〈보기〉에서 모두 고르시오.

> **보기**
>
> ㄱ. 미용 도구에 애완동물이 상처를 입지 않도록 주의한다.
> ㄴ. 애완동물을 테이블에서 떨어지지 않게 작업자가 붙잡고 고정해야 한다.
> ㄷ. 애완동물이 미용 테이블 위에 있을 때에는 작업자는 현장에서 벗어나지 않는다.

① ㄱ
② ㄴ
③ ㄷ
④ ㄱ, ㄴ
⑤ ㄱ, ㄷ

35 애완동물 미용 스타일 제안하기에 대한 내용으로 옳지 않은 것을 고르시오.

① 엉킨 털이 당겨져 찰과상이 발생할 수는 없다.
② 털이 심하게 엉킨 애완동물은 피부 질환이 발생하기 쉽다.
③ 애완동물의 종에 따른 주의 사항에 따라 미용 스타일을 구상한다.
④ 미용 후 피부 질환이 발견되면 미용 때문에 생긴 것으로 오해하는 경우가 있다.
⑤ 애완동물 미용사는 미용 전에 이러한 상황을 고객에게 설명하여 고객과 마찰을 미리 예방할 수 있다.

36 퍼프를 만드는 순서로 옳은 것을 〈보기〉에서 골라 순서대로 나열하시오.

─── 보기 ───
ㄱ. 다리의 털을 코밍한다.
ㄴ. 다리의 털을 발등을 향해 코밍하고 풋 라인을 자른다.
ㄷ. 다리의 털을 위를 향해 코밍하고 클리핑 라인이 보이게 자른다.
ㄹ. 코밍 후에 블런트 가위로 각을 없애면서 동글동글한 퍼프를 만든다.

① ㄴ ― ㄷ ― ㄹ ― ㄱ
② ㄴ ― ㄷ ― ㄱ ― ㄹ
③ ㄷ ― ㄴ ― ㄱ ― ㄹ
④ ㄷ ― ㄱ ― ㄴ ― ㄹ
⑤ ㄹ ― ㄴ ― ㄷ ― ㄱ

37 클리핑 부위로 옳지 않은 것을 고르시오.

① 머즐
② 발등
③ 꼬리
④ 다리
⑤ 발바닥

38 몸길이가 몸높이보다 긴 체형으로 다리에 비해 몸이 긴 타입으로 옳은 것을 고르시오.

① 드워프 타입
② 스퀘어 타입
③ 오리엔탈 타입
④ 세미 코비 타입
⑤ 세미 포린 타입

39 푸들의 램 클립에서 꼬리의 클리핑에 대한 내용으로 옳지 않은 것을 〈보기〉에서 모두 고르시오.

─── 보기 ───
ㄱ. 꼬리의 1/5을 클리핑한다.
ㄴ. 클리핑 라인을 시저링한다.
ㄷ. 어느 각도에서 봐도 네모형으로 시저링 한다.

① ㄱ
② ㄴ
③ ㄷ
④ ㄱ, ㄷ
⑤ ㄴ, ㄷ

40 클리퍼를 사용하여 스타일 완성에 불필요한 털을 잘라 내는 것을 뜻하는 트리밍 용어로 옳은 것을 고르시오.

① 새들(saddle)

② 옥시풋(occiput)

③ 클리핑(clipping)

④ 커플링(coupling)

⑤ 스트리핑(stripping)

41 베이싱 후 타월을 감싸 닦아 내는 것을 뜻하는 트리밍 용어로 옳은 것을 고르시오.

① 새킹(sacking)

② 타월링(toweling)

③ 스테이징(staging)

④ 싱글 코트(single coat)

⑤ 세트 스프레이(set spray)

42 스트리핑 후 완성된 아웃코트 위에 튀어 나오는 털을 뽑아 정리하는 것을 뜻하는 트리밍 용어로 옳은 것을 고르시오.

① 레이킹(raking)

② 베이싱(bathing)

③ 블렌딩(blending)

④ 그루밍(grooming)

⑤ 토핑오프(topping-off)

43 털을 뽑거나 자르고 미는 등 불필요한 털을 제거하여 스타일을 만드는 것을 뜻하는 트리밍 용어로 옳은 것을 고르시오.

① 초킹(chalking)

② 트리밍(trimming)

③ 샴핑(shampooing)

④ 레이저 커트(razor cut)

⑤ 세트 스프레이(set spray)

44 파팅(parting)에 대한 내용으로 옳은 것을 〈보기〉에서 모두 고르시오.

보기

ㄱ. 우묵한 패임을 만드는 것이다.
ㄴ. 가위로 털을 잘라 내는 것이다.
ㄷ. 털을 좌우로 분리시키는 것이다.
ㄹ. 분리한 선은 파팅 라인이라고 한다.

① ㄱ
② ㄴ
③ ㄷ
④ ㄴ, ㄹ
⑤ ㄷ, ㄹ

45 여러 기법으로 모색 및 모질에 대한 눈속임을 하는 것을 뜻하는 트리밍 용어로 옳은 것을 고르시오.

① 섀기(shaggy)
② 커팅(cutting)
③ 페이킹(faking)
④ 플러킹(plucking)
⑤ 스테이링 코트(staring coat)

46 펫 클립(pet clip)에 대한 내용으로 옳은 것을 〈보기〉에서 모두 고르시오.

보기

ㄱ. 쇼 클립을 제외한 나머지 미용을 대부분 펫 클립이라고 한다.
ㄴ. 가정에서 애완견으로 키우기 위하여 털을 청결하게 관리해 건강을 유지할 수 있어야 한다.
ㄷ. 견종에 따른 피모의 특성, 생활 환경, 개체의 성격과 보호자의 생활 방식이나 취향 등을 고려하여 다양한 스타일을 연출한다.

① ㄴ
② ㄷ
③ ㄱ, ㄴ
④ ㄴ, ㄷ
⑤ ㄱ, ㄴ, ㄷ

47 트리밍 칼로 털을 뽑아 원하는 미용 스타일을 만드는 것을 뜻하는 트리밍 용어로 옳은 것을 고르시오.

① 카딩(carding)
② 치핑(chipping)
③ 플러킹(plucking)
④ 레이저 커트(razor cut)
⑤ 듀플렉스 쇼튼(duplex-shorten)

3급

48 다음 설명에 해당하는 트리밍 용어로 옳은 것을 고르시오.

> • 듀플렉스 쇼튼과 같은 작업이다.
> • 주로 손가락을 사용하여 오래된 털을 정리한다.

① 밴드(band)
② 피킹(picking)
③ 코밍(combing)
④ 스트리핑(stripping)
⑤ 토핑오프(topping-off)

49 핑거 앤드 섬 워크(finger and thumb work)에 대한 설명으로 옳은 것을 〈보기〉에서 모두 고르시오.

> 보기
>
> ㄱ. 피모에 오일을 발라 브러싱하는 것이다.
> ㄴ. 기구로 하는 방법보다 자연스러운 표현이 가능하다.
> ㄷ. 엄지손가락과 집게손가락을 이용해 털을 제거하는 것이다.
> ㄹ. 드레서나 나이프를 이용하여 털을 베듯이 자르는 기법이다.

① ㄱ, ㄴ
② ㄴ, ㄷ
③ ㄷ, ㄹ
④ ㄱ, ㄴ, ㄹ
⑤ ㄴ, ㄷ, ㄹ

50 견체의 하얀 털 부분을 더욱 하얗게 보이게 하기 위한 작업을 뜻하는 트리밍 용어로 옳은 것을 고르시오.

① 린싱(rinsing)
② 페이킹(faking)
③ 초킹(chalking)
④ 샴핑(shampooing)
⑤ 화이트닝(whitening)

2급
실전모의고사

DOG STYLIST

01 다음의 〈보기〉에서 설명하는 반려견의 두개 타입은?

> **보기**
>
> 두부에 각이 지거나 펑퍼짐하게 퍼져 길이에 비해 폭이 매우 넓은 네모난 모양의 각진 머리형을 말한다.

① 돔 헤드(Dome Head)
② 밸런스드 헤드(Balanced Head)
③ 블로키 헤드(Blocky Head)
④ 투 앵글드 헤드(Tow Angled Head)
⑤ 페어 세이프트 헤드(Pear-shaped Head)

02 반려견의 두개 타입 중 대표적인 클린 헤드(Clean Head) 견종은?

① 고든세터
② 보스턴 테리어
③ 치와와
④ 살루키
⑤ 베들링턴 테리어

03 견체 관련 머리 용어에 대한 다음 설명 중 틀린 것은?

① 장두형은 길고 좁은 형태의 두개를 말한다.
② 스컬(Skull)은 앞머리의 후두골, 두정골, 전두골, 측두골 등을 포함한 머리부 뼈 조직의 두부를 말한다.
③ 드라이 스컬(Dry Skull)은 얼굴 피부가 밀착해 주름이 없는 얼굴로 클린 헤드(Clean Head)와 같은 의미이다
④ 다운 페이스(Down Face)는 두개에서 코끝 아래쪽으로 경사진 얼굴로 디쉬 페이스(Dish Face)와 같은 의미이다.
⑤ 플랫 스컬(Flat Skull)의 대표적인 견종으로는 에어데일 테리어, 스탠다드 슈나우저 등이 있다.

04 다음 중 치와와 두개의 패임과 같은 부드러운 부분을 말하는 견체 관련 용어는?

① 모렐라(Molera)
② 노우즈 브리지(Nose Bridge)
③ 옥시풋(Occiput)
④ 링클(Wrinkle)
⑤ 퍼로우(Furrow)

05 견체 관련 머리 용어 중 치키(Cheeky)에 대한 설명이 아닌 것은?

① 볼이 발달해서 팽창되고 붉어진 얼굴을 말한다.
② 주둥이가 뾰족해 얼굴 느낌이 약하다.
③ 얼굴뼈가 돌출되어 둥근 느낌을 준다.
④ 근육이 두껍게 발달되어 있다.
⑤ 스탠포드셔 불테리어가 대표적이다.

06 견체의 머리 중 스톱(Stop)에 해당하는 부분은?

① 사람의 콧등과 같은 부분이다.
② 양 귀 사이의 주먹 모양의 후두부 뒷부분이다.
③ 눈 사이의 패인 부분이다.
④ 두부의 가장 높은 정수리 부분이다.
⑤ 눈에서 앞쪽, 주둥이 부위를 포함한 두부의 앞면이다.

07 튀어나와 볼록하게 보이는 눈을 말하는 견체 관련 용어는?

① 라운드 아이(Round Eye)
② 벌징 아이(Bulging Eye)
③ 오벌 아이(Oval Eye)
④ 풀 아이(Full Eye)
⑤ 차이나 아이(China Eye)

08 눈의 유형과 그 대표 견종이 바르게 짝지어진 것은?

① 라운드 아이(Round Eye) – 블루멀 콜리
② 마블아이(Marble Eye) – 도베르만핀셔
③ 아몬드 아이(Almond Eye) – 살루키
④ 차이나 아이(China Eye) – 몰티즈
⑤ 트라이앵글러 아이(Triangular Eye) – 아프간하운드

2급

09 다음 중 견체의 치아 유형에 대한 설명으로 틀린 것은?

① 결치는 선천적으로 정상 치아 수에 비해 치아 수가 없는 것을 말한다.

② 결치는 단두종에게 많이 나타나며, 제1 전구치에 많이 발생한다.

③ 과리치는 표준 치아 수보다 많은 것을 말한다.

④ 실치는 후천적으로 파손된 치아를 말한다.

⑤ 템퍼치는 디스펨퍼나 고열에 의해 변화되어 변색된 치아를 말한다.

10 견체의 치아 중 윗니와 아랫니의 개수가 다른 것은?

① 절치

② 견치

③ 소구치

④ 전구치

⑤ 후구치

11 견체의 치아 교합과 관련된 용어 중 오버샷 (Overshot)이 의미하는 것은?

① 부정교합

② 정상교합

③ 반대교합

④ 과리교합

⑤ 절단교합

12 다음 중 아래로 늘어지거나 턱이 밀착되지 않은 입술을 말하는 견체 관련 용어는?

① 리피(Lippy)

② 조율(Jowel)

③ 플루즈(Flews)

④ 라이 마우스(Wry Mouth)

⑤ 시저스 바이트(Scissors Bite)

13 다음 중 페키니즈 견종의 입술 유형으로 옳은 것은?

① 촙(Chop)

② 쿠션(Cushion)

③ 리피(Lippy)

④ 플루즈(Flews)

⑤ 라이 마우스(Wry Mouth)

14 다음의 〈보기〉에서 설명하는 견체 관련 코의 종류는?

> **보기**
>
> 독수리의 부리 모양과 비슷한 매부리코를 말한다.

① 더들리 노우즈(Duddley Nose)

② 로만 노우즈(Roman Nose)

③ 리버 노우즈(Liver Nose)

④ 버터플라이 노우즈(Butterfly Nose)

⑤ 프레시 노우즈(Fresh Nose)

15 다음의 〈보기〉는 스노우 노우즈(Snow Nose)에 대한 설명이다. ㉠과 ㉡에 들어갈 색상으로 바르게 짝지어진 것은?

> **보기**
>
> 평소에는 코가 (㉠)이나 겨울철에 (㉡) 줄무늬가 생기는 코를 말한다.

	㉠	㉡
①	하얀색	검은색
②	하얀색	핑크색
③	핑크색	하얀색
④	검은색	하얀색
⑤	검은색	핑크색

16 다음의 견체 관련 용어 중 그 성격이 다른 하나는?

① 촙(Chop)

② 머즐(Muzzle)

③ 이렉트(Erect)

④ 오버샷(Overshot)

⑤ 이븐 바이트(Even Bite)

2급

17 견체 관련 용어 중 귀에 대한 설명으로 틀린 것은?

① 로즈 이어(Rose Ear)는 귀의 안쪽이 보이지 않으며, 뒤틀려 작게 늘어진 귀를 말한다.

② 버터플라이 이어(Butterfly Ear)는 긴 장식 털에 서 있는 큰 귀가 두개 바깥쪽으로 약 45도 기운 귀를 말한다.

③ 버튼 이어(Button Ear)는 아래쪽은 직립해 있고 귓불이 두개 앞쪽으로 V자 모양으로 늘어진 귀를 말한다.

④ 크롭트 이어(Cropped Ear)는 귀를 세우기 위해 자른 귀를 말한다.

⑤ 하이셋 이어(Highset Ear)는 로우셋 이어와 반대로 높은 위치에 귀가 있는 것을 말한다.

18 다음 중 직립한 귀의 끝부분이 앞으로 기울어진 반직립형 귀를 의미하는 용어는?

① 드롭 이어(Drop Ear)

② 배트 이어(Bat Ear)

③ 세미프릭 이어(Semiprick Ear)

④ 캔들 프레임 이어(Candle Flame Ear)

⑤ 펜던트 이어(Pendant Ear)

19 다음의 〈보기〉에서 설명하는 견체 관련 귀의 종류는?

> **보기**
>
> 앞쪽 끝부분이 뾰족하게 직립한 귀로 귀를 잘라 인위적으로 만든 직립 귀와 자연적인 직립 귀가 있다.

① 크롭트 이어(Cropped Ear)

② 파렌 이어(Phalene Ear)

③ 프릭 이어(Prick Ear)

④ 플레어링 이어(Flaring Ear)

⑤ 필버트 쉐입 이어(Fillbert Shaped Ear)

20 다음 중 이어 프린지(Ear Fringe)의 대표적 견종으로 옳은 것은?

① 세터   ② 불독

③ 휘핏   ④ 빠삐용

⑤ 바셋하운드

21 다음 중 견체 관련 용어에 대한 설명으로 틀린 것은?

① 발바닥이 너무 얇아 움직임이 빈약한 것을 헤어 풋(Hair Foot)이라 한다.

② 등선이 허리로 갈수록 낮아지는 모양을 다운힐(Downhill)이라 한다.

③ 기갑부 최고점에서 가슴 아래에 이르는 가슴의 깊이를 흉심(Depth Of Chest)이라 한다.

④ 팔꿈치가 바깥쪽으로 활처럼 굽은 안짱다리를 보우드 프런트(Bowed Front)라고 한다.

⑤ 치켜든 꼬리를 게이 테일(Gay Tail)이라고 한다.

22 다음 중 다리 안쪽의 엄지발톱인 며느리발톱, 즉 듀클로우(Dewclaw)를 의미하는 것은?

① 기갑 ② 낭조
③ 비절 ④ 전완
⑤ 견단

23 다음 중 견갑골이 뒤쪽으로 길게 경사를 이루어 후방으로 경사진 어깨를 말하는 것은?

① 롱 바디(Long Body)

② 스트레이트 숄더(Straight Shoulder)

③ 슬로핑 숄더(Sloping Shoulder)

④ 아웃 오브 숄더(Out Of Shoulder)

⑤ 인 숄더(In Shoulder)

24 다음 〈보기〉의 빈칸에 들어갈 견체 관련 용어로 옳게 짝지은 것은?

> **보기**
>
> (㉠)은/는 골반 상부의 근육이 연결된 부위의 엉덩이를 말한다.
> (㉡)은/는 목 아래에 있는 어깨의 가장 높은 점을 말한다.

	㉠	㉡
①	립(Rip)	버턱(Buttock)
②	보시(Bossy)	언더라인(Under Line)
③	코비(Cobby)	플랭크(Flank)
④	비피(Beefy)	탑 라인(Top Line)
⑤	럼프(Rump)	위더스(Withers)

25 다음의 견체 관련 용어 중 슬개골을 의미하는 것은?

① 덕(Dock)
② 로인(Loin)
③ 크룹(Croup)
④ 파텔라(Patella)
⑤ 힙 조인트(Hip Joint)

26 견체의 등과 관련된 다음 설명 중 틀린 것은?

① 스웨이 백(Sway Back)은 등선이 움푹 파인 모양을 말한다.
② 레벨 백(Level Back)은 기갑에서 시작해 꼬리 뿌리 부분까지 이어지는 등선을 말한다.
③ 로치 백(Roach Back)은 등선이 허리로 향하여 부드럽게 커브한 모양을 말한다.
④ 숏 백(Short Back) : 기갑의 높이보다 짧은 등을 말한다.
⑤ 캐멀 백(Camel Back) : 어깨 쪽이 낮고 허리부분이 둥글게 올라가고 엉덩이가 내려간 모양을 말한다.

27 견체 관련 용어 중 호크(Hock)에 대한 설명으로 틀린 것은?

① 호크(Hock)란 아랫다리와 패스턴 사이의 뒷다리 관절을 말하며 비절이라고도 한다.
② 배럴 호크(Barrel Hock)란 체중이 과도해 지탱이 어려워 좌우 비절 관절이 염전된 것을 말한다.
③ 스트레이트 호크(Straight Hock)란 각도가 없는 관절을 말한다
④ 식클 호크(Sickle Hock)란 비절이 낮은 낫 모양의 관절을 말한다.
⑤ 웰 벤트 호크(Well Bent Hock)란 이상적인 각도의 비절을 말한다.

28 다음 〈보기〉의 견체 관련 용어를 바르게 짝지은 것은?

> **보기**
>
> ㉠ 손의 관절과 손가락 뼈 사이의 부위, 앞다리의 가운데 뼈, 뒷다리의 가운데 뼈를 말한다.
> ㉡ 후지 엉덩이에서 무릎관절까지의 대퇴부를 말한다.
> ㉢ 대퇴골과 하퇴골을 연결하는 무릎관절을 말한다.

	㉠	㉡	㉢
①	패스턴	싸이	스타이플
②	패스턴	스타이플	싸이
③	스타이플	패스턴	싸이
④	스타이플	싸이	패스턴
⑤	싸이	패스턴	스타이플

29 다음 중 깃털 모양의 장식 털이 아래로 늘어진 꼬리를 의미하는 것은?

① 킹크 테일(Kink Tail)
② 판 테일(Fan Tail)
③ 플래그 테일(Falg Tail)
④ 플룸 테일(Plume Tail)
⑤ 휩 테일(Whip Tail)

31 푸들의 신체 부위 중 양 귀 사이의 주먹 모양의 후두부 뒷부분을 말하는 것은?

① 팜펀(Pompon)
② 크라운(Crown)
③ 옥시풋(Occiput)
④ 에이프런(Apron)
⑤ 애덤즈 애플(Adam's Apple)

30 다음 중 대표적인 플래그폴 테일(Flagpole Tail) 견종은?

① 비글
② 불독
③ 빠삐용
④ 페키니즈
⑤ 바셋하운드

32 다음 중 푸들의 가르마가 되는 부분을 말하는 것은?

① 풋 라인(Foot Line)
② 넥 라인(Neck Line)
③ 언더라인(Underline)
④ 파팅 라인(Parting Line)
⑤ 이미저너리 라인(Imaginary Line)

33 푸들의 맨하탄 클립에 대한 다음 설명 중 틀린 것은?

① 허리와 목 부분에 클리핑 라인을 만드는 미용스타일이다.
② 밴드를 만들고 목 부분을 클리핑하는 미용스타일이다.
③ 목 부분을 클리핑하지 않고 허리선만 드러나게 하는 경우도 많다.
④ 클리핑 라인이 완벽해야만 전체 커트로 이어지는 라인을 아름답게 표현할 수 있다.
⑤ 로제트, 팜펀, 브레이슬릿 커트의 균형미와 조화가 돋보이는 미용스타일이다

34 다음의 〈보기〉는 푸들의 맨하탄 클립의 시저링 방법을 설명한 것이다. ㉠과 ㉡에 들어갈 수치로 알맞게 짝지어진 것은?

> **보기**
>
> 목 뒷부분의 선은 목 시작부분에서 (㉠) cm 위에서 경계라인을 시저링하고, 힙(엉덩이) 부분은 약 (㉡)도로 시저링한다.

	㉠	㉡
①	1~2	15
②	1~2	30
③	2~3	15
④	2~3	30
⑤	2~3	45

35 푸들의 퍼스트 콘티넨탈 클립에 대한 다음 설명 중 틀린 것은?

① 클리핑 면적이 넓다.
② 펫 클립에 가장 가깝다.
③ 콘티넨탈 클립보다 짧게 커트된다.
④ 가정에서도 관리하기가 용이하다.
⑤ 클리핑 라인의 선정이 중요하다.

36 다음 중 푸들의 퍼스트 콘티넨탈 클립의 시저링 방법으로 옳지 못한 것은?

① 재킷과 로제트의 경계인 앞 라인은 최종 늑골 1cm 앞에 위치하여야 한다.
② 팜펀은 꼬리 시작 부분부터 2 ~ 2.5cm 정도를 클리핑한다.
③ 브레이슬릿 윗부분을 약 45도 각도로 시저링한다.
④ 리어 브레이슬릿의 클리핑 라인은 비절 1.5cm 위에서 45도 앞으로 기울여야 한다.
⑤ 최종 늑골 1~2cm 뒤에 파팅 라인을 만든다.

37 다음 〈보기〉에서 설명하는 견체의 미용 스타일은?

> **보기**
>
> 몸통은 짧고 다리는 원통형이며, 비숑 프리제의 머리모양 스타일에 머즐 부분만 짧게 커트하는 미용스타일이다.

① 푸들의 브로콜리 커트
② 몰티즈의 판타롱 스타일
③ 포메라니안의 곰돌이 커트
④ 푸들의 스포팅 클립 스타일
⑤ 푸들의 피츠버그 더치 클립 스타일

38 다음 중 포메라니안 견종의 신체적 특징에 대한 설명으로 틀린 것은?

① 드워프 타입이다.
② 체구가 작고 목과 머즐이 짧다.
③ 더블 코트를 가진 견종이다.
④ 다양한 스타일의 시저링 창작미용이 가능하다.
⑤ 곰돌이 커트가 대표적인 스타일이다.

39 다음 중 포메라니안의 곰돌이 커트 시저링 방법으로 옳지 못한 것은?

① 머리 앞부분은 둥그스름하게 시저링한다.
② 꼬리를 부채꼴 모양으로 자연스럽게 시저링한다.
③ 뒷발은 헤어 풋 모양으로 시저링한다.
④ 에이프런을 둥그스름하게 시저링한다.
⑤ 목 선은 짧은 느낌이 들도록 하고 머리에서 등까지 선이 자연스럽게 이어져야 한다.

40 다음 중 장모종에 대한 설명으로 옳지 못한 것은?

① 긴 오버코트와 촘촘한 언더코트가 같이 자라 보온성이 뛰어나다.
② 스무드 코트라고도 한다.
③ 털이 잘 엉키는 단점이 있다.
④ 1일 1회 이상 브러시를 사용하여 털 결의 순방향으로 빗질해 준다.
⑤ 생식기나 입 주변 등은 래핑 처리하여 오염을 방지하고 털을 보호해 준다.

2급

41 다음의 〈보기〉에서 환모기가 없는 권모종 견종을 모두 고른 것은?

> **보기**
>
> ㄱ. 푸들　　　　ㄴ. 몰티츠
> ㄷ. 치와와　　　ㄹ. 비숑 프리제
> ㅁ. 베들링턴 테리어

① ㄱ, ㄴ
② ㄱ, ㄷ
③ ㄱ, ㄹ, ㅁ
④ ㄴ, ㄷ, ㄹ
⑤ ㄷ, ㄹ, ㅁ

42 다음 중 비숑 프리젯의 펫 스타일 커트에 대한 설명이 아닌 것은?

① 얼굴을 둥그스름하게 커트하여 주는 스타일이다.
② 몸을 짧게 클리핑하고 다리 부분을 원통형으로 시저링한다.
③ 다리털을 남겨두고 몸 전체를 짧게 클리핑하는 스타일이다.
④ 다른 견종의 썸머 커트와 마찬가지로 가정에서 선호하는 스타일이다.
⑤ 다리의 아랫부분을 좀 더 넓게 하면서 균형미를 연출해 준다.

43 다음 중 맨하탄 클립과 관련 있는 미용스타일로 묶인 것은?

① 더치 클립, 스포팅 클립
② 볼레로 클립, 스포팅 클립
③ 더치 클립, 소리터리 클립
④ 밍크칼라 클립, 볼레로 클립
⑤ 소리터리 클립, 다이아몬드 클립

44 다음 중 수컷의 생식기에 소변을 흡수하는 패드를 쉽게 붙일 수 있도록 도와주는 용도로 사용되는 반려견 용품은?

① 하네스
② 스누드
③ 글리터 젤
④ 매너 벨트
⑤ 드라이빙 키트

45 반려견의 염색과 관련된 다음 설명 중 틀린 것은?

① 염색작업 시 염료가 염색해야 할 부위가 아닌 다른 곳이 물드는 것을 이염이라 한다.
② 튜브형 용기에 담긴 겔 타입의 염색제는 지속성 염색제를 쓰기 전에 초벌용으로 사용한다.
③ 지속성 염색제는 염색 후 제거가 어렵고, 염색부위를 제거하려면 가위로 커트한다.
④ 이염 방지 크림은 수분감이 거의 없는 크림 타입이다.
⑤ 부직포는 목욕이 필요 없는 염색작업에 권장된다.

46 반려견의 이염 방지 방법에 대한 다음 설명 중 틀린 것은?

① 염색하기 전 이염 방지 크림을 염색할 부위가 아닌 곳에 도포한다.
② 염색을 방지할 부분에 이염 방지 테이프를 감싸준다.
③ 염색을 방지할 부분에 적당한 크기의 부직포를 씌운다.
④ 염색제가 염색할 부위가 아닌 곳에 묻었을 때는 알칼리 성분의 샴푸를 사용하여 닦아낸다.
⑤ 일회성 염색제 사용 시 마지막 컬러를 교체할 때 붓을 닦아 주면 위생적이다.

47 반려견의 염색 방법에 대한 다음 설명 중 틀린 것은?

① 투 톤 염색은 두 가지 컬러가 한 부위에 동시에 발색되는 것을 말한다.
② 투 톤 염색의 경우 유사대비보다는 보색 대비 컬러의 발색이 더 좋다.
③ 그러데이션 염색은 두 가지 컬러 이상의 색 번짐과 겹침을 이용하는 것이다.
④ 블리치 염색은 원하는 부위에 부분적으로 컬러 포인트를 주는 방법이다.
⑤ 블리치 염색은 컬러의 발색을 미리 보기 위해 테스트용으로 활용할 수 있다.

48 반려견의 염색제 도포 후 자연 건조 상태로 기다리는 가장 적절한 시간은?

① 10 ~ 15분
② 15 ~ 20분
③ 20 ~ 25분
④ 25 ~ 30분
⑤ 30 ~ 35분

2급

49 반려견의 염색도구에 대한 다음 설명 중 틀린 것은?

① 블로우펜은 일회성 염색제이며 펜을 입으로 불어서 사용한다.

② 블로우펜은 작업 후 목욕으로 제거할 수 없고, 털의 길이가 길면 활용하기 어렵다.

③ 초크는 수분을 흡수해주며 겔 타입과 펜 타입 염색제와 함께 사용한다.

④ 페인트펜은 발림성과 발색력이 좋고 사용이 용이하다.

⑤ 글리터 젤은 장식용 반짝이로 손쉬운 장식 및 활용이 가능하다.

50 반려견의 염색작업 후 샴핑과 린싱에 대한 설명으로 틀린 것은?

① 이염 방지제를 지나치게 많이 사용했을 경우 샴핑을 한다.

② 염색작업 과정에서 이물질이 묻었을 경우 샴핑을 한다.

③ 샴핑 후에도 털이 거친 경우 린싱을 한다.

④ 염색제가 제거되지 않아 여러 번 샴핑했을 경우 린싱을 한다.

⑤ 물로 세척한 후에 털이 거칠 때에는 린싱을 하지 않고 샴핑만 한다.

필기시험

50문제 / 60분   정답 및 해설 271p

01 비량이라고 하며 사람의 콧등과 같은 부분을 뜻하는 견체 용어로 옳은 것을 고르시오.

① 스컬(skull)

② 크라운(crown)

③ 치즐드(chiselled)

④ 노즈 브리지(nose bridge)

⑤ 타입 오브 스컬(type of skull)

02 다음 설명에 해당하는 견체 용어로 옳은 것을 고르시오.

- 클린 헤드와 같은 의미이다.
- 얼굴 피부가 밀착해 주름이 없는 얼굴이다.

① 와안(frog face)

② 치즐드(chiselled)

③ 드라이 스컬(dry skull)

④ 애플 헤드(apple head)

⑤ 스니피 페이스(snipy face)

03 다음 설명에 해당하는 견체 용어로 옳은 것을 고르시오.

- 접시 모양의 얼굴이다.
- 스톱보다 콧대가 높아 옆에서 보면 코가 휘어져 접시 모양이다.

① 폭시(foxy)

② 퍼로(furrow)

③ 치키(cheeky)

④ 디시 페이스(dish face)

⑤ 투 앵글드 헤드(tow angled head)

04 치와와 두개의 패임으로 부드러운 부분을 뜻하는 견체 용어로 옳은 것을 고르시오.

① 화운(faun)

② 휘튼(wheaten)

③ 몰레라(molera)

④ 옥시풋(occiput)

⑤ 하운드 마킹(hound marking)

125

05 스톱을 중심으로 머리 부분과 얼굴 부분의 길이가 동일하게 균형 잡힌 머리를 뜻하는 견체 용어로 옳은 것을 고르시오.

① 애플 헤드(apple head)
② 블로키 헤드(blocky head)
③ 밸런스트 헤드(balanced head)
④ 타입 오브 스컬(type of skull)
⑤ 페어 세이프트 헤드(pear-shaped head)

06 마블 아이(marble eye)에 대한 내용으로 옳은 것을 〈보기〉에서 모두 고르시오.

> **보기**
> ㄱ. 동그란 눈이다.
> ㄴ. 몰티즈가 대표적이다.
> ㄷ. 대리석 색상의 눈이다.
> ㄹ. 블루멀콜리나 웰시코기카디건이 대표적이다.

① ㄱ, ㄴ
② ㄱ, ㄷ
③ ㄴ, ㄷ
④ ㄴ, ㄹ
⑤ ㄷ, ㄹ

07 튀어나와 볼록하게 보이는 눈을 뜻하는 견체 용어로 옳은 것을 고르시오.

① 오벌 아이(oval eye)
② 벌징 아이(bulging eye)
③ 차이나 아이(china eye)
④ 아몬드 아이(almond eye)
⑤ 트라이앵글러 아이(triangular eye)

08 결치에 대한 설명으로 옳지 않은 것을 〈보기〉에서 모두 고르시오.

> **보기**
> ㄱ. 단두종에게 많다.
> ㄴ. 제1 전구치에 많이 발생한다.
> ㄷ. 표준 치아 수보다 많은 것이다.

① ㄱ
② ㄴ
③ ㄷ
④ ㄱ, ㄴ
⑤ ㄴ, ㄷ

09 뒤틀려 삐뚤어진 입을 뜻하는 견체 용어로 옳은 것을 고르시오.

① 촙(chop)
② 플루즈(flews)
③ 쿠션(cushion)
④ 피그 조(pig jow)
⑤ 라이 마우스(wry mouth)

11 주둥이, 입을 뜻하는 견체 용어로 옳은 것을 고르시오.

① 플루즈(flews)
② 머즐(muzzle)
③ 쿠션(cushion)
④ 피그 조(pig jow)
⑤ 스니피 머즐(snipy muzzle)

10 아래로 늘어진 입술, 턱이 밀착되지 않은 입술을 뜻하는 견체 용어로 옳은 것을 고르시오.

① 조(jaw)
② 조울(jowel)
③ 리피(lippy)
④ 언더숏(undershot)
⑤ 이븐 바이트(even bite)

12 주둥이를 둘러싼 흰색의 띠를 이룬 반점을 뜻하는 견체 용어로 옳은 것을 고르시오.

① 리버 노즈(liver nose)
② 스노 노즈(snow nose)
③ 노즈 밴드(nose band)
④ 프레시 노즈(fresh nose)
⑤ 버터플라이 노즈(butterfly nose)

2급

13 스톱에서 코까지 주둥이 면을 뜻하는 견체 용어로 옳은 것을 고르시오.

① 리버 노즈(liver nose)

② 로만 노즈(roman nose)

③ 프레시 노즈(fresh nose)

④ 노즈 브리지(nose bridge)

⑤ 더들리 노즈(dudley nose)

14 다음 설명에 해당하는 견체 용어로 옳은 것을 고르시오.

> • 아래로 늘어진 귀이다.
> • 바셋하운드가 대표적이다.

① 드롭 이어(drop ear)

② 프릭 이어(prick ear)

③ 하이셋 이어(highset ear)

④ 플레어링 이어(flaring ear)

⑤ 필버트 타입 이어(fillbert shaped ear)

15 다음 설명에 해당하는 견체 용어로 옳은 것을 고르시오.

> • 귀의 안쪽이 보이며 뒤틀려 작게 늘어진 귀이다.
> • 불도그, 휘핏이 대표적이다.

① 벨 이어(bell ear)

② 로즈 이어(rose ear)

③ 버튼 이어(button ear)

④ 크롭트 이어(cropped ear)

⑤ 캔들 프레임 이어(candle flame ear)

16 배트 이어(bat ear)에 대한 설명으로 옳은 것을 〈보기〉에서 모두 고르시오.

> **보기**
> ㄱ. 높은 위치에 귀가 있는 것이다.
> ㄴ. 프렌치불도그, 웰시코기가 대표적이다.
> ㄷ. 귀 아랫부분이 넓고 박쥐 날개같이 둥글게 선 귀이다.

① ㄱ

② ㄴ

③ ㄷ

④ ㄱ, ㄷ

⑤ ㄴ, ㄷ

17 다음 설명에 해당하는 견체 용어로 옳은 것을 고르시오.

> • 긴 장식 털에 서 있는 큰 귀가 두개 바깥 쪽으로 약 45도 기운 나비 모양 귀이다.
> • 파피용이 대표적이다.

① V형 귀(V-shaped ear)

② 이어 프린지(ear fringe)

③ 파렌 이어(phalene ear)

④ 플레어링 이어(flaring ear)

⑤ 버터플라이 이어(butterfly ear)

18 다음 설명에 해당하는 견체 용어로 옳은 것을 고르시오.

> • 근육 발달이 불충분해 엉덩이 골반의 경 사가 급한 것이다.
> • 보통 꼬리가 낮게 자리 잡는다.

① 보시(bossy)

② 크루프(croup)

③ 파텔라(patella)

④ 언더 라인(under line)

⑤ 구스 럼프(goose rump)

19 등선이 허리로 갈수록 낮아지는 모양을 뜻하는 견체 용어로 옳은 것을 고르시오.

① 레인지(rangy)

② 다운힐(dowunhill)

③ 립케이지(ribcage)

④ 쇼트 백(short back)

⑤ 캐멀 백(camel back)

20 다리 안쪽의 엄지발톱인 며느리발톱을 뜻하는 견체 용어로 옳은 것을 고르시오.

① 리브(rib)

② 로인(loin)

③ 버톡(buttock)

④ 힙 본(hip bone)

⑤ 듀클로(dewclaw)

2급

21 골반 상부의 근육이 연결된 부위인 엉덩이를 뜻하는 견체 용어를 고르시오.

① 럼프(Rump)

② 클로디(cloddy)

③ 브리스킷(brisket)

④ 헤어 풋(hare foot)

⑤ 스웨이 백(sway back)

22 기갑에서 허리에 걸쳐 평평한 모양으로 바람직한 등의 모양을 뜻하는 견체 용어로 옳은 것을 고르시오.

① 레벨 백(level back)

② 쇼트 백(short back)

③ 캐멀 백(camel back)

④ 로치 백(roach back)

⑤ 스웨이 백(sway back)

23 다음 설명에 해당하는 견체 용어로 옳은 것을 고르시오.

- 껑충하게 긴 다리이다.
- 균형 잡히고 세련된 모양이다.
- 등이 높고 비교적 가는 체구의 몸통 타입이다.

① 레이시(racy)

② 위디(weedy)

③ 버톡(buttock)

④ 크루프(croup)

⑤ 턱 업(tuck up)

24 흉심이 얕은 긴 몸통의 타입을 뜻하는 견체 용어로 옳은 것을 고르시오.

① 바디(body)

② 보시(bossy)

③ 체스트(chest)

④ 레인지(rangy)

⑤ 위더스(withers)

25 폭이 좁은 대퇴부를 뜻하는 견체 용어로 옳은 것을 고르시오.

① 패스턴(pastern)
② 어퍼 암(upper arm)
③ 내로 사이(narrow thigh)
④ 스팁 프런트(steep front)
⑤ 웰 벤트 호크(well bent hock)

26 다음 설명에 해당하는 견체 용어로 옳은 것을 고르시오.

> • 앞가슴 폭이 좁은 프런트이다.
> • 앞다리 간격이 좁다.
> • 보르조이가 대표적이다.

① 스팁 프런트(steep front)
② 피들 프런트(fiddle front)
③ 와이드 프런트(wide front)
④ 내로 프런트(narrow front)
⑤ 스트레이트 프런트(straight front)

27 다음 설명에 해당하는 견체 용어로 옳은 것을 고르시오.

> • 패스턴이 앞쪽으로 경사진 것이다.
> • 지구력이 결여되어 결점되어 있다.

① 시클 호크(sickle hock)
② 세컨드 사이(second thigh)
③ 아웃 앳 엘보(out at elbow)
④ 트위스팅 호크(twisting hock)
⑤ 다운 인 패스턴(down in pastern)

28 게이 테일(gay tail)에 대한 설명으로 옳은 것을 〈보기〉에서 모두 고르시오.

> ㄱ. 채찍형 꼬리이다.
> ㄴ. 치켜든 꼬리이다.
> ㄷ. 잉글리시세터가 대표적이다.
> ㄹ. 스코티시테리어가 대표적이다.

① ㄴ
② ㄱ, ㄷ
③ ㄱ, ㄹ
④ ㄴ, ㄷ
⑤ ㄴ, ㄹ

29 낮게 달린 꼬리를 뜻하는 견체 용어로 옳은 것을 고르시오.

① 판 테일(fan tail)
② 밥 테일(bob tail)
③ 로셋 테일(low set tail)
④ 이렉트 테일(erect tail)
⑤ 세이버 테일(saver tail)

30 다음 설명에 해당하는 견체 용어로 옳은 것을 고르시오.

> • 커브진 꼬리이다.
> • 바퀴 모양으로 꼬리 뿌리가 높게 올려져 원형을 이루는 꼬리이다.
> • 아프간하운드가 대표적이다.

① 링 테일(ring tail)
② 오터 테일(otter tail)
③ 스냅 테일(snap tail)
④ 플래그 테일(flag tail)
⑤ 크랭크 테일(crank tail)

31 다음 빈칸에 들어갈 말로 옳은 것을 고르시오.

> (   )은/는 허리와 목 부분의 클리핑 라인이 강조되는 스타일이다. 허리선을 만들고 목 부분을 클리핑하여 신체적인 장점을 살릴 수 있는 미용 기술이다.

① 맨해튼 클립
② 곰돌이 커트
③ 브로콜리 커트
④ 퍼스트 콘티넨탈 클립
⑤ 새컨드 콘티넨탈 클립

32 푸들의 퍼스트 콘티넨탈 클립에 대한 특징으로 옳은 것을 〈보기〉에서 모두 고르시오.

> **보기**
> ㄱ. 쇼 클립에 가장 가까운 스타일이다.
> ㄴ. 허리의 로제트, 꼬리의 폼폰, 다리의 브레이슬릿 커트의 균형미와 조화가 좋은 미용이다.
> ㄷ. 클리핑 면적은 좁지만 콘티넨탈 클립보다 짧게 커트되어 가정에서도 관리하기가 용이하다.

① ㄱ
② ㄴ
③ ㄷ
④ ㄱ, ㄴ
⑤ ㄴ, ㄷ

33 다음 빈칸에 들어갈 말로 옳은 것을 고르시오.

> ( )은/는 얼굴을 둥근 형태로 연출하고 몸털은 짧게 커트하여 관리가 쉬우면서도 포메라니안 특유의 귀여운 이미지를 유지할 수 있는 스타일이다.

① 더치 클립
② 맨해튼 클립
③ 곰돌이 커트
④ 브로콜리 커트
⑤ 다이아몬드 클립

34 푸들의 브로콜리 커트에 대한 내용으로 옳지 않은 것을 고르시오.

① 팜펀(꼬리의 끝부분)은 자연스럽게 시저링한다.
② 클리퍼를 사용하여 13mm~16mm로 클리핑한다.
③ 좌골끝단은 좌골단에서 아래쪽으로 자연스럽게 시저링한다.
④ 풋 라인(뒷다리 발목에서 관절까지)을 일직선으로 자연스럽게 시저링한다.
⑤ 크라운(정수리 부분)에서 이어 프린지(늘어진 귀 주변)으로 자연스럽게 시저링한다.

35 환모기가 없는 권모종에 대한 설명으로 옳은 것을 〈보기〉에서 모두 고르시오.

> **보기**
> ㄱ. 대표 견종으로는 푸들, 비숑 프리제, 베들링턴테리어가 있다.
> ㄴ. 털이 자라는 속도가 느리기 때문에 주기적인 손질이 필요하다.
> ㄷ. 오버코트와 언더코트가 자연스럽게 서로 얽혀 새끼줄 모양으로 된 털이다.

① ㄱ
② ㄱ, ㄴ
③ ㄱ, ㄷ
④ ㄴ, ㄷ
⑤ ㄱ, ㄴ, ㄷ

36 단모종의 특징으로 옳은 것을 〈보기〉에서 모두 고르시오.

> **보기**
> ㄱ. 다른 모질에 비해 털 관리가 조금 어렵다.
> ㄴ. 길이가 매우 짧은 털로 스무드 코트라고 하기도 하며 발수성이 좋다.
> ㄷ. 속하는 견종으로는 닥스훈트, 치와와, 미니어처핀셔, 비글 등이 있다.

① ㄱ
② ㄴ
③ ㄷ
④ ㄱ, ㄴ
⑤ ㄴ, ㄷ

37 포메라니안의 신체적 특징으로 옳지 않은 것을 〈보기〉에서 모두 고르시오.

> **보기**
>
> ㄱ. 컬리 코트를 가진 품종이다.
> ㄴ. 체형이 작고 목과 머즐이 짧다.
> ㄷ. 시저링으로 다양한 스타일을 창작할 수 있다.

① ㄱ
② ㄴ
③ ㄷ
④ ㄱ, ㄴ
⑤ ㄴ, ㄷ

38 비숑 프리제의 펫 스타일 커트에 대한 내용으로 옳지 않은 것을 고르시오.

① 얼굴을 둥글게 커트하여 주는 스타일이다.
② 몸을 짧게 클리핑하고 다리 부분을 원통형으로 시저링한다.
③ 몸을 짧게 클리핑하지만 큰 얼굴의 둥근 이미지를 강조해야 한다.
④ 다른 품종의 서머 커트와 마찬가지로 가정에서 선호하는 스타일이기도 하다.
⑤ 다리는 원통형으로 커트하되 아래 부분을 좀 더 좁은 이미지로 균형미에 맞게 커트한다.

39 아트 미용에 대한 내용으로 옳은 것을 〈보기〉에서 모두 고르시오.

> **보기**
>
> ㄱ. 개성 있는 미용스타일을 연출하기 위해 사용한다.
> ㄴ. 작업자의 창작력과 숙련된 기술로 개성을 표현하는 기술이다.
> ㄷ. 자연의 동·식물 및 사물의 형태와 색체를 표현하는 방법과 기술을 말한다.

① ㄱ
② ㄴ
③ ㄱ, ㄴ
④ ㄴ, ㄷ
⑤ ㄱ, ㄴ, ㄷ

40 다음 빈칸에 들어갈 말로 옳은 것을 고르시오.

> (   )은/는 애완동물의 털과 장식 털 등에 포인트를 주어 화사한 이미지를 표현할 수 있다. (   )을/를 뿌린 부분에 헤어스프레이를 사용하면 고정시키는 효과가 있다.

① 염모제
② 컬러믹스
③ 페인트펜
④ 글리터 젤
⑤ 이염 방지제

41 애완동물 염색 작업 전의 피부 트러블 가능성 여부에 대한 내용으로 옳지 않은 것을 고르시오.

① 클리핑 후 이상 반응이 있었는지 확인한다.
② 샴푸 교체 후 이상 반응이 있었는지 확인한다.
③ 드라이 온도에 따라 이상 반응이 있었는지 확인할 필요는 없다.
④ 피부가 예민하여 사소한 자극에 이상 반응이 있었는지 미리 확인한다.
⑤ 이전에 미용이나 염색 작업 시 피부 트러블이 발생한 적이 있었는지 확인한다.

42 애완동물의 꼬리의 상태를 확인하기에 대한 내용으로 옳지 않은 것을 고르시오.

① 딱지나 상처가 있는지 확인한다.
② 심하게 물어뜯은 흔적이 있는지 확인한다.
③ 만졌을 때 예민한 반응을 보이는지 확인한다.
④ 집중적으로 털이 없는 부위가 있는지 확인한다.
⑤ 귀를 만졌을 때 예민한 반응을 보이는지 확인한다.

43 일회성 염색제에 대한 내용으로 옳지 않은 것을 고르시오.

① 털이 자라서 커트할 때까지 지속된다.
② 일반적으로 액체, 겔, 초크, 펜 타입으로 되어 있다.
③ 일회성 염색제는 1, 2회의 샴핑으로 제거할 수 있다.
④ 염색 작업 시 실수를 해도 목욕으로 손쉽게 제거할 수 있다.
⑤ 염색 작업 시 이염이 되어도 목욕으로 손쉽게 제거할 수 있다.

44 염색 재료 준비하기에 대한 내용으로 옳지 않은 것을 고르시오.

① 염색제는 유통 기한이 지나지 않았는지 확인한다.
② 초크 염색제는 떨어지면 쉽게 파손되기 때문에 주의한다.
③ 튜브형 염색제는 용기가 쉽게 손상되지 않으므로 주의하지 않아도 된다.
④ 쓰던 염색제는 바로 뚜껑을 닫아서 굳거나 이물질이 들어가지 않게 해야 한다.
⑤ 지속성 염색제 사용 시 작업자의 피부에 묻지 않게 작업복과 일회용 장갑을 착용한다.

45 이염 방지 크림에 대한 설명으로 옳은 것을 〈보기〉에서 모두 고르시오.

> **보기**
> ㄱ. 수분감이 많은 크림 타입이다.
> ㄴ. 이염 방지 크림은 목욕으로 제거할 수 없다.
> ㄷ. 염색제를 도포할 부분에 조금이라도 묻어 있으면 염색이 되지 않는다.
> ㄹ. 수분이 많으면 크림을 도포한 후 염색제가 도포될 부분까지 흘러내려서 염색 작업에 지장을 주게 된다.

① ㄱ, ㄴ
② ㄱ, ㄷ
③ ㄴ, ㄷ
④ ㄴ, ㄹ
⑤ ㄷ, ㄹ

46 다음 빈칸에 들어갈 말로 옳은 것을 고르시오.

> 탈지면에 알코올이 적셔져 있어서 소독과 이물질 제거에 사용한다. 일회성 염색제 사용 시 컬러를 교체할 때 붓을 닦아 주면 위생적이다. 붓을 물로 세척할 경우에 건조할 때까지 시간이 필요한데 (   )을/를 사용하면 건조 시간 없이 바로 사용할 수 있다.

① 부직포
② 고무밴드
③ 일회용 장갑
④ 알루미늄 포일
⑤ 알코올 소독 패드

47 블리치 염색에 대한 내용으로 옳지 않은 것을 고르시오.

① 원하는 컬러로 조금씩 포인트를 주는 방법이다.
② 염색을 할 부위(귀, 꼬리, 발) 전체에 컬러를 입히는 것이다.
③ 염색제 도포 시 피부와 1cm 정도 떨어진 곳에서부터 시작한다.
④ 염색을 하고 싶은데 피부가 예민한 애완동물에게 이용하면 좋다.
⑤ 염색 작업 전에 컬러의 발색을 미리 보기 위해 테스트용으로도 활용할 수 있다.

48 애완동물의 투 톤 염색의 순서로 옳은 것을 〈보기〉에서 골라 순서대로 나열하시오.

> **보기**
> ㄱ. 염색제를 도포할 부위에 꼬리빗으로 경계선을 나눈다.
> ㄴ. 1번 컬러 도포 후 염색제를 도포한 부위의 1/3이나 1/2 정도 지점에 2번 염색제를 도포한다.
> ㄷ. 염색할 부위의 경계선에 염색하지 않을 부위의 이염을 방지하기 위해 종이테이프로 감아 준다.
> ㄹ. 보정하는 손의 손바닥 위에 염색할 부위의 발을 올리고 고정한 후 선택한 컬러 중 1번 컬러를 먼저 도포한다.
> ㅁ. 2번 염색제를 도포한 후 염색제의 도포가 잘 되었는지 확인하고 이염을 방지하기 위해 알루미늄 포일로 감싸 준다.

① ㄱ → ㄴ → ㄷ → ㄹ → ㅁ
② ㄱ → ㄷ → ㄹ → ㄴ → ㅁ
③ ㄷ → ㄱ → ㄴ → ㄹ → ㅁ
④ ㄷ → ㄱ → ㄹ → ㄴ → ㅁ
⑤ ㄹ → ㄱ → ㄷ → ㄴ → ㅁ

49 초크 염색제에 대한 내용으로 옳지 않은 것을 고르시오.

① 초크 염색제를 도포한 후 도안을 떼어 내고 컬러의 발색과 디자인을 확인한다.

② 초크 염색제의 도포가 끝난 후 도안을 떼어 내고 컬러의 발색과 스타일을 확인한다.

③ 보정하는 손으로 도안의 다른 그림을 고정하지 않고 다른 컬러의 초크 염색제로 도포한다.

④ 원하는 그림의 도안을 애완동물의 염색할 부위에 올려놓고 염색제를 도포할 위치를 정한다.

⑤ 염색할 부위가 정해지면 보정하는 손으로 도안을 고정하고 도안 밖에서 안쪽 방향으로 염색 붓을 사용해 꼼꼼하게 초크 염색제를 도포한다.

50 영양 보습제에 대한 내용으로 옳지 않은 것을 고르시오.

① 로션 타입은 피모에 수분기가 없으면 흡수력이 느리다.

② 로션 타입은 크림보다 수분 함량이 많아서 발림성이 좋다.

③ 크림 타입 영양 보습제는 피모가 많이 건조한 애완동물에게 효과적이다.

④ 로션 타입은 1일 2~3회 발라 주어도 부담이 없으며 바르고 난 후 브러싱을 해 준다.

⑤ 크림 타입 영양 보습제는 목욕 후 타월링한 후 드라이하기 전에 수분이 남아 있는 상태에서 고르게 펴서 발라 주거나 드라이 한 후에 건조된 상태에서 발라 준다.

2급

필 기 시 험

50문제 / 60분   정답 및 해설 274p

01 두부에 각이 지거나 펑퍼짐하게 퍼져 길이에 비해 폭이 매우 넓은 네모난 모양의 각진 머리형을 뜻하는 견체 용어로 옳은 것을 고르시오.

① 전안부(fore face)

② 돔 헤드(dome head)

③ 블로키 헤드(blocky head)

④ 투 앵글드 헤드(tow angled head)

⑤ 페어 셰이프트 헤드(pear-shaped head)

02 주둥이가 뾰족해 약한 느낌의 얼굴을 뜻하는 견체 용어로 옳은 것을 고르시오.

① 장두형(長頭型)

② 중두형(中頭型)

③ 와안(frog face)

④ 스니피 페이스(snipy face)

⑤ 타입 오브 스컬(type of skull)

03 앞머리의 후두골, 두정골, 전두골, 측두골 등을 포함한 머리부 뼈 조직의 두부를 뜻하는 견체 용어를 고르시오.

① 스톱(stop)

② 스컬(skull)

③ 퍼로(furrow)

④ 치키(cheeky)

⑤ 크라운(crown)

04 다음 설명에 해당하는 견체 용어로 옳은 것을 고르시오.

> • 사과 모양의 머리이다.
> • 뒷머리 부분이 부풀어 올라 있는 모양이다.
> • 치와와가 대표적이다.

① 폭시(foxy)

② 크라운(crown)

③ 플랫 스컬(flat skull)

④ 애플 헤드(apple head)

⑤ 클린 헤드(clean head)

05 양 귀 사이의 주먹 모양의 후두부 뒷부분을 뜻하는 견체 용어로 옳은 것을 고르시오.

① 퍼로(furrow)

② 링클(wrinkle)

③ 단두형(短頭型)

④ 옥시풋(occiput)

⑤ 전안부(fore face)

07 눈물 자국을 뜻하는 견체 용어로 옳은 것을 고르시오.

① 아이리드(eyelid)

② 아이라인(eye line)

③ 마블 아이(marble eye)

④ 아이 스테인(eye stain)

⑤ 벌징 아이(bulging eye)

06 다음 설명에 해당하는 견체 용어로 옳은 것을 고르시오.

- 눈 양끝이 뾰족한 아몬드 모양의 눈이다.
- 저면셰퍼드, 도베르만핀셔가 대표적이다.

① 풀 아이(full eye)

② 오벌 아이(oval eye)

③ 라운드 아이(round eye)

④ 아몬드 아이(almond eye)

⑤ 트라이앵글러 아이(triangular eye)

08 후천적으로 파손된 치아를 뜻하는 견체 용어로 옳은 것을 고르시오.

① 실치

② 손상치

③ 영구치

④ 템퍼치

⑤ 부정 교합

09 날카롭고 좁으며 뾰족한 주둥이를 뜻하는 견체 용어로 옳은 것을 고르시오.

① 플루즈(flews)
② 쿠션(cushion)
③ 피그 조(pig jow)
④ 라이 마우스(wry mouth)
⑤ 스니피 머즐(snipy muzzle)

11 후천적으로 상실한 치아를 뜻하는 견체 용어로 옳은 것을 고르시오.

① 결치
② 실치
③ 손상치
④ 과리치
⑤ 부정 교합

10 협상 교합이라고 하며 위턱 앞니와 아래턱 앞니가 조금 접촉되어 맞물린 것을 뜻하는 견체 용어로 옳은 것을 고르시오.

① 결치
② 오버숏(overshot)
③ 언더숏(undershot)
④ 이븐 바이트(even bite)
⑤ 시저스 바이트(scissors bite)

12 색소가 부족한 살빛의 빨간 코를 뜻하는 견체 용어로 옳은 것을 고르시오.

① 리버 노즈(liver nose)
② 스노 노즈(snow nose)
③ 프레시 노즈(fresh nose)
④ 노즈 브리지(nose bridge)
⑤ 더들리 노즈(dudley nose)

13 다음 설명에 해당하는 견체 용어로 옳은 것을 고르시오.

> • 독수리의 부리 모양과 비슷한 매부리코를 말한다.
> • 보르조이가 대표적이다.

① 리버 노즈(liver nose)
② 노즈 밴드(nose band)
③ 스노 노즈(snow nose)
④ 로만 노즈(roman nose)
⑤ 버터플라이 노즈(butterfly nose)

14 다음 설명에 해당하는 견체 용어로 옳은 것을 고르시오.

> • 아래쪽은 직립해 있고 귓불이 두개 앞쪽으로 V자 모양으로 늘어진 귀를 말한다.
> • 보더 테리어, 폭스 테리어가 대표적이다.

① 로즈 이어(rose ear)
② 버튼 이어(button ear)
③ 하이셋 이어(highset ear)
④ 펜던트 이어(pendant ear)
⑤ 캔들 프레임 이어(candle flame ear)

15 끝이 둥근 벨과 같은 형태의 둥근 종 모양의 귀를 뜻하는 견체 용어로 옳은 것을 고르시오.

① 벨 이어(bell ear)
② 배트 이어(bat ear)
③ 프릭 이어(prick ear)
④ 파렌 이어(phalene ear)
⑤ 버터플라이 이어(butterfly ear)

16 V형 귀(V-shaped ear)에 대한 설명으로 옳은 것을 〈보기〉에서 모두 고르시오.

>
> ㄱ. 나비 모양의 귀이다.
> ㄴ. 삼각형 모양의 귀이다.
> ㄷ. 늘어진 귀와 선 귀 두 가지 타입이 있다.
> ㄹ. 불마스티프, 에어데일테리어(늘어진 귀), 시베리안허스키(선 귀)가 대표적이다.

① ㄱ
② ㄱ, ㄴ
③ ㄷ, ㄹ
④ ㄱ, ㄷ, ㄹ
⑤ ㄴ, ㄷ, ㄹ

17 다음 설명에 해당하는 견체 용어로 옳은 것을 고르시오.

> • 직립한 귀의 끝부분이 앞으로 기울어진 반직립형 귀이다.
> • 폭스테리어, 러프콜리, 그레이하운드가 대표적이다.

① 로즈 이어(rose ear)

② 파렌 이어(phalene ear)

③ 크롭트 이어(cropped ear)

④ 플레어링 이어(flaring ear)

⑤ 세미프릭 이어(semiprick ear)

18 귀나 꼬리를 위쪽으로 세운 것을 뜻하는 견체 용어로 옳은 것을 고르시오.

① 플루즈(flews)

② 이렉트(erect)

③ 쿠션(cushion)

④ 이어 프린지(ear fringe)

⑤ 필버트 타입 이어(fillbert shaped ear)

19 요부라고도 하며 허리를 뜻하는 견체 용어로 옳은 것을 고르시오.

① 로인(loin)

② 코비(cobby)

③ 플랭크(flank)

④ 위더스(withers)

⑤ 스웨이 백(sway back)

20 등선이 허리로 향하여 부드럽게 커브한 모양을 말하며, 잉어 등이라고도 하는 견체 용어로 옳은 것을 고르시오.

① 레벨 백(level back)

② 쇼트 백(short back)

③ 로치 백(roach back)

④ 인 숄더(in shoulder)

⑤ 캐멀 백(camel back)

21 13대로 흉추에 연결된 갈비뼈를 말하며, 늑골을 뜻하는 견체 용어로 옳은 것을 고르시오.

① 립(rib)

② 럼프(rump)

③ 체스트(chest)

④ 버톡(buttock)

⑤ 파텔라(patella)

22 흉곽이라고도 하며 심장이나 폐 등을 수용하는 바구니 형태의 골격을 뜻하는 견체 용어로 옳은 것을 고르시오.

① 바디(body)

② 체스트(chest)

③ 위더스(withers)

④ 립케이지(ribcage)

⑤ 쇼트커플드(short-coupled)

23 술통 모양의 가슴을 뜻하는 견체 용어로 옳은 것을 고르시오.

① 흉심

② 체스트(chest)

③ 로치 백(roach back)

④ 배럴 체스트(barrel chest)

⑤ 아웃 오브 숄더(out of shoulder)

24 엉덩이를 뜻하는 견체 용어로 옳은 것을 고르시오.

① 레이시(racy)

② 버톡(buttock)

③ 클로디(cloddy)

④ 톱 라인(top line)

⑤ 롱 바디(long body)

25 어깨 근육이 과도하게 발달해 두꺼운 몸통 타입을 뜻하는 견체 용어로 옳은 것을 고르시오.

① 백(back)

② 보시(bossy)

③ 크루프(croup)

④ 백 라인(back line)

⑤ 오벌 체스트(oval chest)

26 몸통 앞쪽의 가슴 아래쪽을 말하며, 하흉부를 뜻하는 견체 용어로 옳은 것을 고르시오.

① 클로디(cloddy)

② 파텔라(patella)

③ 커플링(coupling)

④ 브리스킷(brisket)

⑤ 앵귤레이션(angulation)

27 근육이나 살이 과도하게 발달해 비만인 몸통 타입을 뜻하는 견체 용어로 옳은 것을 고르시오.

① 럼프(rump)

② 비피(beefy)

③ 코비(cobby)

④ 다운힐(downhill)

⑤ 롱 바디(long body)

28 발가락 부분이 안쪽으로 굽어 밖으로 돌아간 비절을 뜻하는 견체 용어로 옳은 것을 고르시오.

① 카우 호크(cow hock)

② 시클 호크(sickle hock)

③ 배럴 호크(barrel hock)

④ 트위스팅 호크(twisting hock)

⑤ 웰 벤트 호크(well bent hock)

29 브러시 테일(brush tail)에 대한 설명으로 옳지 않은 것을 〈보기〉에서 모두 고르시오.

> **보기**
>
> ㄱ. 갈고리 모양 꼬리이다.
> ㄴ. 폭스 브렛슈라고도 한다.
> ㄷ. 시베리안허스키가 대표적이다.
> ㄹ. 여우처럼 길고 늘어진 둥근 브러시 모양
>   의 꼬리이다.

① ㄱ
② ㄴ
③ ㄷ
④ ㄹ
⑤ ㄴ, ㄷ, ㄹ

30 파피용이 대표적이며 다람쥐 꼬리를 뜻하는 견체 용어로 옳은 것을 고르시오.

① 판 테일(fan tail)
② 오터 테일(otter tail)
③ 플룸 테일(plume tail)
④ 크랭크 테일(crank tail)
⑤ 스쿼럴 테일(squirrel tail)

31 푸들의 맨해튼 클립에 대한 내용으로 옳지 않은 것을 고르시오.

① 꼬리부분은 둥그스름하게 시저링한다.
② 힙의 각도는 30도이고, 등선은 수직이 되어야한다.
③ 머리위의 인덴테이션에서 옥시풋까지 둥그스름하게 시저링한다.
④ 앵귤레이션부분은 좌골단에서 아래쪽으로 자연스럽게 시저링한다.
⑤ 목은 후두부 0.5cm 뒤에서 기갑부 5~6cm 윗부분으로 연결해야 한다.

32 다음 푸들의 퍼스트 콘티넨탈 클립에 대한 유의 사항 중 빈칸에 들어갈 말로 옳은 것을 고르시오.

> 로제트, 폼폰, 브레이슬릿의 균형미와 조화가 중요하기 때문에 (   )를 잘 선정해서 작업한다.

① 샴핑 라인의 위치
② 린싱 라인의 위치
③ 드라잉 라인의 위치
④ 타월링 라인의 위치
⑤ 클리핑 라인의 위치

33 다음 빈칸에 들어갈 말로 옳은 것을 고르시오.

> 포메라니안의 더블 코트의 특성상 ( )
> 이 발생할 수 있으므로 고객에게 충분히 설
> 명한 후 동의를 얻어 진행하도록 한다.

① 램프 신드롬
② 리셋 신드롬
③ 앨리스 신드롬
④ 샌드위치 신드롬
⑤ 포스트 클리핑 신드롬

34 푸들의 브로콜리 커트에 대한 유의사항으로 옳은 것을 〈보기〉에서 모두 고르시오.

> ───── 보기 ─────
> ㄱ. 허리와 목 부분에 클리핑 라인을 만드는
> 　　미용스타일이다.
> ㄴ. 브로콜리 커트를 하려면 모량이 충분하
> 　　고 힘이 있어야 한다.
> ㄷ. 로제트, 팜펀, 브레이슬릿 커트의 균형
> 　　미와 조화가 돋보이는 미용스타일이다.
> ㄹ. 입선에서부터 후두부와 귀선까지 전체
> 　　적으로 둥근 이미지가 표현되어야 한다.

① ㄱ, ㄴ
② ㄱ, ㄷ
③ ㄴ, ㄷ
④ ㄴ, ㄹ
⑤ ㄱ, ㄹ

35 고객 요구에 따른 미용 스타일 구상하기에 대한 내용으로 옳지 않은 것을 고르시오.

① 애완동물의 개체별 특성을 숙지한다.
② 작업 장소는 청결하고 통풍이 잘 되어야 한다.
③ 작업 장소는 애완동물의 탈출 경로가 차단되어 있어야 한다.
④ 애완동물이 휴식을 취할 수 있는 장소는 제공하지 않아도 괜찮다.
⑤ 작업하기 전에 반드시 애완동물의 건강 상태와 특이 사항 등을 파악한다.

36 장모종의 특징으로 옳지 않은 것을 〈보기〉에서 모두 고르시오.

> ───── 보기 ─────
> ㄱ. 몰티즈, 요크셔테리어, 시추 등이 이에
> 　　속한다.
> ㄴ. 긴 오버코트만 자라서 보온성이 매우 뛰
> 　　어나지만 털이 잘 엉킬 수 있다.
> ㄷ. 관리하지 않으면 탈모가 될 수도 있으므
> 　　로 꾸준하고 정기적인 관리가 필요하다.

① ㄱ
② ㄴ
③ ㄷ
④ ㄱ, ㄴ
⑤ ㄴ, ㄷ

37 푸들의 신체적 특징에 대한 내용으로 옳지 않은 것을 고르시오.

① 전체적인 몸의 형태가 짧다.
② 다리와 얼굴이 긴 품종이다.
③ 전신이 신축성이 좋은 털로 덮여 있다.
④ 여러 스타일의 창작 미용은 불가능하다.
⑤ 신체의 모든 부위에 라인을 넣어 시저링할 수 있다.

38 볼레로 클립에 대한 내용으로 옳은 것을 〈보기〉에서 모두 고르시오.

> **보기**
> ㄱ. 볼레로란 긴 상의를 의미한다.
> ㄴ. 맨해튼의 변형 클립과는 다르다.
> ㄷ. 다리에 브레이슬릿을 만드는 클립이다.
> ㄹ. 앞다리의 엘보를 가리는 브레이슬릿을 만드는 것이 특징이다.

① ㄱ, ㄴ
② ㄱ, ㄷ
③ ㄱ, ㄹ
④ ㄴ, ㄷ
⑤ ㄷ, ㄹ

39 봄가을 의상에 대한 설명으로 옳지 않은 것을 고르시오.

① 태어나서 처음 털을 짧게 잘랐을 경우에는 입히지 않는다.
② 보온의 목적과 애완동물의 미용 스타일에 따라서 선택하고 입힌다.
③ 갑자기 전체 클리핑을 하여 몸에 항상 있던 털이 없을 경우에도 입힌다.
④ 수컷의 경우에는 생식기를 고려해서 배 부분이 깊고 넓게 파인 것을 선택한다.
⑤ 개체의 특성상 활동량이 많은 애완동물일 경우에는 신축성이 좋은 원단으로 선택한다.

40 얼굴 주변의 털이 길거나 귀가 늘어져 있는 개에게 털이 오염되는 것을 방지하기 위한 용도로 얼굴에 씌워 사용하는 것으로 옳은 것을 고르시오.

① 고무밴드
② 알루미늄 포일
③ 스누드(snood)
④ 매너 벨트(manner belt)
⑤ 드라이빙 키트(driving kit)

41 애완동물의 염색 작업 후 피부 트러블 확인 방법으로 옳지 않은 것을 고르시오.

① 염색한 부위를 계속 핥는지 확인한다.
② 염색한 부위를 가려워하는지 확인한다.
③ 염색 후 피부가 발갛게 되거나 부었는지 확인한다.
④ 피부가 예민하여 염색 후 이상 반응이 있는지 확인한다.
⑤ 탈락한 코트가 적당량을 넘어 피부 트러블로 안 보이는 상태인지 확인한다.

42 세부적인 브러싱으로 엉킨 털이 풀리지 않을 경우에 사용하는 방법으로 옳은 것을 〈보기〉에서 모두 고르시오.

> **보기**
> ㄱ. 간단한 브러싱을 한다.
> ㄴ. 가위집을 넣어서 풀 수 있다.
> ㄷ. 손가락으로 조금씩 털을 나누어서 풀어 준다.
> ㄹ. 엉킨 털 제거에 도움을 주는 제품을 사용한다.

① ㄱ, ㄴ
② ㄱ, ㄷ
③ ㄴ, ㄷ
④ ㄴ, ㄹ
⑤ ㄷ, ㄹ

43 다음 설명에 해당하는 것으로 옳은 것을 고르시오.

> • 색상환에서 근접해 있는 색상을 말한다.
> • 투 톤 이상의 그러데이션 염색 작업을 할 때에 좋다.
> • 색상환에서 근접해 있는 색상끼리 배색되었을 때 얻어지는 조화이다.

① 면적 대비
② 명도 대비
③ 보색 대비
④ 유사 대비
⑤ 한난 대비

44 염색을 하기 전에 이염을 방지하기 위한 작업에 대한 내용으로 옳지 않은 것을 고르시오.

① 이염 방지제를 사용한다.
② 염색을 방지할 부분에 적당한 크기의 부직포를 씌운다.
③ 염색 부위에 정확한 경계선을 나누고 테이핑 작업을 한다.
④ 테이핑 작업용 테이프는 접착력이 강한 종이테이프를 쓰면 좋다.
⑤ 염색제가 염색하지 않을 털에 도포되었을 때에는 염색되기 전에 빠르게 알칼리 성분의 샴푸를 적당량 바르고 여러 번 닦아 낸다.

45 지속성 염색제에 대한 설명으로 옳지 않은 것을 고르시오.

① 목욕으로 제거되지 않고 영구적이다.

② 염색 부위를 제거하려면 가위로 커트한다.

③ 적은 양을 도포하더라도 일회용 장갑을 꼭 착용해야 한다.

④ 분말로 된 초크형 염색제 타입으로 되어 있으며 도포 후에는 제거가 어렵다.

⑤ 염색 작업이 끝난 후에는 염색제가 굳지 않게 뚜껑을 잘 닫아서 보관해야 한다.

46 일회성 염색제로 하는 애완동물의 꼬리 염색에 대한 순서로 옳은 것을 〈보기〉에서 골라 순서대로 나열하시오.

<보기>

ㄱ. 염색제가 골고루 잘 도포되었는지 콤으로 확인한다.

ㄴ. 염색제의 수분이 모두 제거되었는지 확인하고 마무리한다.

ㄷ. 염색할 부위의 경계선을 나누고 염색하지 않을 부위에 이염을 방지하기 위해 종이테이프로 감아 준다.

ㄹ. 염색제가 뭉쳐 있거나 수분이 남아 있는지 확인하고 제거하기 위해 브러싱과 드라이 작업을 동시에 한다.

ㅁ. 보정한 손은 테이핑 한 경계선에 고정하고 염색제가 뭉치지 않게 손가락으로 조금씩 넓게 펴서 문질러 가며 도포한다.

① ㄷ → ㄱ → ㅁ → ㄴ → ㄹ

② ㄷ → ㅁ → ㄱ → ㄹ → ㄴ

③ ㄷ → ㅁ → ㄹ → ㄱ → ㄴ

④ ㅁ → ㄱ → ㄷ → ㄴ → ㄹ

⑤ ㅁ → ㄷ → ㄱ → ㄹ → ㄴ

47 투 톤 염색하기에 대한 안전 · 유의 사항으로 옳은 것을 〈보기〉에서 모두 고르시오.

<보기>

ㄱ. 부분(블리치) 염색 작업 시 털의 양을 너무 적게 해도 괜찮다.

ㄴ. 꼬리빗을 사용할 때에는 빗의 꼬리 끝이 날카로워 찔릴 수 있으므로 주의한다.

ㄷ. 그러데이션 염색 작업 시 1번 염색제와 2번 염색제의 배치 비율을 미리 구상하지 않아도 좋다.

ㄹ. 투 톤 염색 작업 시 보색 대비로 할 경우에는 두 가지 컬러가 섞이면 자연스럽지 않으므로 이염 방지 작업에 주의한다.

① ㄱ, ㄴ

② ㄱ, ㄷ

③ ㄴ, ㄷ

④ ㄴ, ㄹ

⑤ ㄷ, ㄹ

48 다음 설명에 해당하는 것으로 옳은 것을 고르시오.

• 일회성 염색제이며 펜 타입이어서 원하는 부위에 정교한 작업이 가능하다.

• 발림성과 발색력이 좋고 사용이 편리해서 초보자도 빠른 시간에 익숙해지며 작업 후 목욕으로 제거할 수 있다.

① 초크

② 블로 펜

③ 페인트 펜

④ 글리터 젤

⑤ 이염 방지제

49 염색 작업 후 애완동물을 안정적인 자세로 목욕시키는 방법 중 귀와 꼬리의 세척에 대한 내용으로 옳지 않은 것을 고르시오.

① 물이 흐르는 상태에서 귀 안쪽이 보이게 뒤집는다.

② 귓속에 물이 들어가지 않게 한 손은 계속 보정한다.

③ 물소리가 너무 크게 들리면 애완동물이 놀랄 수 있다.

④ 항문 부위는 애완동물이 놀라지 않게 조심스럽게 천천히 샤워기를 댄다.

⑤ 꼬리를 흔들거나 올리면 다른 부위에 이염될 수 있으므로 꼬리 끝을 욕조 바닥으로 향하게 한다.

50 염색 마무리하기의 안전 · 유의 사항으로 옳지 않은 것을 고르시오.

① 과도한 브러싱은 피한다.

② 애완동물이 싫어하는 장식은 피한다.

③ 마무리 작업 직후에는 재염색을 피한다.

④ 타월링할 때 타월에 염색제가 묻어 나오는지 확인한다.

⑤ 빠르게 말리기 위해 높은 온도의 약한 바람으로 드라이한다.

필기시험

01 개구리 모양 얼굴로 아래턱이 들어가고 코가 돌출된 얼굴을 뜻하는 견체 용어로 옳은 것을 고르시오.

① 단두형(短頭型)

② 와안(frog face)

③ 돔 헤드(dome head)

④ 클린 헤드(clean head)

⑤ 다운 페이스(down face)

02 길고 좁은 형태의 머리를 뜻하는 견체 용어로 옳은 것을 고르시오.

① 단두형(短頭型)

② 중두형(中頭型)

③ 장두형(長頭型)

④ 퍼로(furrow)

⑤ 밸런스트 헤드(balanced head)

03 두부의 앞면으로 눈에서 앞쪽, 주둥이 부위를 뜻하는 견체 용어로 옳은 것을 고르시오.

① 치키(cheeky)

② 치즐드(chiselled)

③ 전안부(fore face)

④ 돔 헤드(dome head)

⑤ 타입 오브 스컬(type of skull)

04 눈 아래가 건조하고 살집이 없어 윤곽이 도드라지는 형태의 얼굴을 뜻하는 견체 용어로 옳은 것을 고르시오.

① 폭시(foxy)

② 스컬(skull)

③ 옥시풋(occiput)

④ 치즐드(chiselled)

⑤ 페어 셰이프트 헤드(pear-shaped head)

05 일반적인 모양의 타원형 또는 계란형 눈을 뜻하는 견체 용어로 옳은 것을 고르시오.

① 풀 아이(full eye)

② 오벌 아이(oval eye)

③ 벌징 아이(bulging eye)

④ 아몬드 아이(almond eye)

⑤ 트라이앵글러 아이(triangular eye)

07 언더숏(undershot)에 대한 내용으로 옳은 것을 〈보기〉에서 모두 고르시오.

보기

ㄱ. 반대 교합이라고도 한다.

ㄴ. 과리 교합이라고도 한다.

ㄷ. 아래턱 앞니가 위턱 앞니보다 앞쪽으로 돌출되어 맞물린 것이다.

ㄹ. 위턱의 앞니가 아래턱 앞니보다 전방으로 돌출되어 맞물린 것이다.

① ㄱ

② ㄱ, ㄷ

③ ㄱ, ㄹ

④ ㄴ, ㄷ

⑤ ㄴ, ㄹ

06 차이나 아이(china eye)에 대한 내용으로 옳지 않은 것을 고르시오.

① 밝은 청색의 눈이다.

② 보통은 결점으로 간주된다.

③ 모색과 관계해 허용되는 견종도 있다.

④ 마루색 유전자를 가진 견종에게서 나타나는 완전한 눈이다.

⑤ 대표적으로 시베리안 허스키, 블루멀콜리, 웰시코기카디건이 있다.

08 절단 교합이라고도 하며 위턱과 아래턱이 맞물린 것을 뜻하는 견체 용어로 옳은 것을 고르시오.

① 정상 교합

② 부정 교합

③ 쿠션(cushion)

④ 피그 조(pig jow)

⑤ 이븐 바이트(even bite)

09 간장 색 코를 뜻하는 견체 용어로 옳은 것을 고르시오.

① 리버 노즈(liver nose)
② 스노 노즈(snow nose)
③ 로만 노즈(roman nose)
④ 프레시 노즈(fresh nose)
⑤ 더들리 노즈(dudley nose)

11 길게 늘어진 귀 주변의 장식 털을 뜻하는 견체 용어로 옳은 것을 고르시오.

① 이렉트(erect)
② 벨 이어(bell ear)
③ 드롭 이어(drop ear)
④ 이어 프린지(ear fringe)
⑤ 하이셋 이어(highset ear)

10 살색 코에 검은 반점이 있거나 검은 코에 살색 반점이 있는 코를 뜻하는 견체 용어로 옳은 것을 고르시오.

① 스노 노즈(snow nose)
② 노즈 밴드(nose band)
③ 프레시 노즈(fresh nose)
④ 노즈 브리지(nose bridge)
⑤ 버터플라이 노즈(butterfly nose)

12 크롭트 이어(cropped ear)에 대한 설명으로 옳은 것을 〈보기〉에서 모두 고르시오.

보기

ㄱ. 촛불 모양의 귀이다.
ㄴ. 귀를 세우기 위해 자른 귀이다.
ㄷ. 대표적으로 복서, 도베르만핀셔가 있다.
ㄹ. 대표적으로 잉글리시토이테리어가 있다.

① ㄴ
② ㄱ, ㄷ
③ ㄱ, ㄹ
④ ㄴ, ㄷ
⑤ ㄴ, ㄹ

2급

13 파렌 이어(phalene ear)에 대한 내용으로 옳지 않은 것을 〈보기〉에서 모두 고르시오.

<보기>

ㄱ. 늘어진 귀 타입이다.
ㄴ. 파피용의 경우 완전하게 늘어져야만 한다.
ㄷ. 파피용의 늘어진 타입은 그 수가 매우 많다.

① ㄱ
② ㄴ
③ ㄷ
④ ㄱ, ㄴ
⑤ ㄱ, ㄴ, ㄷ

14 늘어진 귀를 뜻하는 견체 용어로 옳은 것을 고르시오.

① 배트 이어(bat ear)
② 드롭 이어(drop ear)
③ 버튼 이어(button ear)
④ 펜던트 이어(pendant ear)
⑤ 세미프릭 이어(semiprick ear)

15 기갑의 높이보다 짧은 등을 뜻하는 견체 용어로 옳은 것을 고르시오.

① 레벨 백(level back)
② 쇼트 백(short back)
③ 로치 백(roach back)
④ 캐멀 백(camel back)
⑤ 스웨이 백(sway back)

16 라스트 립에서 둔부까지 거리가 짧은 것을 뜻하는 견체 용어로 옳은 것을 고르시오.

① 클로디(cloddy)
② 턱 업(tuck up)
③ 인 숄더(in shoulder)
④ 앵귤레이션(angulation)
⑤ 쇼트커플드(short-coupled)

17 캐멀 백의 반대로 등선이 움푹 파인 모양을 뜻하는 견체 용어로 옳은 것을 고르시오.

① 럼프(rump)

② 보시(bossy)

③ 레인지(rangy)

④ 톱 라인(top line)

⑤ 스웨이 백(sway back)

18 어깨가 전방으로 기울어진 것을 뜻하는 견체 용어로 옳은 것을 고르시오.

① 숄더(shoulder)

② 인 숄더(in shoulder)

③ 슬로핑 숄더(sloping shoulder)

④ 아웃 오브 숄더(out of shoulder)

⑤ 스트레이트 숄더(straight shoulder)

19 견갑골이 뒤쪽으로 길게 경사를 이루어 후방으로 경사진 어깨를 뜻하는 견체 용어로 옳은 것을 고르시오.

① 파텔라(patella)

② 인 숄더(in shoulder)

③ 구스 럼프(goose rump)

④ 슬로핑 숄더(sloping shoulder)

⑤ 아웃 오브 숄더(out of shoulder)

20 뼈와 뼈가 연결되는 각도를 뜻하는 견체 용어로 옳은 것을 고르시오.

① 레인지(rangy)

② 크루프(croup)

③ 위더스(withers)

④ 립케이지(ribcage)

⑤ 앵귤레이션(angulation)

2급

21 가슴 아랫부분에서 배를 따라 만들어진 아랫면의 윤곽선을 뜻하는 견체 용어로 옳은 것을 고르시오.

① 힙 본(hip bone)
② 커플링(coupling)
③ 톱 라인(top line)
④ 언더 라인(under line)
⑤ 오벌 체스트(oval chest)

22 항문을 뜻하는 견체 용어로 옳은 것을 고르시오.

① 비피(beefy)
② 크루프(croup)
③ 플랭크(flank)
④ 에이너스(anus)
⑤ 버톡(buttock)

23 다음 설명에 해당하는 견체 용어로 옳은 것을 고르시오.

> • 키를 이 위치에서 측정한다.
> • 기갑이라고 하며 목 아래에 있는 어깨의 가장 높은 점이다.

① 흥심
② 클로디(cloddy)
③ 위더스(withers)
④ 백 라인(back line)
⑤ 구스 럼프(goose rump)

24 등이 낮고 몸통이 굵어 무겁게 느껴지는 몸통의 타입을 뜻하는 견체 용어로 옳은 것을 고르시오.

① 로인(loin)
② 바디(body)
③ 클로디(cloddy)
④ 파텔라(patella)
⑤ 롱 바디(long body)

25 팔꿈치가 바깥쪽으로 활처럼 굽은 안짱다리를 뜻하는 견체 용어로 옳은 것을 고르시오.

① 스팁 프런트(steep front)

② 와이드 프런트(wide front)

③ 보우드 프런트(bowed front)

④ 내로우 프런트(narrow front)

⑤ 스트레이트 프런트(straight front)

26 각도가 없는 관절을 뜻하는 견체 용어로 옳은 것을 고르시오.

① 카우 호크(cow hock)

② 시클 호크(sickle hock)

③ 트위스팅 호크(twisting hock)

④ 웰 벤트 호크(well bent hock)

⑤ 스트레이트 호크(straight hock)

27 스타이플(stiffle)에 대한 내용으로 옳은 것을 〈보기〉에서 모두 고르시오.

> **보기**
>
> ㄱ. 팔꿈치이다.
> ㄴ. 무릎 관절이다.
> ㄷ. 대퇴골과 하퇴골을 연결하는 부위이다.
> ㄹ. 후지 엉덩이에서 무릎 관절까지의 부위이다.

① ㄱ, ㄴ

② ㄱ, ㄷ

③ ㄴ, ㄷ

④ ㄴ, ㄹ

⑤ ㄷ, ㄹ

28 다음 설명에 해당하는 견체 용어로 옳은 것을 고르시오.

> • 와인 오프너 같은 모양의 나선형 꼬리이다.
> • 불도그, 보스턴테리어가 대표적이다.

① 플래그 테일(flag tail)

② 컬드 테일(curled tail)

③ 이렉트 테일(erect tail)

④ 스크루 테일(screw tail)

⑤ 세이버 테일(saver tail)

29 다음 설명에 해당하는 견체 용어로 옳은 것을 고르시오.

> • 하운드나 테리어종 중 짧은 꼬리이다.
> • 폭스테리어가 대표적이다.

① 스턴(stern)
② 랫 테일(rat tail)
③ 훅 테일(hook tail)
④ 게이 테일(gay tail)
⑤ 킹크 테일(kink tail)

30 깃발 형태의 꼬리를 뜻하는 견체 용어로 옳은 것을 고르시오.

① 휩 테일(whip tail)
② 오터 테일(otter tail)
③ 시클 테일(sickle tail)
④ 플래그 테일(flag tail)
⑤ 이렉트 테일(erect tail)

31 푸들의 맨해튼 클립에 대한 내용으로 옳지 않은 것을 고르시오.

① 언더라인은 자연스럽게 시저링한다.
② 에이프런(가슴부위 장식 털)은 네모형으로 시저링한다.
③ 슬로프 부분은 턱업에서 아래쪽으로 자연스럽게 시저링한다.
④ 풋 라인(다리 선)을 약 45도로 비절(호크) 방향으로 시저링한다.
⑤ 앞다리는 원통형으로 일직선이 되도록 하고 몸통과 잘 이어져야 한다.

32 푸들의 퍼스트 콘티넨탈 클립에 대한 내용으로 옳지 않은 것을 고르시오.

① 탑라인(머리에서 뒷목부분)을 자연스럽게 시저링한다.
② 팜펀(꼬리 끝부분)은 꼬리 시작부분부터 2~2.5cm 정도를 클리핑한다.
③ 재킷 앞부분은 둥글게 볼륨감을 주고, 허리선은 계란형으로 되어야 한다.
④ 브레이슬릿(뒷발목에서 구부러진 호크) 윗부분을 약 90도 각도로 시저링한다.
⑤ 재킷과 로제트(등의 후반 꼬리 앞)의 경계인 앞 라인은 최종 늑골 1cm 뒤에 위치하여야 한다.

33 포메라니안의 곰돌이 커트에 대한 내용으로 옳지 않은 것을 고르시오.

① 힙의 각도를 약 120도로 시저링한다.

② 귀는 120도 각도의 둥근 형태로 시저링한다.

③ 엉덩이에서 비절까지 자연스럽게 시저링한다.

④ 꼬리를 부채꼴 모양으로 자연스럽게 시저링한다.

⑤ 머리 앞부분은 둥그스름하게 시저링하며, 얼굴의 전체적인 이미지는 둥근 형태로 이루어져야 한다.

34 다음 빈칸에 들어갈 말로 옳은 것을 고르시오.

> ( )은/는 몸통이 짧고 다리는 원통형이며 비숑 프리제의 머리 형태에서 입의 머즐 부분만 짧게 커트한 스타일이다.

① 곰돌이 커트

② 브로콜리 커트

③ 판타롱 스타일

④ 소리터리 클립

⑤ 볼레로 맨해튼 클립

35 환모기가 없는 권모종의 털 관리 방법에 대한 설명으로 옳지 않은 것을 〈보기〉에서 모두 고르시오.

> 〈보기〉
>
> ㄱ. 귓속의 털이 너무 많이 자라지 않도록 정기적으로 제거해 주어야 한다.
> ㄴ. 슬리커 브러시를 이용하여 귀를 제외한 나머지 부분은 털의 결 방향으로 빗질하여 준다.
> ㄷ. 털이 엉켜 보이지 않는다고 해서 너무 오래 방치하면 심하게 뭉칠 수도 있으니 주의해야 한다.

① ㄱ

② ㄴ

③ ㄷ

④ ㄱ, ㄴ

⑤ ㄱ, ㄴ, ㄷ

36 단모종의 털 관리 방법에 대한 내용으로 옳지 않은 것을 〈보기〉에서 모두 고르시오.

> 〈보기〉
>
> ㄱ. 다른 모질에 비해 털 관리가 비교적 쉽다.
> ㄴ. 자주 목욕을 시켜 깨끗함을 유지해야 한다.
> ㄷ. 겨울부터 봄까지의 털갈이 시기에는 주기적으로 빗질을 하여 빠진 속 털을 제거해 주어야 한다.

① ㄱ

② ㄴ

③ ㄷ

④ ㄱ, ㄴ

⑤ ㄱ, ㄴ, ㄷ

2급

37 다음에서 설명하는 미용 스타일로 옳은 것을 고르시오.

> • 머리를 밴드로 묶어서 발랄한 느낌을 연출할 수도 있다.
> • 몸을 클리핑하고 다리의 털을 살려서 커트하기 때문에 가정에서 선호하는 스타일이기도 하다.
> • 몰티즈의 털은 자라난 방향대로 누워 있는 형태가 많다. 따라서 전신 커트를 할 때 털의 방향과 가위 방향이 일치하도록 작업해야 한다.

① 비숑 프리제의 펫 스타일
② 몰티즈의 판탈롱 스타일
③ 푸들의 스포팅 클립 스타일
④ 푸들의 맨해튼 클립 스타일
⑤ 포메라니안의 곰돌이 커트 스타일

38 다음 빈칸에 들어갈 말로 옳은 것을 고르시오.

> (   )은 맨해튼 클립에서 허리와 목 부분의 파팅 라인을 넣어 체형의 단점을 보완하는 미용 방법이다. 머리와 목의 재킷을 분리하는 칼라를 넣어 줌으로써 목이 길어 보이게 하면서 모양에 변화를 주는 연출이 가능하다.

① 더치 클립
② 볼레로 클립
③ 밍크칼라 클립
④ 소리터리 클립
⑤ 피츠버그더치 클립

39 다음 빈칸에 들어갈 말로 옳은 것을 고르시오.

> (   )은/는 머리 위 털이나 등 털을 세워 주는 세팅 작업용으로 사용한다. 애완동물의 눈과 호흡기, 피부에 닿지 않도록 주의하며 코트를 고정시키는 정도로 너무 과하지 않게 분사한다.

① 블로우펜
② 컬러믹스
③ 컬러초크
④ 컬러페이스트
⑤ 헤어스프레이

40 잔여물을 제거하는 방법에 대한 내용으로 옳지 않은 것을 고르시오.

① 전체적으로 강하게 브러싱하여 체크한다.
② 전체적인 균형미를 살리면서 빗질하며 다리 안쪽을 주의 깊게 체크하여 준다.
③ 커트된 털이 몸에 남지 않도록 피모 바깥쪽으로 브러싱하여 잔여물을 제거한다.
④ 커트된 털이 몸에 남아 있지 않도록 피모 바깥으로 빗질하여 잔여물을 제거한다.
⑤ 드라이어의 온도를 낮추고 커트된 몸 전체를 드라잉하여 빗질하는 방법으로 잔여물의 털이 묻어 있지 않도록 한다.

41 염색하기 전에 오염을 제거하는 방법으로 옳은 것을 〈보기〉에서 모두 고르시오.

> 보기
>
> ㄱ. 오염도가 심할 경우에는 샴푸 목욕으로 씻어 낼 수 있다.
> ㄴ. 오염도가 조금 더 있을 경우에는 물 세척만으로 씻어 낸다.
> ㄷ. 간단한 브러싱으로 털어 낼 수는 있지만 물티슈로 닦아 내면 안 된다.

① ㄱ
② ㄴ
③ ㄷ
④ ㄱ, ㄴ
⑤ ㄴ, ㄷ

42 염색 재료 준비하기의 순서에 대한 내용으로 옳지 않은 것을 고르시오.

① 일회용 장갑을 여유 있게 준비한다.
② 애완동물에게 유해하지 않는 염색제를 준비한다.
③ 작업복은 염색제가 이염되지 않는 원단이어야 한다.
④ 염색제의 종류에 상관없이 매뉴얼이 같으므로 매뉴얼을 숙지한다.
⑤ 작업복은 작업자의 피부나 다른 곳에 묻지 않게 알맞은 사이즈로 착용한다.

43 부직포에 대한 설명으로 옳은 것을 〈보기〉에서 모두 고르시오.

> 보기
>
> ㄱ. 목욕이 필요 없는 염색 작업에 권장한다.
> ㄴ. 일회성 염색이나 간단한 염색에 사용하기 좋다.
> ㄷ. 지속성 염색제를 사용할 때에는 부직포를 느슨하게 고정해야 한다.

① ㄱ
② ㄴ
③ ㄱ, ㄴ
④ ㄱ, ㄷ
⑤ ㄴ, ㄷ

44 일회성 염색제로 하는 애완동물의 귀 염색에 대한 내용으로 옳지 않은 것을 고르시오.

① 애완동물의 긴장을 풀어 주고 바른 자세로 대기한다.
② 염색 작업을 하기 전에 귀 털 뽑기와 귀 세정을 권장한다.
③ 염색제 도포 후 드라이와 초크를 함께 사용하면 수분 증발이 빠르다.
④ 귀 주변의 다른 부위의 이염 방지를 위해 부직포를 적당한 크기로 자르고 가운데 부분에 가위집을 내어 귀뿌리 부분에 씌운다.
⑤ 귀뿌리에 씌운 부직포가 움직이지 않게 보정하는 손으로 고정하고 염색제를 손가락으로 뭉치지 않게 조금씩 문질러 가며 도포한다.

45 투 톤 염색에 대한 내용으로 옳지 않은 것을 고르시오.

① 염색이 오래된 경우에도 컬러가 자연스럽다.

② 유사 대비보다는 보색 대비 컬러의 발색에 더 좋다.

③ 두 가지 컬러의 염색제로 한 부위에 동시에 발색하는 것이다.

④ 보색 대비 염색 작업 시에는 경계선을 만들어 이염 방지 작업을 철저히 해야 한다.

⑤ 피부와 가까운 부위의 염색이 더 진하게 나오므로 피부와 가까운 곳에 더 연한 컬러로 염색하는 것이 좋다.

46 그러데이션 염색에 대한 설명으로 옳지 않은 것을 고르시오.

① 한 손으로 보정을 하고 테이핑을 한 경계선부터 1번 염색제를 1/3 선까지 도포한다.

② 1번 염색제 도포 후 도포한 부위에서 1cm 정도 띄우고 보정하는 손으로 고정한다.

③ 보정하는 손으로 고정하고 1번과 2번의 염색제를 모두 도포한 후 1cm 띄워 두었던 중간 부분을 1번과 2번 염색제를 섞어가며 도포한다.

④ 1번과 2번 염색제를 도포한 후 염색제의 도포가 잘 되었는지 확인하고 이염을 방지하기 위해 청테이프로 감싸 준다.

⑤ 알루미늄 포일로 감싼 부위를 고무 밴드로 고정하고 20분간 자연 건조하거나 드라이어로 가온한다.

47 스탬프에 대한 내용으로 옳은 것을 〈보기〉에서 모두 고르시오.

> 보기
>
> ㄱ. 시중의 커피숍 등에서 쿠폰에 찍어 주는 도장도 여기에 속한다.
> ㄴ. 고무도장에 잉크 등을 도포해서 찍는 작업이며 우체국에서 엽서 따위에 찍는 도장을 말한다.
> ㄷ. 도안을 만들어 오려 낸 후 오려 낸 자리에 물감 등으로 칠하고 그림이 완성되면 도안지를 떼어 내는 작업이다.

① ㄱ

② ㄴ

③ ㄷ

④ ㄱ, ㄴ

⑤ ㄱ, ㄴ, ㄷ

48 다양한 도구 염색 작업하기의 안전·유의 사항으로 옳지 않은 것을 고르시오.

① 이염을 방지하기 위해 도안 작업을 한다.

② 블로펜으로 작업할 때에는 입으로 강하게 불어 작업하는 것이 좋다.

③ 블로펜으로 작업할 때에는 미리 다른 곳에 분사해서 컬러의 농도를 체크한다.

④ 염색용 붓을 사용할 때 여러 컬러를 자주 교체할 경우에는 알코올 패드로 닦아 내면서 작업한다.

⑤ 스텐실과 페인팅 작업을 할 때에는 피부에 직접 닿으므로 염색제가 너무 차가우면 애완동물이 놀랄 수 있으므로 주의한다.

49 영양 보습제 중 액상 타입에 대한 내용으로 〈보기〉에서 옳은 것을 고르시오.

> **보기**
>
> ㄱ. 미용 전후에 많이 쓰이는 타입은 아니다.
> ㄴ. 애완동물의 건조한 피모에 수시로 분사한다.
> ㄷ. 평소에도 피모가 심하게 건조하면 매일 발라 주고 브러싱을 해 준다.
> ㄹ. 스프레이가 많으며 수시로 분사해 주어 털의 엉킴과 정전기를 방지해 준다.

① ㄱ, ㄴ
② ㄱ, ㄷ
③ ㄴ, ㄷ
④ ㄴ, ㄹ
⑤ ㄷ, ㄹ

50 염색 마무리하기에 대한 내용으로 옳지 않은 것을 고르시오.

① 발과 다리의 염색 마무리 작업은 세척 작업 후 타월링을 한다.
② 귀의 염색 마무리 작업 후 액세서리 핀이나 목걸이로 장식한다.
③ 스프레이형 에센스는 적당한 거리를 두고 피모에 골고루 분사해 준다.
④ 발과 다리의 염색 마무리 작업은 드라이 작업을 하고 나서 브러싱은 나중에 해준다.
⑤ 볼의 염색 마무리 작업은 컬러의 발색과 볼 좌우의 밸런스를 확인하고 혀가 염색 부위에 닿지 않는지 확인한다.

2급

01 다음 설명에 해당하는 견체 용어로 옳은 것을 고르시오.

> • 두부의 가장 높은 정수리 부분의 두정부
> 를 말한다.
> • 톱 스컬(top skull)이라고도 한다.

① 스톱(stop)
② 스컬(skull)
③ 중두형(中頭型)
④ 크라운(crown)
⑤ 돔 헤드(dome head)

02 클린 헤드(clean head)에 대한 설명으로 옳은 것을 고르시오.

① 짧고 넓은 두개이다.
② 주름이 없고 앙상한 머리형이다.
③ 길이와 폭이 중간 정도의 두개이다.
④ 앞머리 부분이나 얼굴의 이완된 피부이다.
⑤ 두개에서 코끝 아래쪽으로 경사진 얼굴이다.

03 두개(頭蓋)의 타입을 뜻하는 견체 용어로 옳은 것을 고르시오.

① 몰레라(molera)
② 옥시풋(occiput)
③ 드라이 스컬(dry skull)
④ 스니피 페이스(snipy face)
⑤ 타입 오브 스컬(type of skull)

04 스컬 중앙에서 스톱 방향으로 세로로 가로지르는 이마 부분의 세로 주름을 뜻하는 견체 용어로 옳은 것을 고르시오.

① 폭시(foxy)
② 퍼로(furrow)
③ 치키(cheeky)
④ 링클(wrinkle)
⑤ 플랫 스컬(flat skull)

05 다음 설명에 해당하는 견체 용어로 옳은 것을 고르시오.

> • 서양배 형의 머리이다.
> • 베들링턴테리어가 대표적이다.

① 돔 헤드(dome head)
② 블로키 헤드(blocky head)
③ 밸런스트 헤드(balanced head)
④ 투 앵글드 헤드(tow angled head)
⑤ 페어 셰이프트 헤드(pear-shaped head)

06 다음 설명에 해당하는 견체 용어로 옳은 것을 고르시오.

> • 눈꺼풀의 바깥쪽이 올라가 삼각형 모양을 이루는 눈이다.
> • 아프간하운드가 대표적이다.

① 마블 아이(marble eye)
② 벌징 아이(bulging eye)
③ 라운드 아이(round eye)
④ 아몬드 아이(almond eye)
⑤ 트라이앵글러 아이(triangular eye)

07 둥글게 튀어나온 눈을 뜻하는 견체 용어로 옳은 것을 고르시오.

① 풀 아이(full eye)
② 마블 아이(marble eye)
③ 벌징 아이(bulging eye)
④ 차이나 아이(china eye)
⑤ 라운드 아이(round eye)

08 정상 교합에 대한 내용으로 옳지 않은 것을 〈보기〉에서 모두 고르시오.

>
> ㄱ. 견종 표준에서 요구하는 교합이다.
> ㄴ. 각 견종에 따라 정상 교합이 다르다.
> ㄷ. 견종의 목적에 따라 정상 교합은 같다.
> ㄹ. 시저스 바이트를 정상 교합으로 하는 견종은 적다.

① ㄱ, ㄴ
② ㄱ, ㄷ
③ ㄱ, ㄹ
④ ㄴ, ㄷ
⑤ ㄷ, ㄹ

09 다음 빈칸에 들어갈 견체 용어로 옳은 것을 고르시오.

> 조율(jowel)은 두터운 입술과 턱으로 (   )와/과 같은 말이다.

① 춉(chop)

② 리피(lippy)

③ 머즐(muzzle)

④ 플루즈(flews)

⑤ 오버숏(overshot)

11 디스템퍼나 고열에 의해 변화되어 변색된 치아를 뜻하는 견체 용어로 옳은 것을 고르시오.

① 견치

② 절치

③ 전구치

④ 템퍼치

⑤ 후구치

10 윗입술이 두껍고 풍만한 것을 뜻하는 견체 용어로 옳은 것을 고르시오.

① 실치

② 템퍼치

③ 조(jaw)

④ 플루즈(flews)

⑤ 쿠션(cushion)

12 평소에는 코가 검은색이나 겨울철에 핑크색 줄무늬가 생기는 코를 뜻하는 견체 용어로 옳은 것을 고르시오.

① 노즈 밴드(nose band)

② 스노 노즈(snow nose)

③ 로만 노즈(roman nose)

④ 노즈 브리지(nose bridge)

⑤ 더들리 노즈(dudley nose)

13 살색 코를 뜻하는 견체 용어로 옳은 것을 고르시오.

① 리버 노즈(liver nose)

② 스노 노즈(snow nose)

③ 프레시 노즈(fresh nose)

④ 더들리 노즈(dudley nose)

⑤ 버터플라이 노즈(butterfly nose)

14 나팔꽃 모양 귀를 뜻하는 견체 용어로 옳은 것을 고르시오.

① 배트 이어(bat ear)

② 프릭 이어(prick ear)

③ 크롭트 이어(cropped ear)

④ 플레어링 이어(flaring ear)

⑤ 버터플라이 이어(butterfly ear)

15 개암나무 열매 형태의 귀를 뜻하는 견체 용어로 옳은 것을 고르시오.

① 버튼 이어(button ear)

② 파렌 이어(phalene ear)

③ 세미프릭 이어(semiprick ear)

④ 캔들 프레임 이어(candle flame ear)

⑤ 필버트 타입 이어(fillbert shaped ear)

16 다음 설명에 해당하는 견체 용어로 옳은 것을 고르시오.

> • 미발육의 신체 상태이다.
> • 골격이 가늘고 왜소한 모양이다.
> • 골량 부족으로 가느다란 모양이다.

① 로인(loin)

② 코비(cobby)

③ 위디(weedy)

④ 힙 본(hip bone)

⑤ 헤어 풋(hare foot)

17 다음 설명에 해당하는 견체 용어로 옳은 것을 고르시오.

> • 낙타 등이라고도 한다.
> • 어깨 쪽이 낮고 허리 부분이 둥글게 올라가고 엉덩이가 내려간 모양이다.

① 레벨 백(level back)
② 쇼트 백(short back)
③ 로치 백(roach back)
④ 캐멀 백(camel back)
⑤ 스웨이 백(sway back)

18 다음 설명에 해당하는 견체 용어로 옳은 것을 고르시오.

> • 요부라고도 한다.
> • 흉부와 엉덩이의 중간 부위이다.
> • 늑골과 관골 사이를 연결하는 몸통 부위이다.

① 비피(beefy)
② 파텔라(patella)
③ 턱 업(tuck up)
④ 커플링(coupling)
⑤ 브리스킷(brisket)

19 몸통이 짧고 간결한 모양의 몸통 타입을 뜻하는 견체 용어로 옳은 것을 고르시오.

① 럼프(rump)
② 보시(bossy)
③ 코비(cobby)
④ 위더스(withers)
⑤ 앵귤레이션(angulation)

20 허리 부분에서 복부가 감싸 올려진 상태를 뜻하는 견체 용어로 옳은 것을 고르시오.

① 체스트(chest)
② 턱 업(tuck up)
③ 캣 풋(cat foot)
④ 언더 라인(under line)
⑤ 쇼트커플드(short-coupled)

21 파텔라(patella)에 대한 설명으로 옳은 것을 고르시오.

① 고관절이다.
② 슬개골이다.
③ 가슴의 깊이이다.
④ 토끼발처럼 긴 발가락이다.
⑤ 기갑 직후부터 뿌리까지의 등선이다.

23 손의 관절과 손가락 뼈 사이의 부위, 앞다리의 가운데 뼈, 뒷다리의 가운데 뼈를 말하며 중수골을 뜻하는 견체 용어로 옳은 것을 고르시오.

① 호크(hock)
② 패스턴(pastern)
③ 포어 암(fore arm)
④ 어퍼 암(upper arm)
⑤ 세컨드 사이(second thigh)

2급

22 카우 호크(cow hock)에 대한 설명으로 옳은 것을 고르시오.

① 이상적인 각도의 비절이다.
② 비절이 낮은 낫 모양 관절이다.
③ 뒷다리 양쪽이 소처럼 안쪽으로 구부러진 다리이다.
④ 발가락 부분이 안쪽으로 굽어 밖으로 돌아간 비절이다.
⑤ 체중이 과도해 지탱이 어려워 좌우 비절 관절이 염전된 것이다.

24 팔꿈치가 바깥쪽으로 굽은 프런트로 발가락도 밖으로 향함을 뜻하는 견체 용어로 옳은 것을 고르시오.

① 피들 프런트(fiddle front)
② 스팁 프런트(steep front)
③ 와이드 프런트(wide front)
④ 보우드 프런트(bowed front)
⑤ 스트레이트 프런트(straight front)

25 다음 설명에 해당하는 견체 용어로 옳은 것을 고르시오.

> • 뿌리 부분이 두텁고 부드러운 털이 있는 반면 끝 쪽에는 털이 없고 가는 쥐꼬리 모양의 꼬리를 말한다.
> • 아이리시워터스패니얼이 대표적이다.

① 랫 테일(rat tail)
② 밥 테일(bob tail)
③ 링 테일(ring tail)
④ 크랭크 테일(crank tail)
⑤ 로우 셋 테일(low set tail)

26 다음 설명에 해당하는 견체 용어로 옳은 것을 고르시오.

> • 수달 꼬리 모양이다.
> • 뿌리 부분이 두껍고 둥글며 끝은 가는 꼬리이다.
> • 래브라도리트리버가 대표적이다.

① 오터 테일(otter tail)
② 크룩 테일(crook tail)
③ 컬드 테일(curled tail)
④ 세이버 테일(saver tail)
⑤ 브러시 테일(brush tail)

27 직립 꼬리이며 위를 향해 선 꼬리를 뜻하는 견체 용어로 옳은 것을 고르시오.

① 훅 테일(hook tail)
② 플룸 테일(plume tail)
③ 이렉트 테일(erect tail)
④ 크랭크 테일(crank tail)
⑤ 플래그폴 테일(flagpoles tail)

28 컬드 테일(curled tail)에 대한 설명으로 옳은 것을 고르시오.

① 등선에 직각으로 구부러져 올려진 꼬리이다.
② 심하게 말려 올라가 등 가운데 짊어진 꼬리이다.
③ 낫 모양 꼬리이며 꼬리 끝이 등에 접촉된 꼬리이다.
④ 뿌리부터 등 위로 높게 자리 잡고 중간에 반원형을 그리며 낫 모양으로 구부러진 꼬리이다.
⑤ 바셋하운드처럼 부드럽게 커브를 그리며 올라간 형태와 저먼셰퍼드처럼 반원형을 이루며 낮게 유지한 두 가지 형태가 있다.

29 콕트업 테일(cocked-up tail)에 대한 설명으로 옳은 것을 고르시오.

① 비틀린 꼬리이다.

② 구부러진 꼬리이다.

③ 높게 달린 꼬리이다.

④ 등선에 직각으로 구부러져 올려진 꼬리이다.

⑤ 굴곡진 꼬리, 짧고 아래를 향한 꼬리로 말단이 위쪽으로 꼬부라진다.

30 플래그풀 테일(flagpoles tail)에 대한 설명으로 옳은 것을 고르시오.

① 등선에 대해 직각으로 올라간 꼬리이다.

② 깃털 모양의 장식 털이 아래로 늘어진 꼬리이다.

③ 선천적으로 꼬리가 없는 것 또는 잘린 꼬리이다.

④ 꼬리가 없는 것 또는 선천적으로 꼬리가 없는 경우이다.

⑤ 풍부한 모량의 장모 꼬리를 등위로 말아 올리고 있거나 부채를 편 것 같은 형태의 꼬리이다.

31 푸들의 맨해튼 클립에 대한 유의 사항으로 옳지 않은 것을 고르시오.

① 한국에서는 털이 짧아 속살이 보이는 모습을 싫어한다.

② 전체 커트로 이어지는 선이 매끄럽게 표현되어야 한다.

③ 푸들의 맨해튼 클립은 허리와 목 부분의 클리핑이 보통이다.

④ 한국에서는 목 부분을 클리핑하지 않고 허리선만 드러나게 하는 경우가 많다.

⑤ 미용 스타일의 완성도를 높이기 위해서는 클리핑 선이 90%정도만 완성되어야 한다.

32 푸들의 퍼스트 콘티넨탈 클립에 대한 내용으로 옳지 않은 것을 고르시오.

① 최종 늑골 5~6cm 뒤에 파팅 라인을 만든다.

② 엘보우(앞발 팔꿈치) 라인을 자연스럽게 시저링한다.

③ 에이프런(가슴부위 장식 털)을 둥그스름하게 시저링한다.

④ 프런트 브레이슬릿(앞발 발목에서 호크까지)의 둥그스름하게 시저링한다.

⑤ 리어 프런트 브레이슬릿(앞다리 앞부분 발목에서 엘보우 아래까지) 둥그스름하게 시저링한다.

2급

33 포메라니안의 곰돌이 커트에 대한 내용으로 옳지 않은 것을 고르시오.

① 언더라인을 자연스럽게 시저링한다.
② 뒷발은 헤어 풋 모양으로 시저링한다.
③ 비절 라인을 둥그스름하게 시저링한다.
④ 꼬리를 부채꼴 모양으로 자연스럽게 시저링한다.
⑤ 에이프런(가슴부위의 장식 털)을 둥그스름하게 시저링한다.

34 푸들의 브로콜리 커트에 대한 내용으로 옳지 않은 것을 고르시오.

① 흉골단을 자연스럽게 시저링한다.
② 몸통과 다리 라인을 둥그스름하게 시저링한다.
③ 앞발 뒷부분은 약 35~45도 각도로 자연스럽게 시저링한다.
④ 앞다리는 윗부분은 길어야 하고 아래로 내려가면서 각지게 표현하여야 한다.
⑤ 턱업(허리부분에서 복수가 감싸 올려진 부위)에서 아래쪽으로 자연스럽게 시저링한다.

35 장모종의 털 관리 방법으로 옳은 것을 〈보기〉에서 모두 고르시오.

> **보기**
>
> ㄱ. 다른 모질에 비해 털 관리가 비교적 쉽다.
> ㄴ. 생식기나 입 주변 등 오염되기 쉬운 부분은 래핑 처리하여 털을 보호해 준다.
> ㄷ. 하루에 한 번은 핀 브러시를 사용하여 털의 결 방향으로 엉키지 않게 빗질한다.
> ㄹ. 슬리커 브러시를 이용하여 귀를 제외한 나머지 부분은 털의 결 방향과 반대로 빗질하여 준다.

① ㄱ, ㄴ
② ㄱ, ㄷ
③ ㄴ, ㄷ
④ ㄷ, ㄹ
⑤ ㄱ, ㄹ

36 몰티즈의 신체적 특징에 대한 내용으로 옳은 것을 〈보기〉에서 모두 고르시오.

> **보기**
>
> ㄱ. 흰색 털의 장방향 몸을 가진 품종이다.
> ㄴ. 머즐이 길지 않은 얼굴을 가지고 있다.
> ㄷ. 털의 방향과 가위의 각도를 잘 활용하여 매끄러운 표면을 구현하는 미용 방법이 우선되어야 한다.

① ㄱ
② ㄴ
③ ㄷ
④ ㄱ, ㄴ
⑤ ㄱ, ㄴ, ㄷ

37 푸들의 스포팅 클립 스타일에 대한 설명으로 옳지 않은 것을 〈보기〉에서 모두 고르시오.

〈보기〉

ㄱ. 몸 전체와 다리털을 모두 클리핑하는 스타일이다.
ㄴ. 몸의 굴곡을 살리며 강약을 조절하여 클리핑해야 한다.
ㄷ. 다리 부분의 클리핑 라인을 조절함으로써 다리를 길어 보이게 연출할 수 있다.
ㄹ. 다리 부분의 클리핑 라인이 너무 내려가서 다리가 짧아 보이지 않도록 유의해야 한다.

① ㄱ
② ㄱ, ㄴ
③ ㄴ, ㄷ
④ ㄷ, ㄹ
⑤ ㄴ, ㄷ, ㄹ

38 미용 스타일 연출하기에 대한 내용으로 옳지 않은 것을 고르시오.

① 클리핑 작업 후에 구상한 형태로 시저링한다.
② 준비된 장식 털에 글리터 젤은 한 부분에 몰리도록 뿌려준다.
③ 애완동물에게 유해하지 않은 염색제를 사용하여 스타일을 꾸민다.
④ 가위로 구상한 형태를 만들고 구상된 형태의 불필요한 부분을 클리핑한다.
⑤ 순수 혈통이 아닌 믹스 품종에 미용 도구와 재료를 사용하여 개성 있게 연출한다.

39 다음 설명에 해당하는 것으로 옳은 것을 고르시오.

• 컬러와 디자인이 다양해서 선택의 폭이 넓다.
• 산책할 때 개에게 입혀 주는 안전벨트 형식의 용구로 목줄을 불편해하는 개에게 사용한다.

① 스누드(snood)
② 하니스(harness)
③ 이염 방지 테이프
④ 매너 벨트(manner belt)
⑤ 드라이빙 키트(driving kit)

40 개체에 따라 미용 스타일을 체크하는 방법으로 옳지 않은 것을 고르시오.

① 권모종은 적은 양의 빗질 방법으로 균형미를 체크한다.
② 중장모종은 털의 볼륨감을 고려하여 피모와 90°를 이루도록 빗질하여 체크한다.
③ 장모종은 털의 힘이 약하여 처지는 부분이 많으므로 빗질의 힘 조절을 약하게 하여 천천히 빗질하여 체크한다.
④ 중장모종은 아웃코트에 언더코트의 양이 많은 더블 코트를 가진 품종이므로 피모 깊숙이 콤을 넣어 빗질하여 체크한다.
⑤ 권모종은 털의 힘이 좋고 웨이브가 있는 견종이므로 빗질과 커트하기에는 좋지만 잘못된 드라잉으로 웨이브가 생겨서 튀어나온 털이 없는지를 살피면서 빗질한다.

41 튜브형 용기에 담긴 겔 타입 염색제에 설명으로 옳지 않은 것을 〈보기〉에서 모두 고르시오.

> **보기**
>
> ㄱ. 튜브에 들어 있으며 조금씩 손가락에 짜서 사용할 수 있다.
> ㄴ. 발림성과 발색력이 좋으며 작업 후 목욕으로 제거할 수 있다.
> ㄷ. 수분감이 있어서 작업할 때 적은 양으로도 뭉침 없이 얇게 도포할 수 있다.
> ㄹ. 떨어뜨렸을 때 쉽게 파손되며 보관할 때에는 습기가 생기지 않게 뚜껑을 잘 닫아서 보관해야 한다.

① ㄱ
② ㄴ
③ ㄷ
④ ㄹ
⑤ ㄴ, ㄷ, ㄹ

42 이염 방지 테이프에 대한 내용으로 옳지 않은 것을 〈보기〉에서 모두 고르시오.

> **보기**
>
> ㄱ. 애완동물의 털에는 접착이 잘 된다.
> ㄴ. 기름에 닿으면 쉽게 제거할 수 있다.
> ㄷ. 발, 다리, 꼬리 부위에 사용하기 편하다.
> ㄹ. 테이프를 한 바퀴 돌려서 테이프끼리 접착해야 한다.

① ㄱ, ㄴ
② ㄱ, ㄷ
③ ㄴ, ㄷ
④ ㄴ, ㄹ
⑤ ㄷ, ㄹ

43 지속성 염색제로 염색하기의 유의사항으로 옳지 않은 것을 고르시오.

① 꼬리 염색 시 피부와 먼 부위는 염색제를 더 많이 도포한다.
② 귀 염색 시 이염 방지제를 도포할 때에는 면봉을 사용하면 안 된다.
③ 귀 염색 시 드라이어로 가온하면 염색 작업 시간을 단축시킬 수 있다.
④ 꼬리 염색 시 피부와 가까운 부위는 체온 때문에 염색되는 속도가 빠르다.
⑤ 귀 염색 시 드라이 작업을 할 때에는 따뜻한 바람으로 계속 염색 부위를 만지면서 온도를 확인한다.

44 다음 설명에 해당하는 것으로 옳은 것을 고르시오.

> • 두 가지 컬러의 염색제로 한 부위에 동시에 발색하는 것으로 두 가지 컬러 이상의 색 번짐과 겹침을 이용하는 것이다.
> • 두 가지 컬러 이상을 자연스럽게 연결하여 발색하는 작업이므로 유사 대비 컬러의 활용을 권장한다.

① 볼터치 염색
② 블리치 염색
③ 지속성 염색
④ 그러데이션 염색
⑤ 이염 방지 염색

45 염색제 도포 후 작용 시간에 대한 내용으로 옳지 않은 것을 고르시오.

① 염색제 도포 후 드라이어로 가온하면 시간을 단축시킬 수 있다.

② 드라이 작업을 거부하는 애완동물도 달래면서 드라이 작업을 시행해야 한다.

③ 염색제를 도포한 털의 양과 길이에 따라서 염색제의 작용 시간의 차이가 있다.

④ 염색제 도포 후에 작용 시간은 자연 건조 상태로 기다리거나 드라이 작업을 하여 가온한다.

⑤ 작용 시간을 기다리는 동안 염색 부위를 고정한 고무밴드가 너무 조이지는 않는지 확인한다.

46 블로펜에 대한 내용으로 옳은 것을 〈보기〉에서 모두 고르시오.

보기

ㄱ. 작업 후 목욕으로 제거할 수 있다.

ㄴ. 분사량과 분사 거리에 따라 발색력이 같다.

ㄷ. 털 길이가 긴 애완동물에게 활용할 수 없다.

ㄹ. 일회성 염색제이며 펜을 입으로 불어서 사용한다.

① ㄱ, ㄴ

② ㄱ, ㄷ

③ ㄱ, ㄹ

④ ㄴ, ㄷ

⑤ ㄴ, ㄹ

47 도안지에 대한 내용으로 옳지 않은 것을 〈보기〉에서 모두 고르시오.

보기

ㄱ. 도안지로 코팅이 된 종이는 좋지 않다.

ㄴ. 초기 작업에는 정교한 그림이 활용하기에 좋다.

ㄷ. 도안지 고정 작업이 잘 되어야 깔끔한 그림을 그릴 수 있다.

ㄹ. 도안을 이용한 작업은 애완동물의 염색뿐만 아니라 여러 곳에 활용되고 있다.

① ㄱ, ㄴ

② ㄱ, ㄷ

③ ㄴ, ㄷ

④ ㄴ, ㄹ

⑤ ㄷ, ㄹ

48 염색 작업 후 샴핑해야 할 경우로 옳지 않은 것을 〈보기〉에서 모두 고르시오.

보기

ㄱ. 물로 세척한 후에 털이 거칠 때

ㄴ. 염색 작업 과정에서 이물질이 묻었을 때

ㄷ. 세척 후에도 염색제 찌꺼기가 남아 있거나 이염 방지제를 지나치게 많이 사용했을 때

① ㄱ

② ㄴ

③ ㄷ

④ ㄴ, ㄷ

⑤ ㄱ, ㄴ, ㄷ

49 염색제 컬러의 발색에 대한 내용으로 옳지 않은 것을 고르시오.

① 염색제의 세척 작업 시 물의 온도를 높게 한다.

② 염색제 고유의 컬러로 두드러지게 잘 나타내는 정도를 말한다.

③ 염색제는 피부에서 멀리 있는 털의 경우에는 용량을 늘려 도포한다.

④ 애완동물의 브러싱, 샴핑, 꼼꼼한 드라이 작업 등을 해 주면 컬러 발색에 도움이 된다.

⑤ 유색 털보다 하얀색 털의 애완동물에게 효과적이며 억센 털보다 부드러운 털에 효과적이다.

50 영양 보습제에 대한 내용으로 옳지 않은 것을 고르시오.

① 피모의 정전기를 방지한다.

② 손상된 코트에 영양을 공급해준다.

③ 건조하고 푸석한 피모에 수분 대신 영양을 공급해 준다.

④ 제품에 따라 향의 정도가 조금씩 다르므로 취향에 따라 제품을 선택한다.

⑤ 애완동물의 미용이나 염색 작업의 전후에 피모의 상태에 따라 제품의 타입을 선택하고 사용한다.

1급
실전모의고사

DOG STYLIST

50문제 / 60분   정답 및 해설 285p

01 반려견의 피부와 털에 관한 다음 설명 중 틀린 것은?

① 몸의 중심의 되는 털을 메인 코트(Main Coat)라고 한다.

② 스무드 코트(Smooth Coat)는 짧은 털을 말하며 단모라고도 한다.

③ 가슴 부위의 장식 털을 언더코트(Undercoat)라고 한다.

④ 털 결에서 반대로 자란 털을 역모라고 하며, 주로 목이나 항문에 있다

⑤ 주둥이 주위의 하얀 반점을 머즐 밴드(Muzzle Band)라고 한다.

02 다음 중 뒷다리의 긴 장식 털을 의미하는 용어는?

① 폴(Fall)

② 러프(Ruff)

③ 타셀(Tassel)

④ 큐로트(Culotte)

⑤ 트라우저스(Trousers)

03 다음 중 피셔헤어(Fesher-hair)와 관련이 있는 견종은?

① 쉽독

② 러프콜리

③ 잉글리시세터

④ 스코티쉬 테리어

⑤ 베들링턴 테리어

04 다음 중 반려견의 자연스러운 계절적인 환모를 말하는 용어는?

① 몰팅(Molting)

② 티킹(Ticking)

③ 마킹(Marking)

④ 펜실링(Penciling)

⑤ 페더링(Feathering)

05 다음의 〈보기〉에서 반려견의 털과 그 설명이 바른 것을 모두 고른 것은?

보기

㉠ 블론(Blown) – 환모기의 털
㉡ 비어드(Beard) – 입 주위의 털
㉢ 아이래시(Eyelash) – 눈썹 부위의 털
㉣ 프릴(Frill) – 목 아래와 가슴의 길고 풍부한 털
㉤ 탑 노트(Top Knot) – 정수리 부분의 긴 장식 털

① ㉠, ㉡, ㉢
② ㉡, ㉢, ㉣
③ ㉢, ㉣, ㉤
④ ㉠, ㉡, ㉣, ㉤
⑤ ㉡, ㉢, ㉣, ㉤

06 반려견의 등 부분에 넓은 안장 같은 반점을 말하는 용어는?

① 새들(Saddle)
② 섀기(Shaggy)
③ 파일(Pile)
④ 펠트(Felt)
⑤ 스커트(Skirt)

07 반려견의 털 유형 중 파상모를 가리키는 용어는?

① 하쉬 코트(Harsh Coat)
② 울리 코트(Woolly Coat)
③ 실키 코트(Silky Coat)
④ 웨이비 코트(Wavy Coat)
⑤ 코디드 코트(Corded Coat)

08 다음의 〈보기〉에서 설명하는 반려견의 털 유형은?

보기

건조하고 거칠며 상태가 나빠진 털을 말하며, 질병이 있거나 영양상태가 안 좋을 경우 나타난다.

① 스탠드 오브 코트(Stand off Coat)
② 스테어링 코트(Staring Coat)
③ 스트레이트 코트(Straight Coat)
④ 아웃 오브 코트(Out of Coat)
⑤ 와이어 코트(Wire coat)

1급

09 다음의 〈보기〉에서 울리 코트(Woolly Coat)와 관련된 설명을 모두 고른 것은?

> **보기**
>
> ㉠ 양모상의 털을 말한다.
> ㉡ 상모에 웨이브가 있다.
> ㉢ 북방 견종에 많이 나타난다.
> ㉣ 워터독의 코트에는 방수효과가 있다.
> ㉤ 언더코트와 오버코트가 자연스럽게 얽혀 새끼줄 모양으로 된 털이다.

① ㉠, ㉡, ㉢
② ㉠, ㉢, ㉣
③ ㉡, ㉢, ㉣
④ ㉡, ㉢, ㉤
⑤ ㉢, ㉣, ㉤

10 다음 중 위스커(Whisker)의 대표적 견종은?

① 콜리
② 코몬도르
③ 아프간하운드
④ 잉글리시세터
⑤ 미니어처 슈나우저

11 다음의 〈보기〉에서 스탠드 오프 코트(Stand off Coat) 견종을 모두 고르시오.

> **보기**
>
> ㉠ 폴리   ㉡ 스피츠
> ㉢ 러프콜리   ㉣ 포메라니안
> ㉤ 베들링턴 테리어

① ㉠, ㉡
② ㉡, ㉣
③ ㉢, ㉤
④ ㉠, ㉡, ㉢
⑤ ㉢, ㉣, ㉤

12 다음 중 달마시안의 모색 유형으로 옳은 것은?

① 리버(Liber)
② 비버(Beaver)
③ 화운(Faun)
④ 스팟(Spot)
⑤ 버프(Buff)

13 다음의 〈보기〉에서 설명하는 모색 관련 용어는?

> 보기
>
> 백화현상, 색소 결핍증, 피부, 털, 눈 등에 색소가 발생하지 않는 이상 현상으로 유전적 원인에 의해 발생한다.

① 포인츠(Points)
② 알비니즘(Albinism)
③ 마호가니(Mahogany)
④ 파울 컬러(Faul Color)
⑤ 타이거 브린들(Tiger Brindle)

14 다음 중 하운드 마킹(Hound Marking)을 구성하는 색상은?

① 흰색, 푸른색, 황갈색
② 흰색, 검은색, 황갈색
③ 회색, 검은색, 푸른색
④ 회색, 검은색, 황갈색
⑤ 황색, 검은색, 푸른색

15 반려견의 모색 관련 용어 중 틀린 설명은?

① 골든 버프(Golden Buff)는 금색에 빨강이 있는 담황색을 말한다.
② 그루즐(Gruzzle)은 흑색 계통 털에 회색이나 적색이 섞인 색을 말한다.
③ 멀(Merle)은 검정, 블루, 그레이의 배색을 말한다.
④ 알비노(Albino)는 선천적 색소 결핍증을 말한다.
⑤ 브론즈(Bronze)는 전체적으로 어두운 녹색에 털끝이 약간 푸른색을 말한다.

16 다음 중 반점과 관련된 용어가 아닌 것은?

① 론(Roan)
② 마킹(Marking)
③ 맨틀(Mantle)
④ 칼라(Collar)
⑤ 티킹(Ticking)

1급

17 키스 마크(Kiss Mark)의 대표적 견종으로 옳게 짝지은 것은?

① 콜리, 마스티프

② 빠비용, 세인트버나드

③ 와이마리너, 로트와일러

④ 페키니즈, 도베르만핀셔

⑤ 도베르만핀셔, 로트와일러

18 다음 중 특별히 도드라지는 색 없이 여러 가지 색의 불규칙한 반점을 말하는 것은?

① 대플(Dapple)

② 벨튼(Bellton)

③ 할리퀸(Harlequin)

④ 브리칭(Breeching)

⑤ 하운드 마킹(Hound Marking)

19 다음 중 모색의 명칭과 그 색상이 옳게 연결된 것은?

① 버프(Buff) - 밝은 적황갈색

② 휘튼(Wheaten) - 엷은 다갈색

③ 이사벨라(Isabela) - 연한 밤색

④ 애프리코트(Apricot) - 연한 담황색

⑤ 데드 그래스(Dead Grass) - 옅은 황색

20 다음 중 모색의 색상이 올바르게 연결된 것은?

	팰로(Fallow)	퓨스(Puce)
①	담황색	암갈색
②	암갈색	담황색
③	적황색	암갈색
④	황금색	적황색
⑤	황갈색	황금색

21 반려견의 모색 및 반점에 관한 다음 설명 중 틀린 것은?

① 트레이스(Trace)는 폰 색의 등줄기를 따른 검은 선을 말한다.

② 맨틀(Mantle)은 어깨, 등, 몸통 양쪽에 망토를 걸친 듯한 크고 진한 반점이 있는 것을 말한다.

③ 브랭킷(Blanket)은 목, 꼬리 사이의 등, 몸통 쪽에 넓게 있는 모색을 말한다.

④ 세이블(Sable)은 황색 또는 황갈색 바탕에 털끝이 흰색인 것을 말한다.

⑤ 블레이즈(Blaze)는 양 눈과 눈 사이에 중앙을 가르는 가늘고 긴 백색의 선을 말한다.

22 다음 중 삭스(Socks)의 대표적 견종은?

① 페키니즈
② 와이마리너
③ 이비전하운드
④ 세인트버나드
⑤ 알래스칸 말라뮤트

23 다음 중 브린들(Brindle)의 대표적 견종은?

① 로트와일러
② 스코티쉬 테리어
③ 에어데일 테리어
④ 아메리칸폭스하운드
⑤ 오스트레일리안 실키 테리어

24 다음의 〈보기〉에서 맨체스터 테리어가 갖는 공통된 견체 특징은?

보기

㉠ 캡(Cap)
㉡ 칼라(Collar)
㉢ 벨튼(Bellton)
㉣ 브리칭(Breeching)
㉤ 섬 마크(Thumb Mark)
㉥ 머즐 밴드(Muzzle Band)

① ㉠, ㉡   ② ㉡, ㉢
③ ㉢, ㉣   ④ ㉣, ㉤
⑤ ㉤, ㉥

1급

25 반점이 있는 혀를 설반이라 하는데, 다음 중 대표적 견종은?

① 차우차우
② 브리타니
③ 달마시안
④ 헤인트버나드
⑤ 알래스칸 말라뮤트

26 다음의 〈보기〉에서 설명하는 도그쇼의 구성원은?

> **보기**
>
> 일반적으로 번식을 한 어미 개의 소유자를 일컫는 말로, 무분별한 번식은 피하고 번식을 결정하기에 앞서 그 개의 장점과 단점을 공정히 평가한다.

① 브리더(Breeder)
② 트리머(Trimmer)
③ 트레이너(Trainer)
④ 핸들러(Handler)
⑤ 뷰티션(Beautician)

27 다음 중 도그쇼의 목적과 가장 거리가 먼 것은?

① 다음 세대를 위한 혈통번식의 평가를 쉽게 하기 위해서이다.
② 견종의 표준에 따른 '완벽한' 이미지에 가장 가까운 개를 뽑는 것이다.
③ 견종표준에 부합하는 더 우수한 사냥견을 생산하기 위한 것이다.
④ 개를 사랑하는 이들이 즐길 수 있는 최고의 스포츠이다.
⑤ 도그쇼에 출진하는 것은 견주나 출진견 모두에게 즐거운 취미, 보람이 될 수 있다.

28 도그쇼 미용에 관한 다음 설명 중 틀린 것은?

① 도그쇼 미용은 견종의 가장 이상적인 쇼독(Show Dog)을 만드는 것이다.
② 밴딩 라인은 주기적으로 변화를 주어 밴딩 경계 부분의 털 빠짐을 방지한다.
③ 12개월 미만의 강아지는 퍼피클럽으로 출진할 수 없다.
④ 12개월 이상의 개들은 잉글리시 새들 클럽, 콘티넨탈 클럽으로만 출진할 수 있다.
⑤ 모견이나 종견 클래스에는 스포팅 클럽으로 출진할 수도 있다.

29 다음의 〈보기〉는 도그쇼 진행 방법 중 라운 딩에 대한 설명이다. 빈칸에 들어갈 말로 알 맞은 것은?

> 보기
>
> 라운딩은 원의 형태로 보행하는 것을 말하 며 (㉠) 방향으로 돌고 개는 핸들러의 (㉡)에 위치한다

	㉠	㉡
①	시계	왼쪽
②	시계	오른쪽
③	시계 반대	왼쪽
④	시계 반대	오른쪽
⑤	시계 반대	가운데

30 도그쇼 진행에 대한 다음 설명 중 틀린 것은?

① 견종그룹의 분류와 클래스 및 수상방식은 나라와 단체별로 조금씩 다르게 운영된다.
② 견종 1위 견은 베스트 오브 브리드이다.
③ 위너스 독과 어워드 오브 메리트는 각 견종에서 선발된다.
④ 베스트 인 그룹은 견종별 위너스 독들이 경합하여 선발되는 그룹 1위 견이다.
⑤ 베스트 인 쇼는 각 그룹의 베스트 인 그룹 견들이 경합하여 선발되는 도그쇼 최고의 견이다

31 다음 중 땅 또는 물 위의 사냥감을 회수하는 견종은?

① 세터
② 포인터
③ 빠삐용
④ 리트리버
⑤ 도베르만핀셔

32 미국애견협회(AKC)의 견종 분류에 따른 워킹 그룹(Working Group)에 해당되지 않는 견종은?

① 복서
② 스페니얼
③ 사모예드
④ 맬러뮤트
⑤ 그레이트 덴

33 미국애견협회(AKC)의 견종 분류 중 사람의 반려동물로서 만들어진 그룹은?

① 스포팅 그룹

② 하운드 그룹

③ 워킹 그룹

④ 테리어 그룹

⑤ 토이 그룹

34 세계애견연맹(FCI)의 견종 분류 중 닥스훈트 견종은 몇 그룹에 해당하는가?

① 4그룹　　　② 5그룹

③ 6그룹　　　④ 7그룹

⑤ 8그룹

35 세계애견연맹(FCI)의 견종 분류 중 2그룹에 해당되지 않는 견종은?

① 핀셔

② 테리어

③ 슈나우저

④ 몰로시안

⑤ 스위스캐틀독

36 쇼 독(Show Dog)의 스태그(Stag) 자세에서 앞발과 뒷발의 체중 비율로 옳은 것은?

① 2 : 1

② 3 : 1

③ 4 : 3

④ 5 : 5

⑤ 6 : 4

37 다음 중 몸통 부위에 해당되는 골격이 아닌 것은?

① 흉골   ② 흉추

③ 흉곽   ④ 늑골

⑤ 요골

38 다음의 〈보기〉에서 뒷다리 부위에 해당되는 골격들만 고른 것은?

> **보기**
>
> 슬관절, 경골, 비골, 비절관절, 중수골

① 슬관절

② 슬관절, 경골

③ 슬관절, 경골, 비골

④ 슬관절, 경골, 비골, 비절관절

⑤ 슬관절, 경골, 비골, 비절관절, 중수골

39 스트리핑 나이프를 잡는 방법에 대한 다음 설명 중 틀린 것은?

① 어깨, 무릎, 손가락의 관절에 힘을 주어서는 안 된다.

② 털의 결 방향대로 나이프를 움직여 털을 뽑아 준다.

③ 나이프 손잡이를 집게손가락부터 네 개의 손가락으로 가볍게 움켜쥔다.

④ 스트리핑 나이프를 피부면과 평행하게 유지하고 흔들림이 없어야 한다.

⑤ 스트리핑 나이프는 털을 뽑지 않고 잘라내는 데 도움을 주는 도구이다.

40 다음 중 스트피링(Stripping)과 가장 관련이 없는 용어는?

① 롤링(Rolling)

② 초킹(Chalking)

③ 플러킹(Plucking)

④ 레이킹(Raking)

⑤ 블렌딩(Blending)

1급

41 다음 중 코트워크(Coat Work)를 의미하는 용어는?

① 롤링(Rolling)

② 플러킹(Plucking)

③ 레이킹(Raking)

④ 풀 스트리핑(Full Stripping)

⑤ 스테이지 스트리핑(Stage Stripping)

42 쇼미용 메이크업에 대한 다음 설명 중 틀린 것은?

① 대부분 컬러 샴푸는 제품을 골고루 바른 후 일정시간이 지나야 더 나은 효과를 기대할 수 있다.

② 컬러 초크는 털이 상해서 색이 바랜 경우에 털색을 더욱 선명하게 하기 위해 사용한다.

③ 컬러 초크는 일반적으로 컬러 파우더보다 입자가 곱고 점착력이 우수하여 더 오랜 시간을 유지할 수 있다.

④ 스프레이는 도그쇼 미용실에서 털의 모양을 고정시키고자 할 때 사용한다.

⑤ 콜레스테롤 크림은 보통 쇼미용에서 컬러 초크나 파우더의 접착을 쉽게 하기 위해서 소량 사용할 수 있다.

43 장모종의 브러싱 관련 제품에 대한 설명으로 틀린 것은?

① 브러싱 컨디셔너는 털의 정전기로 인한 마찰손상을 줄여주고 브러싱을 쉽도록 도와준다.

② 브러싱 컨디셔너는 손상된 코트에 보습효과를 주어 피모의 손상을 빨리 회복시켜 준다.

③ 워터리스 샴푸는 물이 필요 없으므로 목욕 시설이 없는 야외에서도 샴핑이 가능하다.

④ 정전기 방지 컨디셔너는 목욕 후 수분이 완전히 건조된 상태에서 사용해야 한다.

⑤ 엉킴제거 제품은 모질 손상이 적고 엉킨 털을 쉽게 풀 수 있게 도와주는 제품이다.

44 슬리커 브러시(Slicker Brush)에 대한 다음 설명 중 틀린 것은?

① 엉킨 털을 풀거나 드라이를 위한 빗질 등에 사용한다.

② 금속 또는 플라스틱 재질의 판에 고무 쿠션이 붙어 있고 그 위에 구부러진 핀이 촘촘하게 박혀 있다.

③ 크기와 길이는 사용목적에 따라 알맞은 것을 선택하여 사용한다.

④ 엄지손가락과 가운뎃손가락으로 손잡이를 쥐고, 나머지 세 손가락으로 손잡이를 받친다.

⑤ 브러시를 잡지 않은 손으로 개체의 보정 및 털과 피부를 고정시키고 스냅을 이용해서 빗질한다.

45 브리슬 브러시에 대한 다음 설명 중 틀린 것은?

① 컬리 코트(Curly Coat)를 사용한다.

② 말, 멧돼지, 돼지 등 동물의 털로 만든 빗이다.

③ 오일이나 파우더 등을 바르거나 피부를 자극하는 마사지 용도로 사용한다.

④ 나일론 브러시는 정전기가 발생하여 털이 손상될 수 있으므로 천연모로 된 브리슬 브러시를 사용한다.

⑤ 털의 노폐물을 제거하려면 피부 깊숙한 곳에서부터 털의 바깥쪽으로 빗어준다.

46 다음 중 푸들이나 비숑 프리제 등의 견종에 가장 적당한 목욕제품은?

① 볼륨 목욕제품

② 파우더 목욕제품

③ 실키코트 목욕제품

④ 화이트닝 목욕제품

⑤ 딥 클렌징 목욕제품

47 다음 중 장모종의 목욕제품에 대한 설명으로 틀린 것은?

① 볼륨 목욕제품은 털에 볼륨을 주어 모량이 풍성하게 보이게 하며 미용 시 스타일 완성이 쉽다.

② 딥 클렌징 목욕제품은 충분한 딥 클렌징을 하여 빌드업 현상을 제거하는 데 사용한다.

③ 딥 클렌징 목욕제품은 모발에서 수분과 오일 성분까지 함께 제거되는 제품을 선택한다.

④ 실키코트 목욕제품은 털을 차분하고 부드럽게 하여 모질의 광택 유지 및 관리가 용이하도록 도와준다.

⑤ 화이트닝 목욕제품은 하얀색의 모색을 더욱 하얗게 보이도록 하기 위해 사용한다.

48 반려견의 모질 중 더블코트에 대한 설명으로 틀린 것은?

① 상모와 하모의 이중모로 되어 있다.

② 상모는 피모를 보호하는 얇고 거친 털이다.

③ 하모는 부드럽고 촘촘하고 추위에 강한 털이다.

④ 환모기에는 상모의 털이 많이 빠진다.

⑤ 대표적 견종은 슈나우저, 포메라니안, 시베리안허스키 등이다.

1급

49 펫 타월 중 습식타월에 대한 설명으로 틀린 것은?

① 딱딱한 타월을 물에 적셔서 사용한다.

② 여러 번 짜서 물기를 제거할 수 있다.

③ 재질이 매끈하여 수건에 털이 붙지 않는다.

④ 세탁 후 젖은 상태에서 접어서 보관한다.

⑤ 젖은 수건은 다른 수건으로 교체해서 사용해야 하므로 여러 장의 수건이 필요하다.

50 다음 중 장모종의 밴딩 작업 순서를 옳게 나열한 것은?

> **보기**
>
> ㉠ 밴딩할 부분의 털을 빗으로 빗어 정리한다.
> ㉡ 꼬리빗을 사용하여 밴딩할 부위를 구분짓는다.
> ㉢ 고무줄 크기에 따라 3~4번 고무줄을 돌려 묶는다.
> ㉣ 한 손으로 털을 고정한 상태에서 다른 손의 엄지손가락과 집게손가락 사이에 고무줄을 끼운다.
> ㉤ 밴딩한 부분을 개가 불편해 하지 않는지 확인하고 필요하면 느슨하게 조절한다.

① ㉠ – ㉡ – ㉢ – ㉣ – ㉤

② ㉠ – ㉡ – ㉣ – ㉤ – ㉢

③ ㉡ – ㉠ – ㉣ – ㉢ – ㉤

④ ㉡ – ㉠ – ㉤ – ㉢ – ㉣

⑤ ㉢ – ㉠ – ㉡ – ㉣ – ㉤

01 오버코트와 언더코트의 이중모 구조의 털을 뜻하는 피부와 털의 용어로 옳은 것을 고르시오.

① 롱 코트(long coat)

② 실키 코트(silky coat)

③ 메인 코트(main coat)

④ 더블 코트(double coat)

⑤ 스무드 코트(smooth coat)

02 러프(ruff)에 대한 설명으로 옳은 것을 고르시오.

① 꼬리 끝의 하얀색 털이다.

② 목 주위의 풍부한 장식 털이다.

③ 깃발 모양 꼬리의 장식 털이다.

④ 목 아래와 가슴의 길고 풍부한 털이다.

⑤ 정수리에서 안면부로 늘어져 내린 털이다.

03 장모(長毛), 긴 털을 뜻하는 피부와 털의 용어로 옳은 것을 고르시오.

① 롱 코트(long coat)

② 오버코트(overcoat)

③ 울리 코트(woolly coat)

④ 스무드 코트(smooth coat)

⑤ 스탠드 오프 코트(stand off coat)

04 피부와 털에 관련된 용어와 그 설명이 옳지 않은 것을 고르시오.

① 아이래시(eyelash) : 속눈썹

② 에이프런(apron) : 입 주위의 털

③ 역모 : 털 결에서 반대로 자란 털

④ 아이브로(eyebrow) : 눈썹 부위의 털

⑤ 머스태시(moustache) : 입술과 턱 측면에 난 수염

1급

05 주둥이 주위의 하얀 반점을 뜻하는 피부와 털의 용어로 옳은 것을 고르시오.

① 타셀(tassel)

② 큐로트(culotte)

③ 위스커(whisker)

④ 페더링(feathering)

⑤ 머즐 밴드(muzzle band)

06 몸의 중심이 되는 털을 뜻하는 피부와 털의 용어로 옳은 것을 고르시오.

① 오버코트(overcoat)

② 언더코트(undercoat)

③ 메인 코트(main coat)

④ 싱글 코트(single coat)

⑤ 와이어 코트(wire coat)

07 자연스러운 계절적인 환모를 뜻하는 피부와 털의 용어로 옳은 것을 고르시오.

① 스커트(skirt)

② 몰팅(molting)

③ 큐로트(culotte)

④ 위스커(whisker)

⑤ 톱 노트(top knot)

08 환모기의 털을 뜻하는 피부와 털의 용어로 옳은 것을 고르시오.

① 펠트(felt)

② 블론(blown)

③ 트라우저스(trousers)

④ 웨이비 코트(wavy coat)

⑤ 코디드 코트(corded coat)

09 다음 설명에 해당하는 피부와 털의 용어로 옳은 것을 고르시오.

> • 개립모(開立毛), 꼿꼿하게 선 모양의 털이다.
> • 스피츠, 포메라니안이 대표적이다.

① 와이어 코트(wire coat)

② 스테어링 코트(staring coat)

③ 아웃 오브 코트(out of coat)

④ 스트레이트 코트(straight coat)

⑤ 스탠드 오프 코트(stand off coat)

10 금색에 빨강이 있는 담황색을 뜻하는 모색의 용어로 옳은 것을 고르시오.

① 레드(red)

② 벨튼(belton)

③ 실버 버프(silver buff)

④ 골드 버프(golden buff)

⑤ 셀프 마크드(self marked)

11 그루즐(gruzzle)에 대한 내용으로 옳은 것을 고르시오.

① 레몬색

② 황금색

③ 갈색, 다갈색

④ 마른 나뭇잎 색, 황갈색, 적색

⑤ 흑색 계통 털에 회색이나 적색이 섞인 색

12 특별히 도드라지는 색 없이 여러 가지 색으로 반점을 만드는 색으로 불규칙한 반점을 뜻하는 모색의 용어로 옳은 것을 고르시오.

① 멀(merle)

② 대플(dapple)

③ 그레이(gray)

④ 벨튼(belton)

⑤ 브리칭(breeching)

1급

13 엷은 다갈색으로 마른 풀색이며 데드 리프라고도 하는 모색의 용어로 옳은 것을 고르시오.

① 배저(badger)
② 브리칭(breeching)
③ 셀프 컬러(self color)
④ 데드 그래스(dead grass)
⑤ 슬레이트 블루(slate blue)

14 다음 설명에 해당하는 모색의 용어로 옳은 것을 고르시오.

> • 흰색 털과 유색의 털이 섞여 있는 것
> • 검은 바탕에 흰색의 털이 섞인 것

① 론(roan)
② 멀(merle)
③ 버프(buff)
④ 배저(badger)
⑤ 머스터드(mustard)

15 루비(ruby)에 대한 설명으로 옳은 것을 고르시오.

① 오렌지색
② 진한 밤색
③ 초콜릿색, 검은 적갈색
④ 벌꿀 색, 연한 적황갈색
⑤ 진한 적갈색, 붉은 간장 색

16 다음 설명에 해당하는 모색의 용어로 옳은 것을 고르시오.

> • 이마, 주둥이 부위가 검은 것으로 블랙 마스크라고 한다.
> • 마스티프, 복서, 페키니즈가 대표적이다.

① 탠(tan)
② 퓨스(puce)
③ 팰로(fallow)
④ 마스크(mask)
⑤ 포인츠(points)

17 부위에 따라 분포와 크기가 다양한 반점을 뜻하는 모색의 용어로 옳은 것을 고르시오.

① 화운(faun)

② 휘튼(wheaten)

③ 마킹(marking)

④ 스모크(smoke)

⑤ 트라이컬러(tri-color)

19 체스트너트 레드, 적갈색을 뜻하는 모색의 용어로 옳은 것을 고르시오.

① 티킹(ticking)

② 스모크(smoke)

③ 마호가니(mahogany)

④ 섬 마크(thumb mark)

⑤ 실버 블랙(silver black)

18 마우스 그레이(mouse gray)에 대한 설명으로 옳은 것을 고르시오.

① 쥐색

② 암갈색

③ 담황색

④ 황갈색

⑤ 겨자색, 황색

20 맨틀(mantle)에 대한 설명으로 옳은 것을 〈보기〉에서 모두 고르시오.

보기

ㄱ. 검은색과 흰색의 혼합이다.

ㄴ. 세인트버나드가 대표적이다.

ㄷ. 어깨, 등, 몸통 양쪽에 망토를 걸친 듯한 크고 진한 반점이 있는 것이다.

① ㄱ

② ㄴ

③ ㄷ

④ ㄱ, ㄴ

⑤ ㄴ, ㄷ

21 다음 설명에 해당하는 모색의 용어로 옳은 것을 고르시오.

> • 주둥이 주위에 흰색 반점이다.
> • 보스턴테리어, 세인트버나드가 대표적이다.

① 블레이즈(blaze)
② 에이프리코트(apricot)
③ 블루 마블(blue marble)
④ 머즐 밴드(muzzle band)
⑤ 실버 그레이(silver gray)

22 검정, 블루, 그레이의 배색을 뜻하는 모색의 용어로 옳은 것을 고르시오.

① 멀(merle)
② 스팟(spot)
③ 실버(sliver)
④ 체스넛(chestnut)
⑤ 제트 블랙(get black)

23 다음 설명에 해당하는 모색의 용어로 옳은 것을 고르시오.

> • 목, 귀에 탄이나 다른 색의 반점이 있는 것이다.
> • 그레이, 진회색, 화이트가 섞인 오소리 색 반점이다.

① 포인츠(points)
② 트레이스(trace)
③ 휘튼(wheaten)
④ 배저 마킹(badger marking)
⑤ 타이거 브린들(tiger breindle)

24 그레이, 진회색, 화이트가 섞인 모색을 뜻하는 모색의 용어로 옳은 것을 고르시오.

① 배저(badger)
② 브린들(brindle)
③ 블레이즈(blaze)
④ 제트 블랙(get black)
⑤ 브로큰 컬러(broken color)

25 부드럽고 연한 느낌의 담황색을 뜻하는 모색의 용어로 옳은 것을 고르시오.

① 버프(buff)

② 샌드(sand)

③ 삭스(socks)

④ 칼라(collar)

⑤ 카페오레(cafe au lait)

26 다음 빈칸에 들어갈 말로 옳은 것을 고르시오.

> (   )란 견종별 표준에 가장 가까운 신체 구성과 성격 및 기질을 보여 주는 개를 뽑는 대회이다.

① 도그 쇼

② 스탠다드

③ 핸들링대회

④ 미국애견협회

⑤ 플라잉볼 대회

27 다음 빈칸에 들어갈 말로 옳은 것을 고르시오.

> 도그 쇼에 출진하는 모든 개는 (   )에 의해 심사 위원 앞에 보여지게 된다. (   )의 역할은 경마장에서 말을 타는 기수와 비슷하다고 볼 수 있으며 승리를 하는 데에 그 목적이 있다.

① 견주

② 브리더

③ 핸들러

④ 심사 위원

⑤ 애견미용사

28 도그 쇼의 진행에 대한 내용으로 옳지 않은 것을 고르시오.

① 본인의 출진표를 휴대할 필요는 없다.

② 심사는 링 안에서 일정한 동작을 통해 판정을 받는다.

③ 프로그램에는 당일 심사에 관한 전반적인 사항이 기록되어 있다.

④ 도그 쇼장에 도착하면 먼저 접수처에서 당일 대회의 프로그램을 구한다.

⑤ 출진 등록 번호를 배정 받아 어떤 링에서 몇 시에 심사를 받는지를 숙지해야 한다.

1급

29 각 견종마다 개체 심사를 거쳐 견종 1위 견을 뜻하는 말로 옳은 것을 고르시오.

① 스튜어드(steward)
② 베스트 인 쇼(best in show)
③ 베스트 인 그룹(best in group)
④ 베스트 오브 브리드(best of breed)
⑤ 섹션 오브 브리드(section of breed)

31 미국애견협회(AKC : American Kennel Club)의 견종 분류 중에서 사냥꾼을 도와 사냥을 하는 사냥개로 에너지가 넘치며 안정된 기질을 가지고 있는 견종 그룹으로 옳은 것을 고르시오.

① 토이 그룹(toy group)
② 워킹 그룹(working group)
③ 하운드 그룹(hound group)
④ 테리어 그룹(terrier group)
⑤ 스포팅 그룹(sporting group)

30 다운 앤 백(업 앤 다운)에 대한 내용으로 옳지 않은 것을 고르시오.

① 개를 정지시킨 후 개의 생생한 표정을 심사 위원에게 보여 준다.
② 다운 앤 백은 말 그대로 위아래로 움직이는 것으로, 업 앤 다운이라고도 한다.
③ 개를 더 잘 보일 수 있도록 최대한 심사 위원과 가까운 거리를 두고 정지시킨다.
④ 출발하기 전에 자신의 진행 방향 앞에 목표 지점을 정해 직선을 흩트리지 않고 나아간다.
⑤ 심사 위원 방향으로 되돌아 올 때에는 회전을 한 뒤, 반드시 심사 위원이 있는 위치를 확인하여 직선으로 보행한다.

32 워킹 그룹(working group)에 대한 내용으로 옳지 않은 것을 〈보기〉에서 모두 고르시오.

> **보기**
> ㄱ. 사람의 반려동물로서 만들어졌다.
> ㄴ. 이 견종은 대체적으로 총명하고 강력한 체격을 가지고 있다.
> ㄷ. 집과 가축을 지키고 수레를 끌며 경찰견, 군견으로 다양한 힘든 일을 해 낸다.

① ㄱ
② ㄴ
③ ㄷ
④ ㄱ, ㄴ
⑤ ㄴ, ㄷ

33 세계애견연맹(FCI : Federation Cynologique Internationale)의 견종 분류 중에서 4그룹에 속하는 종으로 옳은 것을 고르시오.

① 애완견종
② 영국 총렵견종
③ 닥스훈트 견종
④ 후각형 수렵견종
⑤ 프라이미티브 견종

35 스태그(stag)에 대한 내용으로 옳지 않은 것을 고르시오.

① 개의 시선은 후방에 무언가를 주시하는 모습이어야 한다.
② 도그 쇼에서 완벽한 스태그 자세를 취하려면 많은 연습이 필요하다.
③ 개는 네 다리로 서 있지만 그 균형이 흐트러지면 똑바로 서 있지 못한다.
④ 완벽한 스태그 자세가 되기 위해서는 앞발과 뒷발에 체중이 각각 60%와 40% 정도를 이룬다.
⑤ 완벽한 스태그 자세는 금방이라도 앞으로 튀어나갈 것 같지만 움직이지 않은 안정된 자세이다.

34 퍼피 클립(puppy clip)에 대한 내용으로 옳지 않은 것을 고르시오.

① 꼬리의 끝에는 폼폰이 있다.
② 얼굴, 목, 발과 꼬리의 밑동치만 클립된다.
③ 단정한 형태를 보기 위해 심한 시저링이 허용한다.
④ 한 살 미만의 푸들은 퍼피 클립으로 출전할 수 있다.
⑤ 발은 모두 클립되어 그 형태를 다 볼 수 있어야 한다.

36 테이블 암의 안전장치를 활용하는 방법에 대한 내용으로 옳지 않은 것을 고르시오.

① 테이블 암에 목줄을 건다.
② 목줄이 목젖 밑에 제대로 위치해 있는지 확인한다.
③ 개가 네 발로 편하게 설 수 있게 한다.
④ 목 위치를 설정한 후, 암의 높낮이를 조정하여 고정한다.
⑤ 클램프(clamp)가 단단히 고정되었는지 확인한다.

1 급

37 손끝이나 트리밍 나이프를 사용해 털을 뽑아내는 작업을 뜻하는 용어로 옳은 것을 고르시오.

① 롤링(rolling)
② 레이킹(raking)
③ 블렌딩(blending)
④ 플러킹(plucking)
⑤ 스테이지 스트리핑(stage stripping)

38 좋은 털, 즉 뻣뻣한 털로 만들고 털의 발모를 재촉하기 위해 피부가 보일 정도까지 털을 뽑아 주는 작업을 뜻하는 용어로 옳은 것을 고르시오.

① 레이킹(raking)
② 블렌딩(blending)
③ 플러킹(plucking)
④ 풀 스트리핑(full stripping)
⑤ 스테이지 스트리핑(stage stripping)

39 미니어처 슈나우저의 코트(coat)에 대한 내용으로 옳지 않은 것을 고르시오.

① 장식 깃털은 아주 얇고 비단결 같다.
② 목, 귀, 두골에는 털이 빽빽하게 나 있다.
③ 이중모로 단단하고, 철사 같은 바깥 털과 빽빽한 밑털이 있다.
④ 머리, 목, 귀, 가슴, 꼬리, 몸체의 털은 플러킹되어 있어야 한다.
⑤ 털이 너무 부드럽거나 외양이 너무 반반하고, 너무 윤기가 나면 결함이다.

40 손상을 최소화하며 자연스럽게 색을 더 강조할 수 있는 컬러링 전문 제품으로 옳은 것을 고르시오.

① 컬러 초크
② 쇼 스프레이
③ 컬러 파우더
④ 컬러 전문 샴푸
⑤ 콜레스테롤 크림

41 품종 표준 미용 파악하기 중 견종 표준서 분석하기에 대한 내용으로 옳지 않은 것을 고르시오.

① 미용하고자 하는 개의 견종 표준서를 확인한다.

② 해당 견종의 도그 쇼 사진 및 동영상을 참고하여 비교해 본다.

③ 견종 표준서를 읽고 머릿속에 미용 형태를 그려 보며 이해한다.

④ 우수 품종의 기준을 파악하지는 않아도 좋지만, 목적별 견종 그룹의 분류를 확인한다.

⑤ 머릿속에 그린 이미지와 해당 견종의 도그 쇼 사진 등의 이미지를 비교하며 이상적인 미용 형태를 결정한다.

42 테이블 매너 훈련하기에 대한 내용으로 옳지 않은 것을 고르시오.

① 간단하고 규칙적인 단어로 일관되게 명령을 한다.

② 개가 혼돈할 가능성이 있는 단어나 행동은 하지 않는다.

③ 훈련할 때 한 번 정한 명령어와 규칙을 알아듣지 못한다면 한번 더 바꾼다.

④ 테이블 매너를 훈련하기에 앞서 미용사와 충분한 교감 과정을 통해 애견이 심리적 안정을 취하도록 한다.

⑤ 애견이 테이블 훈련과 미용을 하기에 적당한 컨디션인지 확인할 수 있으며 관찰하는 과정 또한 훈련의 일부가 된다.

43 다음 설명에 해당하는 것으로 옳은 것을 고르시오.

> • 코트가 건강한 상태로 유지되도록 도움을 준다.
> • 손상된 코트에 보습효과를 주어 피모의 손상을 빨리 회복시켜준다.
> • 털의 정전기로 인한 마찰손상을 줄여주고 브러싱을 쉽도록 도와준다.

① 워터리스 샴푸

② 엉킴제거 제품

③ 브러싱 스프레이

④ 브러싱 컨디셔너

⑤ 정전기 방지 컨디셔너

44 브리슬 브러시(천연모 브러시)에 대한 내용으로 옳지 않은 것을 고르시오.

① 실키 코트에 사용한다.

② 빳빳한 짐승 털로 만들어져 있다.

③ 털의 소재로 멧돼지 털과 돼지 털을 주로 사용한다.

④ 털과 피부의 노폐물 제거와 오일 브러싱에 사용한다.

⑤ 가볍고 탄력이 있어 털의 손상을 줄여주는 장점이 있다.

1급

45 장모 소형견의 브러싱에 대한 내용으로 옳지 않은 것을 고르시오.

① 개를 눕힌 상태에서 털의 결 방향대로 브러싱한다.

② 브러싱이 덜 된 부분이 확인되면 그 부위를 순서대로 반복 브러싱한다.

③ 브러싱을 위해 개를 눕힐 때 개가 기댈 수 있는 목베개를 활용하는 것은 좋지 못하다.

④ 콤으로 전체적으로 빗질하여 브러싱 상태를 점검하고 코트를 정돈하는 마무리 작업을 한다.

⑤ 플라스틱 재질의 빗은 정전기 발생이 심하고 빗살면이 부드럽지 못하여 모질을 손상시키는 원인이 된다.

46 엉킨 털이 손상되지 않게 브러싱하는 내용으로 옳지 않은 것을 고르시오.

① 엉킴 제거에 도움을 주는 제품을 뿌려 준다.

② 빗과 손을 활용하여 털의 엉킨 부분을 찾는다.

③ 손가락으로 털을 풀 때에는 손에 빗을 쥔 상태로 풀어야 한다.

④ 엉킨 털의 가장 바깥쪽 부분의 적은 양부터 브러싱하여 털을 완벽하게 풀어낸다.

⑤ 손으로 털을 만져 보거나 빗을 쥔 손에 힘을 주지 않고 가볍게 빗질하면서 엉킨 부분을 찾는다.

47 다음 설명에 해당하는 것으로 옳은 것을 고르시오.

- 모발이나 모공에 축적되어 있는 이물질을 제거해 주는 제품이다.
- 충분한 딥 클렌징을 하여 빌드업 현상을 제거한다.

① 볼륨 목욕 제품

② 파우더 목욕 제품

③ 실키코트 목욕 제품

④ 화이트닝 목욕 제품

⑤ 딥 클렌징 목욕 제품

48 장모종 목욕시키기 중 샴핑하기에 대한 내용으로 옳지 않은 것을 고르시오.

① 샤워기의 수압을 조절하여 털 안쪽까지 충분히 젖을 때까지 물에 적신다.

② 털의 오염 물질을 가볍게 씻어 내고 항문 낭액을 제거한다.

③ 적절한 온도의 물을 욕조에 받고 털의 상태에 따라 샴푸의 농도를 조절한다.

④ 마사지할 때에는 두 손바닥으로 털을 비비거나 문지르며 마사지한다.

⑤ 오염 정도가 심한 부위에는 샴푸의 농도를 진하게 하여 사용한다.

49 다음에 해당하는 것으로 옳은 것을 고르시오.

> • 상모(오버코트 : 보호털)와 하모(언더코트)의 이중모의 구조로 되어 있다.
> • 상모의 피모를 보호하는 얇고 거친 털과 부드럽고 촘촘히 난 하모는 추위에 강하다.

① 메인 코트
② 싱글 코트
③ 러프 코트
④ 더블 코트
⑤ 스무드 코트

50 장모종 래핑하기의 순서로 가장 옳은 것을 〈보기〉에서 골라 순서대로 나열하시오.

> **보기**
>
> ㄱ. 개의 털을 래핑지로 감싼다.
> ㄴ. 특징에 알맞은 래핑 용품을 준비한다.
> ㄷ. 개의 털을 꼬리 빗을 이용하여 나눈다.
> ㄹ. 개의 모량, 모질, 털의 길이를 확인한다.

① ㄴ - ㄱ - ㄷ - ㄹ
② ㄷ - ㄱ - ㄴ - ㄹ
③ ㄷ - ㄹ - ㄴ - ㄱ
④ ㄹ - ㄴ - ㄷ - ㄱ
⑤ ㄹ - ㄷ - ㄱ - ㄴ

01 등 부분에 넓은 안장 같은 반점을 뜻하는 피부와 털의 용어로 옳은 것을 고르시오.

① 파일(pile)

② 새들(saddle)

③ 위스커(whisker)

④ 페더링(feathering)

⑤ 오버코트(overcoat)

02 올드잉글리시 쉽독과 같은 덥수룩한 털을 뜻하는 피부와 털의 용어로 옳은 것을 고르시오.

① 펠트(felt)

② 코트(coat)

③ 섀기(shaggy)

④ 실키 코트(silky coat)

⑤ 하시 코트(harsh coat)

03 단모(短毛), 짧은 털을 뜻하는 피부와 털의 용어로 옳은 것을 고르시오.

① 언더코트(undercoat)

② 실키 코트(silky coat)

③ 컬리 코트(curly coat)

④ 와이어 코트(wire coat)

⑤ 스무드 코트(smooth coat)

04 스커트(skirt)에 대한 설명으로 옳은 것을 고르시오.

① 환모기의 털

② 뒷다리의 긴 장식 털

③ 몸의 중심이 되는 털

④ 입술과 턱 측면에 난 수염

⑤ 에이프런 아랫부분의 긴 장식 털

05 다음 설명에 해당하는 피부와 털의 용어로 옳은 것을 고르시오.

> • 건조하고 거칠며 상태가 나빠진 털이다.
> • 질병이 있거나 영양 상태가 안 좋을 경우 나타난다.

① 컬리 코트(curly coat)

② 울리 코트(woolly coat)

③ 웨이비 코트(wavy coat)

④ 코디드 코트(corded coat)

⑤ 스테어링 코트(staring coat)

06 직립모(直立毛)로 털이 구불거리지 않는 직선의 털을 뜻하는 피부와 털의 용어로 옳은 것을 고르시오.

① 롱 코트(long coat)

② 오버코트(overcoat)

③ 메인 코트(main coat)

④ 하시 코트(harsh coat)

⑤ 스트레이트 코트(straight coat)

07 부드럽고 광택이 있는 실크 같은 긴 모질을 뜻하는 피부와 털의 용어로 옳은 것을 고르시오.

① 롱 코트(long coat)

② 언더코트(undercoat)

③ 실키 코트(silky coat)

④ 컬리 코트(curly coat)

⑤ 더블 코트(double coat)

08 한 겹의 털을 뜻하는 피부와 털의 용어로 옳은 것을 고르시오.

① 플럼(plume)

② 싱글 코트(single coat)

③ 페셔헤어(festher-hair)

④ 스무드 코트(smooth coat)

⑤ 스탠드 오프 코트(stand off coat)

1급

09 모량이 부족하거나 탈모된 상태를 뜻하는 피부와 털의 용어로 옳은 것을 고르시오.

① 오버코트(overcoat)

② 언더코트(undercoat)

③ 메인 코트(main coat)

④ 페셔헤어(festher-hair)

⑤ 아웃 오브 코트(out of coat)

10 흰색 바탕에 옅은 반점이 흩어져 있는 것을 뜻하는 모색의 용어로 옳은 것을 고르시오.

① 벨튼(belton)

② 알비노(albino)

③ 할리퀸(harlequin)

④ 실버 버프(silver buff)

⑤ 실버 그레이(silver gray)

11 단일색인 모색이 파괴된 것을 뜻하는 모색의 용어로 옳은 것을 고르시오.

① 포인츠(points)

② 파티컬러(parti-color)

③ 셀프 마크드(self marked)

④ 브로큰 컬러(broken color)

⑤ 피그멘테이션(pigmentation)

12 비버(beaver)에 대한 설명으로 옳은 것을 고르시오.

① 노란색

② 순수한 검은색

③ 밝은 회색, 은색

④ 푸른 동색, 청동색

⑤ 브라운과 그레이가 섞인 색

13 전체적으로 어두운 녹색에 털끝이 약간 붉은 색을 뜻하는 모색의 용어로 옳은 것을 고르시오.

① 샌드(sand)
② 알비노(albino)
③ 브론즈(bronze)
④ 블루 블랙(blue black)
⑤ 실버 블랙(silver black)

14 다음 설명에 해당하는 모색의 용어로 옳은 것을 고르시오.

- 패스턴에서 볼 수 있는 검은색 반점이다.
- 맨체스터테리어, 토이 맨체스터테리어가 대표적이다.

① 페퍼(pepper)
② 섬 마크(thumb mark)
③ 데드 그래스(dead grass)
④ 슬레이트 블루(slate blue)
⑤ 타이거 브린들(tiger breindle)

15 다음 설명에 해당하는 모색의 용어로 옳은 것을 고르시오.

- 검은색 개의 대퇴부 안쪽과 후방의 탠 반점이다.
- 맨체스터테리어, 로트와일러가 대표적이다.

① 스팟(spot)
② 퓨스(puce)
③ 이사벨라(isabela)
④ 브리칭(breeching)
⑤ 울프 그레이(wolf gray)

16 다음 설명에 해당하는 모색의 용어로 옳은 것을 고르시오.

- 은색의 하얀색 같은 담황색이다.
- 전체적으로 희게 보이며 은색을 띤다.

① 크림(cream)
② 할리퀸(harlequin)
③ 마호가니(mahogany)
④ 실버 버프(silver buff)
⑤ 머즐 밴드(muzzle band)

1급

17 다음 설명에 해당하는 모색의 용어로 옳은 것을 고르시오.

> • 바탕색에 다른 색의 무늬가 존재하는 털이다.
> • 어두운 바탕색에 밝은 모색이 섞이거나 밝은 바탕색에 어두운 모색이 섞인 것이다.

① 알비노(albino)
② 스모크(smoke)
③ 브린들(brindle)
④ 블레이즈(blaze)
⑤ 펜실링(penciling)

18 검은 바탕에 양 눈 위, 귀 안쪽, 주둥이 양측, 목, 아랫다리, 항문 주위에 탠이 있는 것을 뜻하는 모색의 용어로 옳은 것을 고르시오.

① 그루즐(gruzzle)
② 블랙 마스크(black mask)
③ 셀프 마크드(self marked)
④ 배저 마킹(badger marking)
⑤ 블랙 앤드 탠(black and tan)

19 다음 설명에 해당하는 모색의 용어로 옳은 것을 고르시오.

> • 유전적 원인에 의해 발생한다.
> • 백화 현상, 색소 결핍증. 피부, 털, 눈 등에 색소가 발생하지 않는 이상 현상이다.

① 세이블(sable)
② 화이트(white)
③ 마킹(marking)
④ 알비니즘(albinism)
⑤ 셀프 마크드(self marked)

20 목, 꼬리 사이의 등, 몸통 쪽에 넓게 있는 모색을 뜻하는 모색의 용어로 옳은 것을 고르시오.

① 새들(saddle)
② 포인츠(points)
③ 블랭킷(blanket)
④ 울프 그레이(wolf gray)
⑤ 슬레이트 블루(slate blue)

21 마우스 그레이보다 밝은 은색이 도는 회색을 뜻하는 모색의 용어로 옳은 것을 고르시오.

① 실버(sliver)

② 실버 버프(silver buff)

③ 실버 블랙(silver black)

④ 실버 그레이(silver gray)

⑤ 슬레이트 블루(slate blue)

22 양 눈과 눈 사이에 중앙을 가르는 가늘고 긴 백색의 선을 뜻하는 모색의 용어로 옳은 것을 고르시오.

① 블루(blue)

② 스팟(spot)

③ 블레이즈(blaze)

④ 브론즈(bronze)

⑤ 이사벨라(isabela)

23 다음 설명에 해당하는 모색의 용어로 옳은 것을 고르시오.

- 두 가지 색의 구분된 반점의 색깔이다.
- 보통 흰 바탕에 윤곽이 뚜렷한 갈색 또는 검은색 반점이 있다.

① 트라이컬러(tri-color)

② 셀프 컬러(self color)

③ 파티컬러(parti-color)

④ 파울 컬러(foul color)

⑤ 키스 마크(kiss mark)

24 검정, 블루, 그레이가 섞인 대리석 색을 뜻하는 모색의 용어로 옳은 것을 고르시오.

① 블루(blue)

② 비버(beaver)

③ 블루 블랙(blue black)

④ 블루 마블(blue marble)

⑤ 슬레이트 블루(slate blue)

1급

25 맨체스터테리어의 발가락에 있는 검은 선을 뜻하는 모색의 용어로 옳은 것을 고르시오.

① 할리퀸(harlequin)
② 펜실링(penciling)
③ 블루 블랙(blue black)
④ 실버 블랙(silver black)
⑤ 머즐 밴드(muzzle band)

26 개를 심사하는 기준으로 옳지 않은 것을 고르시오.

① 상태
② 성격
③ 걸음걸이
④ 견주의 태도
⑤ 전체적인 몸의 균형

27 다음 빈칸에 들어갈 말로 옳은 것을 고르시오.

> (　　　)란 일반적으로 번식을 한 어미 개의 소유자를 일컫는 말이다. 책임감과 의식이 있는 (　　　)라면 무분별한 번식은 피하고 번식을 결정하기에 앞서 한 발짝 뒤로 물러서서 그 개의 장점과 단점을 공정히 평가할 수 있어야 한다.

① 단체
② 브리더
③ 출진자
④ 핸들러
⑤ 심사 위원

28 도그 쇼의 참가 절차에 대한 내용으로 옳지 않은 것을 고르시오.

① 출진자 등록이란 해당 단체에 회원 가입을 함으로써 가능하다.
② 출진견 등록은 해당 개의 혈통을 단체에 등록함으로써 공식적으로 족보를 인정받는 것이다.
③ 도그 쇼에 출진하기 위해서는 먼저 출진할 단체에 출진견과 출진자의 등록이 가장 중요하다.
④ 단체에 등록된 개에게는 혈통서가 발급되는데, 혈통서는 개에 대한 기본 정보만 기재된 등록 증명서이다.
⑤ 혈통서를 발행하는 것은 순수 혈통의 보존과 유지를 위해 필요한 절차이며 도그 쇼의 목적과도 부합된다.

29 견종별 베스트 오브 브리드 견들이 경합하여 선발되는 그룹 1위 견을 뜻하는 말로 옳은 것을 고르시오.

① 쇼 견(show dog)
② 베스트 인 쇼(best in show)
③ 베스트 인 그룹(best in group)
④ 섹션 오브 브리드(section of breed)
⑤ 스탠다드 오브 브리드(standard of breed)

30 다음 설명은 도그쇼 진행 방법 중에서 어떤 것에 대한 설명인지 옳은 것을 고르시오.

> • 링을 삼각형으로 사용하여 보행하는 것을 말한다.
> • 링의 한 변을 곧장 나아가서 제1 코너에서 90도로 돈다.
> • 제2 코너에서 회전하여 심사 위원을 향해 돌아온다.

① S자
② 라운딩
③ 개체심사
④ 트라이앵글
⑤ 다운 앤 백(업 앤 다운)

31 미국애견협회(AKC : American Kennel Club)의 견종 분류 중에서 스스로 사냥을 하고 사냥감을 궁지에 몰아 사냥꾼이 올 때까지 기다리거나 후각을 이용해 사냥감의 위치를 알아내는 견종 그룹으로 옳은 것을 고르시오.

① 목축 그룹(herding group)
② 하운드 그룹(hound group)
③ 테리어 그룹(terrier group)
④ 스포팅 그룹(sporting group)
⑤ 논스포팅 그룹(nonsporting group)

32 미국애견협회(AKC : American Kennel Club)의 견종 분류 중에서 목동과 농부를 도와 가축을 다른 장소로 움직이도록 이끌고 감독하는 견종 그룹으로 옳은 것을 고르시오.

① 토이 그룹(toy group)
② 목축 그룹(herding group)
③ 워킹 그룹(working group)
④ 테리어 그룹(terrier group)
⑤ 스포팅 그룹(sporting group)

1급

33 도그 쇼의 견종별 표준 미용 규정에 대한 내용으로 옳지 않은 것을 〈보기〉에서 모두 고르시오.

> **보기**
>
> ㄱ. 모견이나 종견 클래스에는 콘티넨털 클립으로 출전할 수도 있다.
> ㄴ. 12개월 이상의 개들은 잉글리시 새들 클립으로만 출전할 수 있다.
> ㄷ. 도그 쇼에 출진하기 위한 견종별 표준 미용 규정은 주최하는 단체의 견종 표준서를 따른다.
> ㄹ. 가장 일반적인 미용견인 푸들의 미국애견협회의 미용 규정을 예로 들면, 12개월 미만의 강아지는 퍼피 클립으로 출전할 수 있다.

① ㄱ, ㄴ
② ㄱ, ㄷ
③ ㄴ, ㄷ
④ ㄴ, ㄹ
⑤ ㄷ, ㄹ

34 스포팅 클립(sporting clip)에 대한 내용으로 옳지 않은 것을 고르시오.

① 꼬리 끝에는 폼폰을 유지한다.
② 얼굴, 목, 발과 꼬리의 밑둥치는 면도한다.
③ 몸의 털은 다리의 털 길이보다 약간 더 길어도 된다.
④ 머리 위에는 시저링으로 손질된 모자 형태의 머리여야 한다.
⑤ 다른 부위는 면도나 시저링하여 개의 외형상 아웃라인을 위주로 1인치 미만의 짧은 털로 덮는다.

35 밸런스의 이해에 대한 내용으로 옳지 않은 것을 고르시오.

① 귀의 위치는 털의 형태와 커트로 보완할 수 없다.
② 꼬리의 위치는 몸의 미용을 할 때에 밸런스에 맞추어 조절할 수 있다.
③ 오 다리 형태의 개를 미용하고자 할 때에는 단점을 보완하여 다리 형태가 스트레이트로 보이도록 커트할 수 있다.
④ 미용견의 두상 모양을 눈과 손으로 확인하여 장단점을 파악할 수 있다면 어느 부분을 미용으로 보완해야 하는지 결정할 수가 있다.
⑤ 견종 기준서를 이해하여 마음속에 상상한 이상적인 몸의 길이와 둘레와 비교하여 미용견의 밸런스를 미용으로 보완하여 조절하는 것도 가능하다.

36 털을 양호한 상태로 유지하기 위해 주기적으로 부드러운 털이나 떠 있는 털, 긴 털을 나이프나 손가락을 이용해 뽑아 라인을 정리하는 작업을 뜻하는 용어로 옳은 것을 고르시오.

① 롤링(rolling)
② 플러킹(plucking)
③ 블렌딩(blending)
④ 풀 스트리핑(full stripping)
⑤ 스테이지 스트리핑(stage stripping)

37 핸드 스트리핑(hand stripping)의 수행에 대한 내용으로 옳지 않은 것을 고르시오.

① 한 손으로 개의 피부를 지탱해 준다.

② 털이 잘리지 않고 반드시 뿌리까지 뽑히도록 한다.

③ 스트리핑 작업 전에는 샴핑을 하는 것이 털을 뽑기에 더 좋다.

④ 살짝 잡아당겼을 때 피부의 당겨짐 없이 쉽게 뽑히는 것이 정상이다.

⑤ 엄지손가락과 집게손가락 사이에 적은 양의 털을 잡고 털의 결 방향으로 가볍게 뽑아 준다.

38 다리와 언더라인, 머리 부분의 미용에 대한 내용으로 옳지 않은 것을 고르시오.

① 치크, 귀, 꼬리 아랫부분, 배를 차례대로 클리핑한다.

② 트리밍을 시작하기에 앞서 장식 털과 수염을 샴푸 후 블로 드라이한다.

③ 시저링은 가위 끝이 지면을 가리키는 앵글 컷의 스트레이트 가위를 사용하도록 한다.

④ 가슴의 하얀 부분을 클리핑할 때에는 앞다리 사이로 너무 깊게 패지 않도록 주의한다.

⑤ 시저링하기 전에 초크를 사용하면 가위를 빨리 상하게 하므로 사용하지 않는 것이 좋다.

39 다음 빈칸에 해당하는 것으로 옳은 것을 고르시오.

> 털이 상해서 색이 바랬으면 (　　　)을/를 칠해서 털 색을 더욱 선명하게 할 수 있다. 분필을 사용하는 것처럼 바를 수 있다.

① 헤어젤

② 스프레이

③ 컬러 초크

④ 컬러 파우더

⑤ 컬러 전문 샴푸

40 스프레이 작업에 대한 내용으로 옳지 않은 것을 고르시오.

① 고정 상태에 따라 2~3회 추가 분사한다.

② 스프레이 작업이 필요한 곳 외의 주변 부위를 손으로 가려 준다.

③ 얼굴 부위를 작업할 때에는 눈에 스프레이 입자가 들어가지 않도록 주의한다.

④ 마지막에는 스프레이를 많이 분사하여 털을 최종적으로 고정시킨다.

⑤ 해당 부위에서 15~30cm 정도 떨어진 거리에서 스프레이를 짧고 부드럽게 눌러 고운 입자로 분사한다.

1급

41 테이블 위의 미용 매너 훈련에 대한 내용으로 옳지 않은 것을 고르시오.

① 개가 긴장하지 않은 상태에서 네 발로 편하게 설 수 있게 한다.

② 편안한 상태가 되도록 개를 가만히 두고 조금 기다린다.

③ 앞발의 위치는 옆에서 봤을 때에는 앞다리가 기갑(withers)에서 수직으로 내려온다.

④ 뒷발의 위치는 뒷발허리뼈가 테이블 면과 수직이 되게 조정한다.

⑤ 개가 전방을 주시하여 무게 중심의 20% 정도가 앞으로 올 수 있도록 유도한다.

42 푸들 퍼피 클립의 클리핑(clipping)에 대한 내용으로 옳지 않은 것을 고르시오.

① 스톱 부위를 얇은 ∧형으로 클리핑한다.

② 목 부위를 V자 또는 U자 형으로 귀 밑 부분까지 클리핑한다.

③ 미용 시 클리퍼 날은 사이즈 40~30(0.25~0.5mm)을 사용한다.

④ 얼굴 부위와 귀 앞부분에서 눈꼬리 부분까지 직선으로 클리핑한다.

⑤ 허벅지 안쪽과 배 부위를 클리핑할 때 배꼽 지점에서 수캐는 ∩자, 암캐는 ∧자 형태로 클리핑한다.

43 다음 설명에 해당하는 것으로 옳은 것을 고르시오.

> • 물이 필요 없으므로 목욕 시설이 준비되지 않은 야외에서 직접 목욕시킬 수도 있다.
> • 더러워지거나 얼룩진 코트 부위에 직접 뿌려서 물로 헹구지 않고 드라이어로 말리거나 수건으로 닦아서 사용한다.

① 쇼 스프레이
② 워터리스 샴푸
③ 브러싱 컨디셔너
④ 콜레스테롤 크림
⑤ 정전기 방지 컨디셔너

44 장모 소형견의 브러싱에 대한 내용으로 옳지 않은 것을 고르시오.

① 브러싱 스프레이를 분사한 후 모근의 바깥쪽에서 안쪽으로 브러싱한다.

② 한쪽 손을 피부에 가까이 대어 피부가 움직이지 않도록 고정하고 반대편 손으로 브러싱한다.

③ 소량의 털만 빗어 내어 털의 흐름이 흐트러지지 않게 주의하여 브러싱한다.

④ 하나의 라인에 브러싱을 마치면 조금 더 윗부분의 털을 빗어 내어 순차적으로 브러싱한다.

⑤ 눈 위는 안구에 손상을 주지 않도록 귀 쪽을 향해 브러싱한다.

45 다음 설명에 해당하는 것으로 옳은 것을 고르시오.

> • 털에 볼륨을 주어 모량이 풍성하게 보이게 하며 미용 시 스타일 완성을 용이하게 한다.
> • 푸들이나 비숑 프리제 등의 견종에 사용하며 볼륨이 필요한 테리어 종에도 적합한 제품이다.

① 워터리스 샴푸
② 털 관리용 오일
③ 볼륨 목욕 제품
④ 파우더 목욕 제품
⑤ 화이트닝 목욕 제품

46 장모종 목욕시키기 중 린싱하기에 대한 내용으로 옳지 않은 것을 고르시오.

① 물을 욕조에 받고 린스의 농도를 조절한다.
② 손가락을 벌려서 위에서 아래로 빗처럼 사용하여 마사지한다.
③ 린스 작업 시 코트의 부분적인 부위를 담가야 한다.
④ 린스의 헹굼 정도를 조절하여 코트의 무게감을 조절할 수 있다.
⑤ 마지막에는 코트의 모근 가까이를 잡고 아래쪽 방향으로 부드럽게 훑어 내듯 물기를 제거한다.

47 다음에 해당하는 것으로 옳은 것을 고르시오.

> • 상모와 하모 중 상모만을 가진 일중모의 구조로 되어 있어 환모기가 없고 털의 빠짐이 적다.
> • 피모가 얇기 때문에 추위에 약하지만 장모종의 경우 털의 관리를 소홀히 할 경우 엉키기 쉽다.

① 더블 코트
② 러프 코트
③ 메인 코트
④ 싱글 코트
⑤ 스무드 코트

48 드라이 작업의 온도 조절에 대한 내용으로 옳지 않은 것을 고르시오.

① 더블 코트는 피모 속을 확실하게 말려 주어야 한다.
② 눈에 직접적으로 드라이 바람이 가지 않도록 주의한다.
③ 싱글 코트는 피모가 얇아서 최대한 느리게 작업을 끝내야 한다.
④ 높은 온도로 털을 말릴 때에는 피모가 손상되고 피부에 화상을 입을 수 있으므로 주의한다.
⑤ 젖은 털은 온도를 강으로 해서 말리고 물기 제거 후에는 미지근한 바람으로 털을 말려 준다.

49 장모종 래핑하기에서 개의 털을 꼬리 빗을 이용하여 나눌 때의 유의사항으로 옳지 않은 것을 〈보기〉에서 모두 고르시오.

> 보기
>
> ㄱ. 관절 부위에 래핑을 하는 것이 좋다.
> ㄴ. 털을 나누는 라인을 결정할 때 주의한다.
> ㄷ. 개의 움직임을 고려하여 관절의 움직임에 따라 나누어 주는데 정해진 개수는 없다.

① ㄱ
② ㄴ
③ ㄷ
④ ㄱ, ㄴ
⑤ ㄴ, ㄷ

50 장모종 래핑하기에서의 유의 사항으로 옳은 것을 〈보기〉에서 모두 고르시오.

> 보기
>
> ㄱ. 래핑이 모근에 너무 가까워 타이트하면 털이 끊어질 수 있다.
> ㄴ. 귀를 래핑할 때에는 항상 귀 끝에서 1cm 이상 간격을 주고 래핑한다.
> ㄷ. 고무밴드는 보통은 한쪽 방향으로 감으며 감는 횟수는 견종 모두 동일하다.

① ㄱ
② ㄴ
③ ㄷ
④ ㄱ, ㄴ
⑤ ㄴ, ㄷ

01 언더코트(undercoat)에 대한 내용으로 옳은 것을 〈보기〉에서 모두 고르시오.

ㄱ. 거칠지만 촘촘하게 나 있다.
ㄴ. 모량이 부족하거나 탈모된 상태이다.
ㄷ. 아래 털, 하모(下毛), 부모(副毛)라고도 한다.
ㄹ. 체온을 유지하고 조절하거나 방수성을 가진다.

① ㄱ, ㄴ
② ㄱ, ㄷ
③ ㄱ, ㄹ
④ ㄴ, ㄷ
⑤ ㄷ, ㄹ

02 오버코트(overcoat)에 대한 설명으로 옳은 것을 〈보기〉에서 모두 고르시오.

ㄱ. 한 겹의 털이다.
ㄴ. 직립모(直立毛)라고도 한다.
ㄷ. 외부 환경으로부터 신체를 보호한다.
ㄹ. 위 털, 상모(上毛), 주모(主毛)라고도 한다.

① ㄱ, ㄴ
② ㄱ, ㄷ
③ ㄴ, ㄷ
④ ㄴ, ㄹ
⑤ ㄷ, ㄹ

03 뻣뻣하고 강한 형태의 모질, 상모가 단단하고 바삭거리는 모질을 뜻하는 피부와 털의 용어로 옳은 것을 고르시오.

① 싱글 코트(single coat)
② 와이어 코트(wire coat)
③ 코디드 코트(corded coat)
④ 스무드 코트(smooth coat)
⑤ 스테어링 코트(staring coat)

04 울리 코트(woolly coat)에 대한 내용으로 옳은 것을 〈보기〉에서 모두 고르시오.

ㄱ. 양모상의 털이다.
ㄴ. 북방 견종에게 많다.
ㄷ. 부드럽고 광택이 있는 실크 같은 긴 모질이다.
ㄹ. 오버코트와 언더코트의 이중모 구조의 털이다.

① ㄱ, ㄴ
② ㄱ, ㄷ
③ ㄴ, ㄷ
④ ㄴ, ㄹ
⑤ ㄷ, ㄹ

1급

05 파상모(波狀毛)라고도 하며 상모에 웨이브가 있는 털을 뜻하는 피부와 털의 용어로 옳은 것을 고르시오.

① 롱 코트(long coat)

② 컬리 코트(curly coat)

③ 싱글 코트(single coat)

④ 웨이비 코트(wavy coat)

⑤ 스트레이트 코트(straight coat)

06 주둥이 볼 양쪽과 아래턱의 길고 단단한 털을 뜻하는 피부와 털의 용어로 옳은 것을 고르시오.

① 펠트(felt)

② 비어드(beard)

③ 위스커(whisker)

④ 아이브로(eyebrow)

⑤ 페셔헤어(festher-hair)

07 권모(捲毛)라고도 하며 곱슬 모를 뜻하는 피부와 털의 용어로 옳은 것을 고르시오.

① 파일(pile)

② 타셀(tassel)

③ 톱 노트(top knot)

④ 트라우저스(trousers)

⑤ 컬리 코트(curly coat)

08 다음 설명에 해당하는 피부와 털의 용어로 옳은 것을 고르시오.

> • 승상모(繩狀毛), 로프 코트(rope coat)라고도 한다.
> • 언더코트와 오버코트가 자연스럽게 얽혀 새끼줄 모양으로 된 털이다.

① 실키 코트(silky coat)

② 하시 코트(harsh coat)

③ 와이어 코트(wire coat)

④ 코디드 코트(corded coat)

⑤ 스테어링 코트(staring coat)

09 코트(coat)에 대한 내용으로 옳은 것을 〈보기〉에서 모두 고르시오.

> 보기
> ㄱ. 털을 말한다.
> ㄴ. 외상으로부터는 피부를 보호할 수 없다.
> ㄷ. 품종에 따라 모색, 강도, 털의 성질이 다양하다.

① ㄱ
② ㄴ
③ ㄷ
④ ㄱ, ㄷ
⑤ ㄴ, ㄷ

11 블루(blue)에 대한 내용으로 옳지 않은 것을 〈보기〉에서 모두 고르시오.

> 보기
> ㄱ. 엷은 다갈색으로 마른 풀색이다.
> ㄴ. 검은 것 같은 청색으로 농도의 폭이 넓다.
> ㄷ. 보통 태어날 때는 검은색이나 성장하며 블루로 변한다.

① ㄱ
② ㄴ
③ ㄷ
④ ㄱ, ㄷ
⑤ ㄴ, ㄷ

10 블루에 털끝이 검은 털을 뜻하는 모색의 용어로 옳은 것을 고르시오.

① 대플(dapple)
② 마호가니(mahogany)
③ 블루 블랙(blue black)
④ 실버 블랙(silver black)
⑤ 블루 마블(blue marble)

12 다음 설명에 해당하는 모색의 용어로 옳은 것을 고르시오.

> • 유색 견이 흰색 양말을 신은 것 같은 무늬이다.
> • 이비전하운드가 대표적이다.

① 스팟(spot)
② 설반(舌班)
③ 삭스(socks)
④ 알비노(albino)
⑤ 섬 마크(thumb mark)

1급

13 다음 설명에 해당하는 모색의 용어로 옳은 것을 고르시오.

> • 말안장을 얹은 것 같은 검은색 반점이다.
> • 에어데일테리어가 대표적이다.

① 팰로(fallow)
② 새들(saddle)
③ 제트 블랙(get black)
④ 블랙 앤드 탠(black and tan)
⑤ 페퍼 앤 솔트(pepper and salt)

14 모래색을 뜻하는 모색의 용어로 옳은 것을 고르시오.

① 샌드(sand)
② 허니(honey)
③ 맨틀(mantle)
④ 배저(badger)
⑤ 비버(beaver)

15 반점이 있는 혀를 뜻하는 모색의 용어로 옳은 것을 고르시오.

① 탠(tan)
② 론(roan)
③ 설반(舌班)
④ 퓨스(puce)
⑤ 벨튼(belton)

16 세이블(sable)에 대한 내용으로 옳은 것을 고르시오.

① 주둥이 주위에 흰색 반점이다.
② 부드럽고 연한 느낌의 담황색이다.
③ 반점으로 부위에 따라 분포와 크기가 다양하다.
④ 연한 기본 모색에 검은색 털이 섞여 있거나 겹쳐 있는 것이다.
⑤ 특별히 도드라지는 색 없이 여러 가지 색으로 반점을 만드는 색이다.

17 가슴, 발가락, 꼬리 끝에 흰색이나 청색 반점을 가진 한 가지 색을 뜻하는 모색의 용어로 옳은 것을 고르시오.

① 브리칭(breeching)
② 스틸 블루(steel blue)
③ 키스 마크(kiss mark)
④ 섬 마크(thumb mark)
⑤ 셀프 마크드(self marked)

18 흰색 바탕에 한 가지나 두 가지의 명확한 독립적인 반점이 있는 것을 뜻하는 모색의 용어로 옳은 것을 고르시오.

① 티킹(ticking)
② 페퍼(pepper)
③ 휘튼(wheaten)
④ 브론즈(bronze)
⑤ 머스터드(mustard)

19 피그멘테이션(pigmentation)에 대한 내용으로 옳은 것을 고르시오.

① 녹슨 색의 탠이다.
② 단일색인 모색이 파괴된 것이다.
③ 피모의 멜라닌 색소 과립 침착 상태이다.
④ 목, 귀에 탠이나 다른 색의 반점이 있는 것이다.
⑤ 검은색 개의 대퇴부 안쪽과 후방의 탠 반점이다.

20 몸 전체 모색이 같은 것을 뜻하는 모색의 용어로 옳은 것을 고르시오.

① 멀(merle)
② 대플(dapple)
③ 블랭킷(blanket)
④ 셀프 컬러(self color)
⑤ 블루 마블(blue marble)

1

21 스모크(smoke)에 대한 설명으로 옳은 것을 고르시오.

① 푸른 동색, 청동색
② 초콜릿색, 검은 적갈색
③ 진한 적갈색, 붉은 간장 색
④ 브라운과 그레이가 섞인 색
⑤ 거무스름한 옅은 흑색의 연기 색

22 반점이며 흰색 바탕에 검정이나 리버 스팟이 전신에 있는 무늬를 뜻하는 모색의 용어로 옳은 것을 고르시오.

① 스팟(spot)
② 페퍼(pepper)
③ 그루즐(gruzzle)
④ 초콜릿(chocolate)
⑤ 카페오레(cafe au lait)

23 검은 회색의 블루, 회색이 있는 청색을 뜻하는 모색의 용어로 옳은 것을 고르시오.

① 트라이컬러(tri-color)
② 실버 블랙(silver black)
③ 슬레이트 블루(slate blue)
④ 배저 마킹(badger marking)
⑤ 하운드 마킹(hound marking)

24 후추 색을 뜻하는 모색의 용어로 옳은 것을 고르시오.

① 리버(liver)
② 삭스(socks)
③ 페퍼(pepper)
④ 체스넛(chestnut)
⑤ 이사벨라(isabela)

25 검은 털 속에 은색 털이 섞인 것을 뜻하는 모색의 용어로 옳은 것을 고르시오.

① 배저(badger)
② 트레이스(trace)
③ 할리퀸(harlequin)
④ 실버 블랙(silver black)
⑤ 블루 마블(blue marble)

26 도그 쇼에 대한 내용으로 옳지 않은 것을 고르시오.

① 도그 쇼를 즐기기 위해서는 반드시 이겨야 한다.
② 도그 쇼는 개를 사랑하는 이들이 즐길 수 있는 최고의 스포츠이기도 하다.
③ 도그 쇼에 출진하는 것은 견주나 출진하는 개에게도 모두 즐거운 취미가 될 수 있다.
④ 도그 쇼의 가장 기본적인 목적은 다음 세대를 위한 혈통 번식의 평가를 쉽게 하기 위해서이다.
⑤ 1859년에 영국의 뉴캐슬에서 개최된 '스포팅 도그 쇼'가 세계 최초의 공식적인 도그 쇼로 알려져 있다.

27 도그 쇼의 진행에 대한 내용으로 옳지 않은 것을 고르시오.

① 출진자는 링 안에서 심사 위원의 지시에 따라 심사를 받는다.
② 출진하기 전에 궁금한 사항은 링 안의 안내자인 스튜어드(steward)에게 문의한다.
③ 심사 위원이 개를 만질 때에는 안정된 자세로 개를 옆으로 눕혀 심사 위원에게 보여 준다.
④ 심사 위원은 먼저 순서대로 개체 심사(개를 직접 손으로 만져 골격, 치열, 모질 등을 확인)를 한다.
⑤ 심사 위원은 다운 앤 백(down & back), 트라이앵글(triangle), 라운딩(rounding) 등을 요청하여 개의 움직임을 확인한다.

28 각 그룹의 베스트 인 그룹 견들이 경합하여 선발되는 도그 쇼 최고의 견을 뜻하는 말로 옳은 것을 고르시오.

① 쇼 견(show dog)
② 스튜어드(steward)
③ 베스트 인 쇼(best in show)
④ 베스트 오브 브리드(best of breed)
⑤ 스탠다드 오브 브리드(standard of breed)

1급

29 도그쇼 진행 방법 중 라운딩에 대한 설명으로 옳지 않은 것을 고르시오.

① 라운딩은 원의 형태로 보행하는 것을 말한다.

② 심사 위원이 한 클래스의 전원에게 원을 돌게 지시한다.

③ 시계 반대 방향으로 돌고 개는 핸들러의 왼쪽에 위치한다.

④ 앞에 출진자가 있을 때에는 충분한 간격을 유지하고 출발한다.

⑤ 전원의 선두에 있을 때에는 뒷사람들이 준비된 것을 확인한 후 출발한다.

30 다음 설명은 미국애견협회(AKC : American Kennel Club)의 견종 분류 중에서 어떤 견종 그룹에 대한 설명이다. 다음 빈칸에 들어갈 말로 옳은 것을 고르시오.

> 확고하고 용감한 기질의 (   )은/는 쥐와 여우 등의 사냥감을 쫓아 땅속을 움직이기에 충분히 작고 적합해야 하며 그 때문에 지면 또는 땅이라는 라틴어의 '테라'에서 이름을 따 (   )라는 이름을 가지게 되었다.

① 워킹

② 목축

③ 토이

④ 테리어

⑤ 하운드

31 미국애견협회(AKC : American Kennel Club)의 견종 분류 중에서 다른 그룹에 포함되지 않으면서 굉장히 다양한 특성을 가진, 나머지 견종들로 구성되는 견종 그룹으로 옳은 것을 고르시오.

① 토이 그룹(toy group)

② 워킹 그룹(working group)

③ 하운드 그룹(hound group)

④ 테리어 그룹(terrier group)

⑤ 논스포팅 그룹(nonsporting group)

32 세계애견연맹(FCI : Federation Cynologique Internationale)의 견종 분류 중에서 7그룹에 속하는 종으로 옳은 것을 고르시오.

① 목양견

② 스피츠

③ 조렵견종

④ 워터 도그 견종

⑤ 시각형 수렵견종

33 콘티넨털 클립(continental clip)에 대한 내용으로 옳은 것을 〈보기〉에서 모두 고르시오.

> **보기**
>
> ㄱ. 뒷다리에도 브레이슬릿은 유지한다.
> ㄴ. 엉덩이 위에 둥근 로제트(rossette)는 필수로 한다.
> ㄷ. 잉글리시 새들 클립과 동일하지만 몸의 뒷부분은 모두 면도한다.

① ㄱ
② ㄴ
③ ㄱ, ㄴ
④ ㄱ, ㄷ
⑤ ㄴ, ㄷ

34 모델 견과의 친화 과정 형성에 대한 내용으로 옳지 않은 것을 〈보기〉에서 모두 고르시오.

> **보기**
>
> ㄱ. 개와 눈을 맞추면 개가 불안하므로 최대한 맞추지 않는다.
> ㄴ. 개의 눈, 코, 입, 귀, 피모 등의 전반적인 건강 상태를 육안으로 확인한다.
> ㄷ. 개의 골격과 근육 부위, 피부, 털, 패드, 발톱 상태 등은 육안으로만 확인한다.
> ㄹ. 한 손을 가슴 부위에 받치고 다른 손으로 개를 부드럽게 감싸 안아 테이블 위에 조심스럽게 내려놓는다.

① ㄱ, ㄴ
② ㄱ, ㄷ
③ ㄴ, ㄷ
④ ㄴ, ㄹ
⑤ ㄷ, ㄹ

35 트리밍 나이프나 콤 등을 이용해 피부에 자극을 주어 가며 새로운 털이 잘 자랄 수 있게 촉진시켜 주는 작업을 뜻하는 용어로 옳은 것을 고르시오.

① 롤링(rolling)
② 레이킹(raking)
③ 플러킹(plucking)
④ 블렌딩(blending)
⑤ 풀 스트리핑(full stripping)

36 쇼 미용 스트리핑하기에 대한 안전·유의사항으로 옳지 않은 것을 고르시오.

① 각 국가와 단체별로 미용 규정이 같은 점을 확인한다.
② 도그 쇼 사진 등 이상적인 미용형태의 예를 함께 참고한다.
③ 견종 표준서를 잘못 해석하지 않도록 내용을 명확히 파악한다.
④ 스트리핑 전에는 항상 피부의 컨디션을 확인한 후 작업을 진행한다.
⑤ 안정적인 스트리핑 방법을 숙지하여 미용견이 아파하거나 피부에 무리가 가지 않도록 조심한다.

37 다음 빈칸에 해당하는 것으로 옳은 것을 고르시오.

> ( )을/를 사용하여 스트리핑을 할 수 있다. 언더코트를 제거하는 데 좋다. 한 손으로 피부를 팽팽하게 해 주고 스톤을 부드럽게 털의 결 방향으로 문질러 준다.

① 플러킹(plucking)
② 풀 스트리핑(full stripping)
③ 핸드 스트리핑(hand stripping)
④ 스트리핑 스톤(stripping stone)
⑤ 스트리핑 나이프(stripping knife)

38 일반적으로 컬러 초크보다 입자가 곱고 점착력이 우수하여 미용을 더 오랜 시간 유지할 수 있는 것으로 옳은 것을 고르시오.

① 헤어젤
② 스프레이
③ 헤어 크림
④ 컬러 파우더
⑤ 라텍스 밴드

39 미니어처슈나우저의 스테이지 스트리핑에 대한 내용으로 옳지 않은 것을 고르시오.

① 뽑힐 준비가 되지 않은 털은 무리해서 뽑지 않도록 한다.
② 스테이지를 나누어 미니어처슈나우저를 부분별로 스트리핑할 수 있다.
③ 처음 스트리핑을 하는 강아지엔 적용할 수 없으나 흩날리는 털을 가진 어른 개에게는 적용할 수 있다.
④ 방법은 7일 간격으로 표시된 섹션을 순서대로 스트리핑하여 털을 모두 없애고, 이렇게 4주 안에 스트리핑을 완료할 수 있다.
⑤ 집게손가락과 엄지손가락 또는 스트리핑 나이프와 엄지손가락을 이용하여 털을 조금씩 뽑아내어 구역의 털이 모두 없어질 때까지 작업한다.

40 밴딩 작업에 대한 내용으로 옳지 않은 것을 고르시오.

① 꼬리빗을 사용하여 밴딩할 부위를 구분 짓는다.
② 밴딩할 부분의 털을 빗으로 빗어 정리한다.
③ 한 손으로 털을 고정한 상태에서 다른 손의 엄지손가락과 집게손가락 사이에 고무줄을 끼운다.
④ 고무줄 크기에 따라 3~4번 고무줄을 돌려 타이트하게 묶어 준다.
⑤ 밴딩 라인을 주기적으로 변화를 주어 밴딩 경계 부분의 털 빠짐을 방지할 수 있다.

41 비숑 프리제의 시저링(scissoring)에 대한 내용으로 옳지 않은 것을 고르시오.

① 정강이뼈 쪽의 털은 최대한 남겨 두어 각을 표현한다.
② 허벅지와 정강이 사이의 경사는 충분히 작게 표현한다.
③ 꼬리 뿌리 부분부터 좌골단을 항하여 45˚ 각도로 커트한다.
④ 타원형의 각 변화를 생각하며 엉덩이 뒷부분을 다듬어 나간다.
⑤ 꼬리 뿌리 부분의 위쪽 면에서 라스트 리브의 위까지 테이블 면과 평행이 되도록 커트한다.

42 실키코트 목욕 제품에 적합한 견종으로 옳은 것을 〈보기〉에서 모두 고르시오.

ㄱ. 푸들
ㄴ. 몰티즈
ㄷ. 비숑 프리제
ㄹ. 요크셔테리어

① ㄱ, ㄴ
② ㄱ, ㄷ
③ ㄴ, ㄷ
④ ㄴ, ㄹ
⑤ ㄷ, ㄹ

43 더블 코트의 대표 장모견종으로 옳은 것을 〈보기〉에서 모두 고르시오.

ㄱ. 푸들
ㄴ. 슈나우저
ㄷ. 포메라니안
ㄹ. 시베리안허스키

① ㄱ, ㄴ
② ㄱ, ㄴ, ㄷ
③ ㄱ, ㄴ, ㄹ
④ ㄴ, ㄷ, ㄹ
⑤ ㄱ, ㄴ, ㄷ, ㄹ

44 습식 타월에 대한 내용으로 옳은 것을 〈보기〉에서 모두 고르시오.

ㄱ. 세탁 후 마른 상태에서 접어서 보관한다.
ㄴ. 재질이 거칠기 때문에 수건에 털이 붙지 않는다.
ㄷ. 한 장의 타월로 여러 번 짜서 쓰며 물기를 제거할 수 있다.
ㄹ. 딱딱하게 굳어져 있는 타월을 물에 적신 후 부드러워진 타월의 물기를 짜서 사용한다.

① ㄱ, ㄴ
② ㄱ, ㄷ
③ ㄴ, ㄷ
④ ㄴ, ㄹ
⑤ ㄷ, ㄹ

45 장모종을 눕혀서 드라이 작업하기에 대한 내용으로 옳지 않은 것을 고르시오.

① 드라이 작업이 용이하게 개를 눕힌다.
② 털의 길이가 긴 부위부터 드라이한다.
③ 피모에 브러싱 스프레이를 분사하며 드라이한다.
④ 모발의 끝까지 브러싱하여 웨이브가 없도록 드라이한다.
⑤ 얼굴 부위는 콤이나 슬리커 브러시를 이용하여 드라이한다.

46 장모종의 래핑에 대한 내용으로 옳지 않은 것을 고르시오.

① 털의 마찰을 줄이기 위해 래핑은 털을 무작위로 싸야한다.
② 보통 모양이 가지런하고 흔들림이 덜 할수록 모질 손상도 덜하다.
③ 종이로 털을 감싸면 털이 쓸리고 엉키거나 부서지는 것을 막을 수가 있다.
④ 래핑을 한 상태에서는 피모에 공기가 접촉하는 것이 저해되므로 일정 시간마다 풀어서 다시 작업해야 한다.
⑤ 개의 움직임으로 털이 바닥에 쓸리거나 끊어지고 닳아서 어느 정도 길이 이상의 털 길이가 되면 관리에 어려움이 있다.

47 밴딩에 대한 내용으로 옳지 않은 것을 고르시오.

① 래핑에 비해 털의 구겨짐이 있다.
② 래핑에 비해 작업이 비교적 간단하다.
③ 밴딩을 하는 목적은 래핑과 동일하다.
④ 래핑지를 사용하지 않고 밴드를 이용한다.
⑤ 전람회 출진 전 코트 관리 등에 다양하게 활용할 수 있다.

48 엉킨 털이 손상되지 않게 브러싱하는 내용으로 옳지 않은 것을 고르시오.

① 모근의 털부터 순차적으로 브러싱한다.
② 브러싱이 덜 된 부분이 확인되면 그 부위를 순서대로 브러싱을 반복한다.
③ 모질 끝부분의 엉킴이 어느 정도 제거되면 조금 더 안쪽까지 브러싱한다.
④ 모량이 많은 장모견의 엉킨 털은 드라이어를 이용하면 시야 확보가 어려우므로 조심한다.
⑤ 귀 뒤쪽, 관절 뒤 부위, 배와 엉덩이 등의 털이 특히 잘 엉키므로 이 부분의 엉킴을 꼼꼼하게 확인한다.

49 장모종 목욕 전 준비를 할 때 드라이실 내 준비물로 옳지 않은 것을 고르시오.

① 가위

② 고무밴드

③ 핀 브러시

④ 슬리커 브러시

⑤ 브러싱 스프레이

50 장모종 래핑하기에 대한 내용으로 옳지 않은 것을 고르시오.

① 래핑지는 재질을 확인하여 통풍이 잘 되는 것으로 선택한다.

② 래핑지와 래핑 밴드는 모질의 특성과 모량을 고려하지 않아도 좋다.

③ 래핑 후 애완동물이 불편함이 없도록 하기 위하여 움직임을 확인한다.

④ 애완동물의 성향과 털의 성질을 파악하여 래핑과 밴딩의 적용 여부를 결정한다.

⑤ 동물이 래핑 부위를 물어뜯을 경우 털이 심하게 손상되므로 물어뜯지 않도록 주의한다.

1급

50문제 / 60분   정답 및 해설 299p

01 뒷다리의 긴 장식 털을 뜻하는 피부와 털의 용어로 옳은 것을 고르시오.

① 새들(saddle)

② 큐로트(culotte)

③ 위스커(whisker)

④ 에이프런(apron)

⑤ 머스태시(moustache)

02 타셀(tassel)에 대한 내용으로 옳은 것을 고르시오.

① 양모상의 털

② 환모기의 털

③ 단모(短毛), 짧은 털

④ 귀 끝에 남긴 장식 털

⑤ 목 주위의 풍부한 장식 털

03 정수리 부분의 긴 장식 털을 뜻하는 피부와 털의 용어로 옳은 것을 고르시오.

① 플럼(plume)

② 스커트(skirt)

③ 섀기(shaggy)

④ 아이래시(eyelash)

⑤ 톱 노트(top knot)

04 다량의 긴 털이 뒷다리에 자라난 헐렁헐렁한 판타롱을 뜻하는 피부와 털의 용어로 옳은 것을 고르시오.

① 프릴(frill)

② 언더코트(undercoat)

③ 트라우저스(trousers)

④ 페셔헤어(festher-hair)

⑤ 코디드 코트(corded coat)

05 두껍고 많은 언더코트를 뜻하는 피부와 털의 용어로 옳은 것을 고르시오.

① 역모
② 폴(fall)
③ 파일(pile)
④ 블론(blown)
⑤ 큐로트(culotte)

06 페더링(feathering)에 대한 내용으로 옳지 않은 것을 〈보기〉에서 모두 고르시오.

보기

ㄱ. 프린지(fringe)라고도 한다.
ㄴ. 에이프런 아랫부분의 긴 장식 털이다.
ㄷ. 귀, 다리, 꼬리, 몸통 등에 있는 깃털 모양의 장식 털이다.

① ㄱ
② ㄴ
③ ㄷ
④ ㄱ, ㄴ
⑤ ㄱ, ㄷ

07 페셔헤어(festher-hair)에 대한 내용으로 옳은 것을 고르시오.

① 모량이 부족하거나 탈모된 상태
② 털이 구불거리지 않는 직선의 털
③ 올드잉글리시시프도그와 같은 덥수룩한 털
④ 주둥이 볼 양쪽과 아래턱의 길고 단단한 털
⑤ 스코티시테리어의 머리, 귀 주변에 남겨진 장식 털

08 털이 엉켜 굳은 상태를 뜻하는 피부와 털의 용어로 옳은 것을 고르시오.

① 펠트(felt)
② 몰팅(molting)
③ 톱 노트(top knot)
④ 오버코트(overcoat)
⑤ 웨이비 코트(wavy coat)

1급

09 하시 코트(harsh coat)에 대한 설명으로 옳은 것을 고르시오.

① 한 겹의 털

② 두껍고 많은 언더코트

③ 꼿꼿하게 선 모양의 털

④ 거칠고 단단한 와이어 코트

⑤ 부드럽고 광택이 있는 실크 같은 긴 모질

10 선천적 색소 결핍증을 뜻하는 모색의 용어로 옳은 것을 고르시오.

① 설반(舌班)

② 화운(faun)

③ 알비노(albino)

④ 휘튼(wheaten)

⑤ 브린들(brindle)

11 에이프리코트(apricot)에 대한 설명으로 옳은 것을 고르시오.

① 모래색

② 오렌지색

③ 갈색, 다갈색

④ 밝은 적황갈색, 살구색

⑤ 브라운과 그레이가 섞인 색

12 회색이며 어두운 정도의 색깔 혼합 비율이 다양함을 뜻하는 모색의 용어로 옳은 것을 고르시오.

① 실버(sliver)

② 트레이스(trace)

③ 블레이즈(blaze)

④ 체스넛(chestnut)

⑤ 울프 그레이(wolf gray)

13 이사벨라(isabela)에 대한 설명으로 옳은 것을 고르시오.

① 쥐색
② 연한 밤색
③ 푸른 동색, 청동색
④ 진한 적갈색, 붉은 간장 색
⑤ 거무스름한 옅은 흑색의 연기 색

14 체스넛(chestnut)에 대한 설명으로 옳은 것을 고르시오.

① 황금색
② 밤색, 적갈색
③ 금색에 검은색이 조금 섞인 색
④ 검정, 블루, 그레이가 섞인 대리석 색
⑤ 전체적으로 어두운 녹색에 털끝이 약간 붉은 색

15 다음 설명에 해당하는 모색의 용어로 옳은 것을 고르시오.

> • 목 주변을 감싸는 폭 넓은 흰색 반점이다.
> • 콜리가 대표적이다.

① 멀(merle)
② 스팟(spot)
③ 칼라(collar)
④ 화이트(white)
⑤ 휘튼(wheaten)

16 캡을 쓴 것 같은 두 개 위의 어두운 반점을 뜻하는 모색의 용어로 옳은 것을 고르시오.

① 탠(tan)
② 캡(cap)
③ 삭스(socks)
④ 포인츠(points)
⑤ 블랭킷(blanket)

1ᆯ

17 검은 모색의 견종의 볼에 있는 진회색 반점을 뜻하는 모색의 용어로 옳은 것을 고르시오.

① 새들(saddle)

② 키스 마크(kiss mark)

③ 실버 버프(silver buff)

④ 실버 블랙(silver black)

⑤ 셀프 마크드(self marked)

18 흰색, 갈색, 검은색 세 가지가 섞인 색을 뜻하는 모색의 용어로 옳은 것을 고르시오.

① 셀프 컬러(self color)

② 트라이컬러(tri-color)

③ 파울 컬러(foul color)

④ 파티컬러(parti-color)

⑤ 브로큰 컬러(broken color)

19 폰 색의 등줄기를 따른 검은 선을 뜻하는 모색의 용어로 옳은 것을 고르시오.

① 벨튼(belton)

② 페퍼(pepper)

③ 트레이스(trace)

④ 펜실링(penciling)

⑤ 블랙 앤드 탠(black and tan)

20 파울 컬러(foul color)에 관한 내용으로 옳은 것을 〈보기〉에서 모두 고르시오.

보기

ㄱ. 부정 모색

ㄴ. 폴트 컬러(fault color)

ㄷ. 바람직하지 못한 반점이나 모색

① ㄱ

② ㄴ

③ ㄱ, ㄴ

④ ㄴ, ㄷ

⑤ ㄱ, ㄴ, ㄷ

21 다음 설명에 해당하는 모색의 용어로 옳은 것을 고르시오.

> • 안면, 귀, 사지 및 꼬리의 모색이다.
> • 보통은 흰색, 검은색, 탠 등이다.

① 대플(dapple)
② 포인츠(points)
③ 그루즐(gruzzle)
④ 마호가니(mahogany)
⑤ 타이거 브린들(tiger breindle)

22 하운드 마킹(hound marking)은 어떤 색깔들의 반점인지 옳은 것을 고르시오.

① 흰색, 금색, 황갈색
② 흰색, 회색, 황갈색
③ 흰색, 회색, 오렌지색
④ 흰색, 검은색, 황갈색
⑤ 흰색, 검은색, 크림색

23 할리퀸(harlequin)에 대한 내용으로 옳은 것을 〈보기〉에서 모두 고르시오.

> 보기
>
> ㄱ. 커피 우유색이다.
> ㄴ. 금색의 바탕색에 호랑이무늬가 있는 것이다.
> ㄷ. 순백색 바탕에 찢긴 것 같은 검은 반점무늬가 있다.
> ㄹ. 흰색 바탕에 검은색이나 그레이의 불규칙한 반점이 있는 것이다.

① ㄱ, ㄴ
② ㄱ, ㄷ
③ ㄴ, ㄷ
④ ㄴ, ㄹ
⑤ ㄷ, ㄹ

24 화이트(white)에 대한 내용으로 옳은 것을 〈보기〉에서 모두 고르시오.

> 보기
>
> ㄱ. 흰색을 의미한다.
> ㄴ. 화이트 컬러 종은 눈, 입술, 코, 패드, 항문이 흰색이다.
> ㄷ. 흰색 바탕에 한 가지 명확한 독립적인 반점이 있는 것이다.

① ㄱ
② ㄴ
③ ㄷ
④ ㄱ, ㄴ
⑤ ㄴ, ㄷ

1급

25 옅은 황색의 털, 황색이 스민 것 같이 보이는 색을 뜻하는 모색의 용어로 옳은 것을 고르시오.

① 레몬(lemon)

② 휘튼(wheaten)

③ 브라운(brown)

④ 브론즈(bronze)

⑤ 초콜릿(chocolate)

26 다음 빈칸에 들어갈 말로 옳은 것을 고르시오.

> (　　　)의 역할은 출진견들을 검토하고 평가함으로써 (　　　)의 머릿속에 그리고 있는 각 견종의 표준에 따른 '완벽한' 이미지에 가장 가까운 개를 뽑는 것이다.

① 브리더

② 핸들러

③ 훈련사

④ 심사 위원

⑤ 애견미용사

27 도그 쇼의 진행에 대한 내용으로 옳은 것을 〈보기〉에서 모두 고르시오.

> **보기**
>
> ㄱ. 심사 위원은 개별 개끼리 비교한다.
> ㄴ. 다른 견종끼리는 심사가 가능하지 않다.
> ㄷ. 비교 심사를 실시하여 가장 표준에 가까운 것으로 보이는 개를 최우수 개로 선택한다.

① ㄱ

② ㄴ

③ ㄷ

④ ㄱ, ㄴ

⑤ ㄱ, ㄴ, ㄷ

28 도그 쇼 미용에 대한 내용으로 옳지 않은 것을 고르시오.

① 견종의 가장 이상적인 쇼 견(show dog)을 만드는 것이다.

② 도그 쇼 준비 과정에 필요한 미용은 견종에 상관없이 같다.

③ 자신이 원하는 견종의 표준을 정확히 이해하고 친숙해지는 것이 중요하다.

④ 쇼 미용의 궁극적인 목표는 견종 특성을 잘 나타내고 개의 좋은 부분을 강조하고자 하는 것이다.

⑤ 출진하는 개는 각각 최고의 컨디션이 되도록 손질되어 도그 쇼 때 가장 아름다운 모습을 보이게 된다.

29 다음은 도그쇼 진행 방법 중에서 미국애견협회(AKC : American Kennel Club)의 견종 분류 중에서 어떤 견종 그룹에 대한 설명인지 옳은 것을 고르시오.

> • 사람의 반려동물로서 만들어진 그룹이다.
> • 생기가 넘치고 활기차며 보통 그들의 조상견의 모습을 닮았다.

① 토이 그룹(toy group)
② 목축 그룹(herding group)
③ 테리어 그룹(terrier group)
④ 스포팅 그룹(sporting group)
⑤ 논스포팅 그룹(nonsporting group)

30 세계애견연맹(FCI : Federation Cynologique Internationale)의 견종 분류 중에서 2그룹에 속하는 종으로 옳지 않은 것을 고르시오.

① 핀셔(pinscher)
② 테리어(terrier)
③ 슈나우저(schnauzer)
④ 몰로시안(Molossian type)
⑤ 스위스캐틀도그(Swiss cattle dogs)

31 잉글리시 새들 클립(English saddle clip)에 대한 내용으로 옳지 않은 것을 고르시오.

① 앞다리와 꼬리 끝에는 브레이슬릿과 폼폰을 유지한다.
② 얼굴, 목, 발과 앞다리의 브레이슬릿 상부와 꼬리의 밑둥치는 면도한다.
③ 몸의 다른 부위들은 깎지 않지만 단정한 형태를 위해 시저링은 허용된다.
④ 면도한 발의 전체적인 형태를 볼 수 있으며 면도한 뒷다리의 선은 확실히 볼 수 있어야 한다.
⑤ 몸의 뒷부분은 짧은 털로 덮지만 관절이 있는 곳은 면도하여 뒷다리에는 1개의 면도한 선이 있어야 한다.

32 개의 훈련에 대한 내용으로 옳지 않은 것을 고르시오.

① 훈련은 즐거워야 한다.
② 평이한 음성과 제스처로 개에게 편안함을 주어야 한다.
③ 절대 한 번에 오랜 시간을 무리해서 훈련시키지 않는다.
④ 아이와 마찬가지로 개 역시 흥미를 갖게 하면 굉장히 빨리 배울 수 있다.
⑤ 훈련할 때 훈련시키는 사람이 적극적이고 열성적인 방법으로 개에게 충분한 보상과 관심을 준다.

1급

33 스테이지 스트리핑(stage stripping)에 대한 내용으로 옳은 것을 〈보기〉에서 모두 고르시오.

보기

ㄱ. 코트워크(coat work)와 같은 말이다.

ㄴ. 단계를 나누어 진행하는 스트리핑 방법의 순서이다.

ㄷ. 털이 자라나는 주기를 계산하여 완성 모습을 미리 설정하는 것은 중요하지 않다.

ㄹ. 주로 도그 쇼에 맞추어 완성될 기간을 설정하고 스트리핑할 부분을 구분하여 기간의 간격을 두고 순서대로 작업한다.

① ㄱ, ㄴ

② ㄱ, ㄷ

③ ㄴ, ㄷ

④ ㄴ, ㄹ

⑤ ㄷ, ㄹ

34 스트리핑한 털의 경계가 뚜렷이 나지 않도록 길이를 조금씩 바꿔 자연스럽게 보이도록 하는 작업을 뜻하는 용어로 옳은 것을 고르시오.

① 롤링(rolling)

② 레이킹(raking)

③ 블렌딩(blending)

④ 플러킹(plucking)

⑤ 풀 스트리핑(full stripping)

35 와이어헤어드닥스훈트의 코트(coat)에 대한 내용으로 옳지 않은 것을 고르시오.

① 밑털이 있으면 결함이다.

② 털이 너풀거리는 꼬리는 결함이다.

③ 코와 발톱은 스무드 코트의 변종과 같다.

④ 꼬리는 억세고 굵은 털이 나 있고, 끝으로 가면서 점차 가늘어진다.

⑤ 바깥 털에 부드러운 털 종류가 몸체의 어디, 특히 머리 꼭대기에 섞여 있으면 결함이다.

36 핸드 스트리핑(hand stripping)에 대한 내용으로 옳지 않은 것을 고르시오.

① 손을 이용해 죽은 털을 뽑아내는 작업이다.

② 스트리핑할 털은 대개 길이로 구별할 수 있으며 대략 2.5cm 정도 더 길게 자라 있다.

③ 만약 개의 피부에 상처가 있거나 불안정해 보인다면 스트리핑 작업을 무리해서 진행하지 않도록 한다.

④ 고무장갑을 끼고 털을 역방향으로 쓸어 올려 줄 때 정전기가 나서 서 있는 털이 바로 뽑아야 할 털이다.

⑤ 한 번에 많은 양의 털을 잡아당겨 뽑아야 하며, 뽑힐 준비가 되지 않은 털은 무리하게 뽑지 않도록 한다.

37 스트리핑 나이프(stripping knife) 사용에 대한 내용으로 옳지 않은 것을 고르시오.

① 털을 잘라 내는 데 그 목적이 있다.

② 어깨, 무릎, 손가락의 관절에 힘을 주어 서는 안 된다.

③ 나이프 손잡이를 집게손가락부터 네 개의 손가락으로 가볍게 움켜쥔다.

④ 스트리핑 나이프를 피부면과 평행하게 유 지하고 흔들림이 없어야 한다.

⑤ 왼손으로 개의 피부를 충분히 지탱하고 엄지손가락으로 손을 조금 반대로 띄어 나이프와 엄지손가락 사이에 털 끝을 잡 고 털의 결 방향으로 나이프를 움직여 털 을 뽑아 준다.

38 레이킹(raking)에 대한 내용으로 옳은 것을 〈보기〉에서 모두 고르시오.

> **보기**
>
> ㄱ. 언더코트를 제거할 때에는 번거롭지 않 도록 모든 작업이 끝난 후 거울로 확인 을 한다.
> ㄴ. 트리밍 나이프나 콤을 이용해 긁어내듯 이 빗으며 남아 있는 죽은 털이나 두꺼 운 언더코트를 정리할 수 있다.
> ㄷ. 목의 아치 모양을 돋보이게 하거나 부드 러운 연결 라인을 만들어야 하는 등의 목적을 위해 남겨 둬야 하는 언더코트의 양을 조절할 수 있다.

① ㄱ

② ㄴ

③ ㄱ, ㄴ

④ ㄴ, ㄷ

⑤ ㄱ, ㄴ, ㄷ

39 스트리핑 과정 중의 피부 관리에 대한 내용 으로 옳지 않은 것을 고르시오.

① 털을 뽑은 피부에 로션 등을 사용하는 것 이 좋다.

② 만약 상처가 있다면 파우더나 항생제를 발라 진정시킨다.

③ 스트리핑을 한 개는 금방 체온이 떨어질 수 있으므로 추운 날씨나 비에 노출되는 것을 조심한다.

④ 실수로 생긴 찰과상 또는 개가 가려워하 는 부분이 있는지 잘 지켜보아 문제가 생 기지 않도록 한다.

⑤ 스트리핑 과정 중에 있는 개가 외출할 때 에는 가벼운 옷을 입히거나 그늘에 있을 수 있도록 하여 맨살을 보호해야 한다.

40 스프레이에 대한 내용으로 옳지 않은 것을 고르시오.

① 털의 모양을 고정시키고자 할 때 사용한다.

② 입자가 섬세해서 자연스럽게 표현하기가 쉽다.

③ 볼륨 스프레이, 고정용 스프레이, 컬러 스프레이, 광택 스프레이 등이 있다.

④ 쇼미용에서 컬러 초크나 파우더의 접착을 쉽게 하기 위해서 소량 사용할 수 있다.

⑤ 가급적 빠른 시간 안에 목욕으로 성분을 제 거해 주어야 피모의 손상을 막을 수 있다.

1급

41 노리치테리어의 코트(coat)에 대한 내용으로 옳은 것을 고르시오.

① 튼튼한 털의 갈기 또는 망토를 갖는데 어깨 부위에서 등 털과 연결된다.

② 조밀하며 거칠며 뻣뻣한 털로 어깨와 몸에서 2.54cm(1인치) 정도의 길이를 갖는다.

③ 최소한도로 단정하게 해 주는 것은 괜찮지만 모양을 꾸며 주는 것은 엄중하게 벌점 처리한다.

④ 특징적인 외피모는 직선적이며 단단하고 철사 같으며 길이가 2.54~5.08cm(1~2인치)가량인 편평하게 누운 피모이다.

⑤ 밑털(언더코트)은 조밀해서 겨울에는 방한을 하지만 여름에는 조밀하지 않아 더위로부터 보호를 하기 위해 거의 보이지 않는다.

42 정전기 방지 컨디셔너에 대한 내용으로 옳지 않은 것을 〈보기〉에서 모두 고르시오.

> **보기**
>
> ㄱ. 정전기를 예방하여 준다.
> ㄴ. 정전기로 코트가 날리는 현상을 해결해 준다.
> ㄷ. 코트가 완전히 말라 브러싱이 필요한 상태에는 코트를 보호할 수 없다.
> ㄹ. 목욕 후 수분이 어느정도 건조된 상태의 코트에 직접 분사하여 사용하기도 한다.

① ㄱ, ㄴ
② ㄱ, ㄷ
③ ㄴ, ㄷ
④ ㄴ, ㄹ
⑤ ㄷ, ㄹ

43 다음 설명에 해당하는 것으로 옳은 것을 고르시오.

> • 하얀색 개의 모색을 더욱 하얗게 보이게 하기 위한 제품이다.
> • 오래된 얼룩이나 먼지는 깨끗하게 제거하지만 모질 손상은 줄일 수 있는 제품을 선택한다.

① 볼륨 목욕 제품
② 파우더 목욕 제품
③ 화이트닝 목욕 제품
④ 실키코트 목욕 제품
⑤ 딥 클렌징 목욕 제품

44 드라이 작업에서 풍량 조절에 대한 내용으로 옳지 않은 것을 고르시오.

① 말리는 부위에 드라이 바람이 있게 한다.

② 물기 제거가 된 털은 풍량의 강약을 조절하며 말린다.

③ 물기 제거 직후의 털을 말릴 때에는 풍량은 최대한 약으로 한다.

④ 싱글 코트의 털은 물기가 제거된 후에는 풍량을 약으로 해서 핀 브러시로 말려 준다.

⑤ 털의 모량이 많은 더블 코트는 풍량을 조절해 가며 핀 브러시와 슬리커 브러시로 말려 준다.

45 장모종이 서 있는 상태에서 드라이 작업하기에 대한 내용으로 옳지 않은 것을 고르시오.

① 피모에 브러싱 스프레이를 분사하며 드라이한다.

② 털의 파트를 나누어 집게로 고정할 필요는 없다.

③ 귀의 털을 밴딩할 때에는 귀의 피부가 함께 묶이지 않도록 주의하여 밴딩한다.

④ 대형견은 세워서 드라이를 하면 전체적인 이미지를 구상하며 드라이할 수 있다.

⑤ 얼굴 부위에 긴 털이 있는 견종은 입에 털이 들어가는 것을 방지하기 위하여 밴딩을 한다.

46 장모종 래핑하기에서의 유의 사항으로 옳지 않은 것을 〈보기〉에서 모두 고르시오.

보기

ㄱ. 래핑에 거부 반응을 보이면 조금 멈추고 작업을 하지 않는다.

ㄴ. 래핑의 모양이 망가진 상태로 방치하면 오히려 털이 끊어지거나 엉킴의 원인이 될 수 있다.

ㄷ. 자신의 입이 닿는 곳의 래핑을 물어뜯으면 개가 싫어하는 냄새나 맛을 래핑지에 발라 물어뜯지 않게 훈련할 수 있다.

① ㄱ

② ㄴ

③ ㄷ

④ ㄱ, ㄴ

⑤ ㄴ, ㄷ

47 장모종 밴딩하기에 대한 내용으로 옳은 것을 〈보기〉에서 모두 고르시오.

보기

ㄱ. 밴딩 후 관리 시에는 손으로 고무줄을 자른다.

ㄴ. 브러싱 스프레이를 중간 중간에 사용하면 안 된다.

ㄷ. 래핑과 밴딩에 필요한 가르마는 견체에 맞게 타야 엉킴을 방지할 수 있다.

① ㄱ

② ㄴ

③ ㄷ

④ ㄱ, ㄴ

⑤ ㄴ, ㄷ

48 장모종 브러싱하기의 안전·유의 사항에 대한 내용으로 옳지 않은 것을 고르시오.

① 브러시는 털을 잘 빗기 위해 끝이 뾰족한 것을 고른다.

② 다리 안쪽 겨드랑이, 샅 등의 피부는 연약하므로 주의하여 브러싱한다.

③ 긴 털에 숨겨 드러나지 않는 목이나 겨드랑이, 귀 안쪽까지 꼼꼼하게 브러싱한다.

④ 작업에 사용하는 도구와 장비의 사용 방법을 숙지하고 숙련되어 있어야 한다.

⑤ 미용 도구와 장비는 애완동물의 질병 감염을 예방하기 위해 위생과 소독을 철저히 관리해야 한다.

49 건식 타월에 대한 내용으로 옳은 것을 〈보기〉에서 모두 고르시오.

보기

ㄱ. 흡수력이 뛰어나다.
ㄴ. 흡수력이 뛰어나지 않다.
ㄷ. 여러 장의 수건이 필요하다.
ㄹ. 물기를 제거하는 데 효과적이다.

① ㄱ, ㄴ
② ㄱ, ㄷ
③ ㄱ, ㄹ
④ ㄴ, ㄹ
⑤ ㄷ, ㄹ

50 브리슬 브러시(천연모 브러시)를 일반적인 빗질용으로 사용하는 경우에 대한 내용으로 옳지 않은 것을 〈보기〉에서 모두 고르시오.

보기

ㄱ. 털 관리용 오일을 브러시에 뿌린다.
ㄴ. 털과 피부의 노폐물을 제거하기 위해 사용한다.
ㄷ. 피부 깊숙한 곳에서부터 털의 바깥쪽으로 빗어 준다.

① ㄱ
② ㄴ
③ ㄷ
④ ㄱ, ㄴ
⑤ ㄴ, ㄷ

정답 및 해설

DOG STYLIST

3급 실전모의고사 정답 및 해설

3회 필기시험

01	③	02	②	03	⑤	04	⑤	05	①
06	②	07	①	08	⑤	09	④	10	②
11	②	12	④	13	④	14	①	15	⑤
16	③	17	④	18	⑤	19	①	20	⑤
21	④	22	④	23	②	24	④	25	⑤
26	③	27	⑤	28	⑤	29	③	30	⑤
31	②	32	⑤	33	④	34	③	35	①
36	⑤	37	③	38	②	39	③	40	①
41	④	42	⑤	43	②	44	④	45	⑤
46	②	47	③	48	⑤	49	②	50	③

1회 필기시험

01	②	02	③	03	⑤	04	③	05	①
06	④	07	④	08	⑤	09	①	10	③
11	④	12	②	13	①	14	②	15	③
16	⑤	17	②	18	③	19	②	20	②
21	②	22	③	23	④	24	②	25	⑤
26	②	27	③	28	③	29	⑤	30	①
31	②	32	④	33	①	34	③	35	④
36	①	37	①	38	③	39	①	40	③
41	②	42	⑤	43	②	44	②	45	④
46	④	47	①	48	⑤	49	④	50	①

4회 필기시험

01	②	02	④	03	⑤	04	④	05	③
06	⑤	07	②	08	③	09	⑤	10	①
11	②	12	③	13	①	14	①	15	③
16	⑤	17	②	18	②	19	⑤	20	⑤
21	④	22	⑤	23	②	24	⑤	25	①
26	④	27	③	28	①	29	②	30	④
31	②	32	④	33	④	34	②	35	④
36	②	37	⑤	38	②	39	⑤	40	④
41	⑤	42	④	43	③	44	⑤	45	⑤
46	①	47	③	48	②	49	②	50	②

2회 필기시험

01	④	02	②	03	④	04	①	05	②
06	⑤	07	③	08	④	09	③	10	②
11	③	12	③	13	③	14	③	15	③
16	⑤	17	④	18	②	19	④	20	②
21	③	22	①	23	④	24	②	25	②
26	④	27	⑤	28	①	29	④	30	②
31	⑤	32	④	33	③	34	⑤	35	③
36	③	37	①	38	④	39	⑤	40	④
41	②	42	⑤	43	⑤	44	②	45	⑤
46	⑤	47	②	48	②	49	③	50	①

5회 필기시험

01	②	02	③	03	③	04	②	05	②
06	⑤	07	⑤	08	②	09	④	10	③
11	②	12	④	13	②	14	①	15	③
16	③	17	③	18	④	19	⑤	20	②
21	④	22	⑤	23	②	24	③	25	①
26	④	27	②	28	③	29	①	30	③
31	④	32	③	33	⑤	34	②	35	①
36	②	37	④	38	①	39	②	40	③
41	②	42	⑤	43	②	44	⑤	45	③
46	⑤	47	③	48	②	49	②	50	⑤

1회 필기시험

01 　　　　　　　　　　　정답 ②

낙상은 반려견에게 발생할 수 있는 안전사고 유형에 해당된다.

02 　　　　　　　　　　　정답 ③

화상의 단계별 증상

- **1도 화상** : 표피층의 손상 및 손상부위 발적이 일어나며, 수포는 생기지 않고 통증은 일반적으로 3일 정도 지속됨
- **2도 화상** : 진피층의 손상 및 손상부위에 수포가 발생하고 통증과 흉터가 남을 수 있음
- **3도 화상** : 피부 전체층과 근육, 인대 또는 뼈가 손상되고 피부가 검게 변함
- **4도 화상** : 피부 전체층과 근육, 인대 또는 뼈가 손상되고 피부가 검게 변함

03 　　　　　　　　　　　정답 ⑤

자비 소독은 미생물 전부를 사멸시키는 것은 불가능하여 아포와 일부 바이러스에는 효과가 없다.

04 　　　　　　　　　　　정답 ③

피부 표피에 굴을 파고 서식하므로 소양감(가려움증)이 매우 심한 인수 공통 전염병은 개선충으로, 옴진드기로 인해 생기는 피부 질환이다.

05 　　　　　　　　　　　정답 ①

클로르헥시딘은 세균이 급격히 감소하는 효과를 나타내지만, 알코올보다는 소독 효과가 천천히 나타나는 편이다.

06 　　　　　　　　　　　정답 ④

이물질을 섭취한 동물이 숨을 제대로 쉬지 못하면 동물 병원으로 즉시 이동한다.

07 　　　　　　　　　　　정답 ④

자외선 소독기를 사용할 때는 미용도구를 포개어 사용하면 효과가 떨어지므로 최대한 펼쳐 놓는다.

08 　　　　　　　　　　　정답 ⑤

손목의 스윙으로 자르는 데 적당한 가위는 스트록 가위(Stroke Scissors)로, 다른 가위에 비해서 가윗날의 배 부분이 둥근 것으로 잘랐을 때 털을 밀어내는 힘이 강하기 때문에 양감과 질감 정리를 해준다.

09 　　　　　　　　　　　정답 ①

클리퍼의 아랫날 두께에 따라 클리핑 길이가 결정되며, 털을 자르는 역할을 하는 것은 윗날이다.

10 　　　　　　　　　　　정답 ③

애완동물의 볼륨을 표현하기 위해 털을 부풀릴 때 사용하는 빗은 오발빗(5-Toothed Comb)으로, 포크 콤이라고도 부른다.

11 　　　　　　　　　　　정답 ④

물림방지도구

- **입마개** : 반려견이 무는 것을 방지하는 데 사용하며, 천 또는 플라스틱 등이 있다. 단두종용, 장두종용 등으로 품종에 따라 다양한 종류가 있다.
- **엘리자베스 칼라** : 반려견의 상처보호, 입질방지에 사용하는 것으로, 본래는 수술 후 수술부위를 핥지 못하도록 동물의 목에 착용시켜 얼굴을 감싸는 용도로 만들어졌다. 플라스틱 또는 천 등의 제품이 있으며, 사용 목적에 알맞은 것을 선택하여 사용한다.

12 　　　　　　　　　　　정답 ②

실제 견을 대신하여 미용연습 시에 사용하는 인공 털을 위그라고 하며, 전체 위그는 펫 클립용과 쇼 클립용 그리고 래핑 연습용 등이 있다.

13   정답 ①

이염 방지제는 염색용품에 해당한다. 반려견을 염색할 때 염색을 원하지 않는 부위에 이염 방지제를 바르면 원치 않는 염색을 방지할 수 있다.

14   정답 ②

블로어 드라이어는 강한 바람으로 털을 말리는 드라이어로, 호스나 스틱형 관을 끼워 사용하며 바닥이나 테이블 위, 스탠드 위에 올려 각도를 조절하며 사용한다.

15   정답 ③

불만고객의 응대순서 : ⓒ 문제경청 → ⓒ 동감 및 이해 → ⓔ 해결방법 제시 → ⓐ 재동감 및 이해

16   정답 ⑤

레몬그라스는 고양이가 좋아하는 식물이다. 개와 고양이에게 위험한 식물로는 아스파라거스 고사리, 옥수수 식물, 디펜바키아, 백합, 시클라멘, 몬스테라, 알로에, 아이비 등이 있다.

17   정답 ②

개를 만질 때 머리부터 만지지 않도록 한다.

18   정답 ③

경계심이 강한 고양이는 안지 않으며, 케이지로 옮길 때에도 발이나 아랫배는 만지지 않는다.

19   정답 ②

애완동물의 분양 가격은 수집 및 작성해야 할 대상이 아니다.

20   정답 ①

미용방법에 따른 요금표와 품종에 따른 요금표를 함께 비치한다.

21   정답 ②

입모근, 혈관, 임파관, 신경 등이 분포되어 있는 반려견의 피부 조직은 진피(Dermis)이다.

22   정답 ③

안면부에 집중되어 있으며, 외부자극에 의한 감각을 수용하는 털은 보호털보다 두꺼운 촉각털(Tactile Hair)이다.

23   정답 ④

거칠고 두꺼운 형태의 털을 지닌 와이어 코트 견종으로는 노리치 테리어, 와이어헤어드 닥스훈트, 와이어헤어드 폭스 테리어 등이 있다.

24   정답 ②

세척력이 강한 샴푸는 알칼리성이 강하므로 건강한 털을 관리하기 위해 샴푸를 신중히 선택해야 하며, pH가 중성에 가까운 샴푸를 사용한다.

25   정답 ⑤

린싱을 한 후 지나치게 헹구면 린싱효과가 떨어지므로 적절하게 사용한다.

26   정답 ②

털을 최고의 상태로 유지하면서 드라잉을 하기 위해 타월로 몸을 감싸는 드라잉 방법은 새킹이다. 새킹은 드라잉 바람이 건조할 부위에만 가도록 유도하는 것이 중요하며, 바람이 브러싱하는 곳 이외의 털을 건조시키지 않도록 주의한다.

27   정답 ③

핀의 간격이 넓은 면과 핀의 간격이 좁은 면이 반반으로 구성된 빗은 콤이다. 핀의 간격이 넓은 면은 털을 세우거나 엉킨 털을 제거할 때 사용하며, 좁은 면은 섬세하게 털을 세울 때 사용한다.

| 28 | 정답 ③ |

동날은 엄지손가락의 움직임으로 조작되는 움직이는 날을 말하고, 정날은 넷째손가락의 움직임으로 조작되는 움직이지 않는 날을 말한다.

| 29 | 정답 ⑤ |

반려견의 귀의 구조 중 내이는 반고리관, 전정기관, 달팽이관으로 구성되어 있는데, 반고리관은 회전을 감지하고, 전정기관은 위치와 균형을 감지하며, 달팽이관은 듣기를 담당한다.

| 30 | 정답 ① |

코커스패니얼은 귀 시작부에서 1/2을 클리핑하는 견종에 해당한다.

| 31 | 정답 ② |

반려견이 질병이 있을 경우 시간이 짧게 소요되는 미용 스타일을 선택한다.

| 32 | 정답 ③ |

정방향으로 클리핑 시 클리퍼 날에 표기된 길이보다 두 배의 털 길이가 남는다.

| 33 | 정답 ① |

부위별 커트 후 각을 없앨 때 사용하는 가위는 커브 가위이다.

| 34 | 정답 ③ |

드워프 타입은 몸길이가 몸높이보다 긴 체형으로 다리에 비해 몸이 길다. 따라서 〈보기〉와 같은 단점 보완 미용이 요구된다.

| 35 | 정답 ② |

램 클립이란 어린 양의 모습에서 나온 미용스타일로, 푸들의 램 클립은 다른 미용방법과 달리 얼굴을 클리핑한다는 특징

이 있다.

| 36 | 정답 ① |

푸들의 램 클립은 꼬리의 1/3을 클리핑하고 시저링하여 어느 각도에서든 동그랗게 보이도록 한다.

| 37 | 정답 ① |

귀 끝의 1/3을 클리핑하는 견종에는 요크셔 테리어, 스코티쉬 테리어, 웨스트하이랜드 화이트 테리어 등이 있다.

| 38 | 정답 ② |

귓속에 털이 자라면 외이염이 발생하기 쉽기 때문에 주기적으로 털을 뽑아주어야 한다.

| 39 | 정답 ① |

- **직립 테일 견종** : 비글
- **컬드 테일 견종** : 페키니즈
- **스냅 테일 견종** : 포메라니안
- **단미 견종** : 푸들, 슈나우저, 요크셔 테리어
- **꼬리가 없는 견종** : 웰시코기 펨브로크, 올드잉글리시쉽독

| 40 | 정답 ③ |

쫑긋 선 귀의 대표 견종으로는 슈나우저, 요크셔 테리어, 웨스트하이랜드 화이트 테리어 등이 있다.

| 41 | 정답 ② |

반려견의 모든 전반적인 관리를 전문적으로 하는 사람을 트리머(Trimmer) 또는 그루머(Groomer)라고 한다.

| 42 | 정답 ⑤ |

스트리핑 후 일정기간 새로운 털이 자라날 때까지 들뜨고 오래된 털을 다시 뽑는 작업을 듀플렉스 쇼튼(Duplex-Shorten) 또는 듀플렉스 트리밍(Duplex Trimming)이라고 한다.

정답 및 해설

43   정답 ②

털의 길이가 다른 곳의 층을 연결하여 자연스럽게 하는 작업을 ⊙ 블렌딩(Blending)이라 하고, 냄새나 더러움을 제거하고 흰색의 털이 더욱 하얗게 표현되도록 제품을 문질러 바르는 작업을 ⓒ 초킹(Chalking)이라 한다.

44   정답 ②

털을 가위로 잘라 일직선으로 가지런히 하는 작업을 밥 커트(Bob-Cut)라고 하며, 파팅(Parting)은 털을 좌 · 우로 분리시키는 작업이다.

45   정답 ④

트리밍 나이프를 사용해 노폐물 및 탈락된 언더코트를 제거하는 작업을 스트리핑(Stripping)이라고 하며, 과도한 언더코트의 양을 줄이면서 털을 뽑아 스타일을 만들어 내는 방법이다.

46   정답 ④

인덴테이션(Indentation)은 푸들 등에게 스톱에 역V자 모양의 표현을 하는 것이다.

47   정답 ①

두부의 털을 밴딩하고 세트 스프레이를 뿌려 탑 노트를 만드는 작업을 의미하는 트리밍 관련 용어는 셋업(Set Up)이다.

48   정답 ⑤

눈 끝에서 귀 뿌리 부분까지 설정한 가상의 선을 의미하는 트리밍 관련 용어는 이미지너리 라인(Imaginary Line)이다.

49   정답 ④

페이킹(Faking)은 여러 기법으로 모색 및 모질에 대한 눈속임을 하는 작업을 말하며, 스트리핑 후 완성된 아웃코트 위에 튀어나오는 털을 뽑아 정리하는 작업은 토핑오프(Topping-Off)이다.

50   정답 ①

핑거 앤드 섬 워크(Finger And Thumb Work)는 엄지손가락(⊙)과 집게손가락(ⓒ)을 이용해 털을 제거하는 작업으로, 도구를 사용하는 것보다 자연스러운 표현이 가능하다.

2회 필기시험

01 정답 ④

작업자는 작업장 안에서 작업자를 안전하게 보호하는 정해진 복장을 착용한다.

02 정답 ②

낙상은 애완동물에게 발생할 수 있는 안전사고이다.

03 정답 ④

④의 경우 미용 숍을 방문하는 고객에게 실시하는 안전교육은 작업자가 시행한다.

04 정답 ①

①의 경우는 고객에 대한 교육이라기보다는 작업자가 지켜야 할 수칙내용이다.

05 정답 ②

고정 암을 선택할 때에는 목을 고정하는 목줄만 있는 형태가 아니라 허리와 배도 받쳐 줄 수 있는 것을 선택하는 것이 좋다.

06 정답 ⑤

차아염소산나트륨에 대한 설명이다. 제품에 명시된 농도로 희석하여 용도에 맞게 사용한다. 사용 시에 독성을 띠는 염소 가스가 발생(특유한 냄새의 원인)하기 때문에 환기에 특히 신경을 써야 한다.

07 정답 ③

백선증(곰팡이성 피부 질환, ringworm)은 곰팡이 감염으로 인한 피부 질환으로, 곰팡이에 감염된 동물에 직접 접촉하거나 오염된 미용 기구, 목욕조 등의 접촉으로 감염된다.

08 정답 ④

블런트 가위에 대한 설명이다.

09 정답 ③

클리퍼(clipper)에 대한 설명이다. 전문가용 클리퍼와 소형 클리퍼 등이 있다.

10 정답 ②

핀의 재질이나 핀을 심은 간격, 브러시의 크기가 다양하므로 애완동물의 종류나 사용 용도에 알맞은 것을 선택하여 사용한다.
ㄱ. 브리슬 브러시(bristle brush)에 대한 설명이다.
ㄷ. 핀 브러시(pin brush)에 대한 설명이다.

11 정답 ③

오발빗(5-Toothed comb)에 대한 설명이다.

12 정답 ③

ㄱ. 꼬리, 머리, 목 부분의 털을 제거하는 데 사용한다.
ㄴ. 코스 나이프에 대한 설명이다.

13 정답 ③

③ 온수기에 대한 설명이다.

14 정답 ③

작업복 착용을 원칙으로 하되 작업 외의 시간에는 단정한 근무복을 착용하여 고객에게 전문적으로 보일 수 있도록 한다. 맨발에 슬리퍼를 신지 않고, 짧은 바지나 치마를 입지 않는다. 청결하고 단정한 이미지를 주기 위해 손톱은 짧게 유지하는 것이 좋고, 과도한 부착물은 하지 않는다.

15 정답 ③

고객의 불만 요소를 줄이기 위해서는 작업자와 충분히 상담을 해야 한다. 숍 대기 공간에 상담을 위한 의자와 테이블을 놓기에 장소가 협소하다면 고객이 서서 대기하거나 상담할 수 있도록 복잡하지 않은 작은 공간을 마련하는 것이 좋다.

16 정답 ⑤

ㄱ. 알로에는 개와 고양이에게 독성이 있는 식물 중 흔한 편이며 즙이 아주 많다. 섭취 시 구토, 소변이 붉어지는 현상을 보인다.

ㄴ. 아이비는 실내에서 기르는 흔한 식물이며, 잎이 열매보다 독성이 강하다. 섭취 시 설사, 위장 장애, 발열, 다음다갈증, 동공 확장, 근육 쇠약, 호흡 곤란 등의 현상을 보인다.

ㄷ. 몬스테라는 무척 흔하고 기르기 쉬운 실내 화초 중의 하나이지만, 개와 고양이가 섭취할 경우에는 입과 혀, 입술을 간지럽게 하는 물질이 있어 타액 분비의 증가, 구토, 음식물을 삼키는데 어려움을 보일 수 있다.

ㄹ. 시클라멘은 풍접초(족두리꽃)로 알려진 아름다운 식물로 개와 고양이에게 모두 위험하다. 섭취할 경우 타액 분비가 증가하고 구토와 설사 증세를 보인다. 만약 이 식물의 줄기 뿌리를 상당량 섭취할 경우에는 심장 박동에 이상을 보이며, 심장 마비와 죽음에 이를 수 있다.

ㅁ. 아스파라거스 고사리는 개와 고양이에게 모두 독성이 있으며 열매를 먹으면 구토와 설사, 복통이 일어날 수도 있고, 이 식물에 지속적으로 노출되면 알레르기성 피부염이 생길 수도 있다.

17 정답 ④

용품 구매 고객에게는 원하는 제품을 제공한다.

① 미용 예약이 되어 있는 고객에게는 애완동물의 이름과 예약 시간을 확인한다.

② 예약을 하지 않고 방문한 고객에게 미용 서비스를 제공할 수 없다면 가능한 방법을 안내한다.

③ 애완동물 미용에 소요되는 시간을 설명하고 숍에서 기다릴지, 다른 용무를 보고 올지 확인한다.

⑤ 미용 예약이 되어 있지 않아 작업을 진행할 수 없을 때에는 "오늘 예약이 종료되어 안 돼요.", "전화 예약 안 하면 미용 못합니다." 등의 부정적인 안내는 하지 않으며 되도록 가능한 방법을 모색하여 안내한다.

18 정답 ②

애완동물이 나타내는 행동과 피모의 상태, 신체의 건강 상태를 만져 보며 확인한다.

19 정답 ④

애완동물의 미용 전후로 올 수 있는 피모 상태, 질병 유무와 행동 패턴을 확인함으로써 사고를 미연에 방지하고 미용 작업의 시간과 애완동물을 다루는 방법을 설정할 수 있으며, 미용 작업 후의 애완동물의 행동을 예상할 수 있으므로 미리 고객에게 묻고 듣는다.

① 고양이 페로몬 제품을 사용할 때에는 동물의 얼굴에 직접 사용하지 않는다.

② 동물 행동 이해에서 간식을 주며 접근하는 것은 개에게만 적용된다.

③ 애완동물이 개체별 특성에 따라 대기할 수 있는 장소를 선정한다.

⑤ 애완동물의 행동과 피모 상태, 신체 건강에 문제가 있는지 눈뿐만 아니라 만져 보고도 확인할 수 있다.

20 정답 ②

공격 준비를 나타내는 얼굴표정은 귀 뒷면이 보이도록 돌아간다.

③ '경계'상태일 때 눈을 동그랗게 뜨고 동공이 확장된다.

④ '평화'상태일 때 얼굴에 긴장감이 없고 힘이 빠져 있다.

⑤ '두려움'상태일 때 납작해진 귀에 입을 벌리고 '하악' 소리를 낸다.

21 정답 ③

브러싱이 충분히 되면 드라잉을 수월하게 할 수 있다.

22 정답 ①

주모(primary hair)는 길고 굵으며 뻣뻣하다.

23 정답 ④

스무스 코트에 대한 설명이다. 대표적인 견종으로는 치와와(Chihuahua), 퍼그(pug), 보스톤테리어(Boston terrier), 불독(bulldog) 등이 있다.

24 　　　　　　　　　　　　　정답 ②

과도한 피지의 제거와 세정은 정상적인 피부 보호막의 기능을 약화시킬 수 있으므로 주의해야 한다.

25 　　　　　　　　　　　　　정답 ②

① 린스는 기본적으로 정전기 방지제, 보습제, 오일, 수분 등의 성분으로 구성되어 있다.

③ 빗질로 발생한 손상에서 털을 보호해 주는 역할을 한다.

④ 린스에 함유된 오일 성분을 비롯한 여러 기능성 성분이 털에 윤기와 광택을 주고 정전기를 방지해 엉킴을 방지한다.

⑤ 최근 시판되고 있는 린스 제품의 종류에는 천연 성분을 함유하여 자극이 적은 천연 제품, 기능이 강화된 제품, 엉킴을 풀기 위한 크림 형태의 고농축 제품, 오일과 영양이 강화된 형태의 오일 린스 제품, 영양과 보습 제품 등의 다양한 형태가 있다.

26 　　　　　　　　　　　　　정답 ④

실키 콤에 대한 설명이다.

27 　　　　　　　　　　　　　정답 ⑤

① 가위끝(edge point)에 대한 설명이다.
② 날끝(cutting edge)에 대한 설명이다.
③ 약지환(finger grip)에 대한 설명이다.
④ 소지걸이(finger brace)에 대한 설명이다.

28 　　　　　　　　　　　　　정답 ①

주둥이를 클리핑할 때는 0.1~1mm클리퍼 날을 사용한다.

> **주둥이 형태**
> • 주둥이를 머즐이라고 부르는데, 주둥이의 길이에 따라 짧은 머즐, 보통 머즐, 긴 머즐로 구분된다.
> • 주둥이의 길이에 따라 후각의 차이가 있는데, 긴 주둥이의 견종은 후각이 발달되어 있고, 주둥이가 짧은 견종은 상대적으로 후각이 덜 발달되어 있다.

29 　　　　　　　　　　　　　정답 ④

① 살을 파고 들어간 발톱의 휘어진 부분을 니퍼형 발톱깎이로 자른다.
② 살에 박힌 발톱은 뽑아 주고 구멍이 난 살 부분을 소독한다.
③ 출혈이 있는 발톱 부위를 엄지손가락으로 힘을 주어 지압한다.
⑤ 발톱이 길어 보행에 지장을 주는 발톱은 휘어진 부분의 시작점을 발톱깎이로 잘라 준다.

30 　　　　　　　　　　　　　정답 ②

ㄴ. 대형견은 산책할 때 다칠 위험이 있기 때문에 발바닥 패드 안쪽의 털을 제거하지 않는다.

31 　　　　　　　　　　　　　정답 ⑤

털 길이가 짧으나 고객이 털이 긴 미용 스타일을 원할 때가 옳다.

> **대상에 맞는 미용 스타일을 선정하는 방법**
> • 몸의 구조에 문제가 있을 때
> • 털 길이가 짧으나 고객이 털이 긴 미용 스타일을 원할 때
> • 털에 오염된 부분이 있을 때
> • 애완동물이 예민하거나 사나울 때
> • 애완동물이 특정 부위의 미용을 거부할 때
> • 애완동물이 날씨나 온도의 영향을 받는 곳에서 생활할 때
> • 애완동물이 미끄러운 곳에서 생활할 때
> • 고객이 시간적 여유가 없을 때
> • 애완동물이 노령이거나 지병이 있을 때

32 　　　　　　　　　　　　　정답 ⑤

⑤는 애완동물이 미끄러운 곳에서 생활할 때 주의해야 할 사항이다.

33　　　　　정답 ③

원인은 확실하게 밝혀지지 않았으며 모낭 자극으로 생긴 상처 때문에 발생한다는 의견과 털을 밀고 난 부위에 체온이 떨어지면서 혈관이 수축하여 영양 공급에 문제가 생겨 생긴다는 의견 등이 있다.
① 피부병으로 오해하기도 하지만 탈모를 제외하면 다른 피부 병변의 증상을 보이지 않는 차이점이 있다.
② 보통 포메라니안, 스피츠, 사모예드 등 이중모 개에게서 발견되며 잭러셀테리어, 스무스 헤어드 폭스테리어, 미니 핀 같은 단모종 개에게서도 흔히 볼 수 있다.
④ 포스트 클리핑 신드롬을 예방하기 위해서는 털을 짧게 클리핑하지 않아야 하고 엉킴 등으로 어쩔 수 없이 짧게 클리핑해야 할 경우에는 미용을 마치고 몸을 따뜻하게 해주는 등의 조치를 취해야 한다.
⑤ 털을 깎은 자리에 털이 다시 자라나지 않는 증상이다.

34　　　　　정답 ⑤

치아의 상태, 모량과 모질, 관절 이상 여부 등을 파악해야 한다. 보호자의 나이는 파악하지 않아도 된다.

35　　　　　정답 ⑤

① 고객의 요청, 개체의 특성, 상황 등에 따라 전체 클리핑을 한다.
② 애완동물의 몸 전체(등, 배, 다리, 가슴, 얼굴, 머리, 귀, 꼬리)에 있는 털을 모두 클리퍼로 깎는 작업이다.
③ 전체 클리핑을 할 때에는 클리퍼로 털을 깎아 내는 부위가 넓고 많으므로 전문가용 클리퍼를 사용한다.
④ 소형 클리퍼를 사용하면 클리퍼 날의 폭이 좁고 얇아서 클리핑 작업 시간이 길어지고 애완동물의 피부에 자극을 줄 수 있다.

36　　　　　정답 ③

커브 가위를 사용하는 경우에 대한 설명이다.

37　　　　　정답 ①

빈칸에 들어갈 말로는 램 클립이다.

38　　　　　정답 ④

콤으로 위그 털을 빗어 준 뒤 양쪽 귀를 들어서 하나로 묶어 준다.

39　　　　　정답 ⑤

그루머(groomer)는 애완동물 미용사이다.

40　　　　　정답 ④

그루밍(grooming)에 대한 설명이다.

41　　　　　정답 ②

그리핑(gripping)은 트리밍 나이프로 소량의 털을 골라 뽑는 것이다.

42　　　　　정답 ⑤

네일 트리밍(nail trimming)은 발톱 손질하는 작업을 말한다.

43　　　　　정답 ⑤

듀플렉스 쇼튼(duplex-shorten)에 대한 설명이다.

44　　　　　정답 ②

드라잉(drying)에 대한 설명이다.

45　　　　　정답 ⑤

래핑(wrapping)은 장모종의 긴 털을 보호하기 위해 적당한 양의 털을 나누어 래핑지로 감싸주는 작업이다.

46　　　　　정답 ⑤

레이저 커트(razor cut)는 면도날로 털을 잘라 내는 것이다.

47 정답 ②

레이킹(raking)은 스트리핑 후 남은 오버코트나 언더코트를 일정 간격으로 제거해 주는 것이다.

48 정답 ②

린싱(rinsing)은 샴푸 후 린스를 뿌려 코트를 마사지하고 헹구어 내는 작업이다. 털을 부드럽게 하여 정전기를 방지하고 샴푸로 인한 알칼리 성분을 중화하는 작업이다.

49 정답 ③

밥 커트(bob cut)는 털을 가위로 잘라 일직선으로 가지런히 하는 작업을 말한다.

50 정답 ①

밴드(band)는 클리핑이나 시저링으로 띠 모양의 형태를 만드는 작업을 말한다.

3회 필기시험

01 정답 ③

① 작업자는 소화기의 사용 방법을 알아야 한다.
② 작업자는 물기가 있는 손으로 전기 기구를 만지지 않는다.
④ 작업자는 미용 숍과 작업장에 있는 모든 전선을 함부로 만지지 않는다.
⑤ 작업자는 미용 숍 또는 작업장에 있는 소화기의 비치 장소를 알아야 한다.

02 정답 ②

고객에게 대기하는 다른 동물에게 음식을 주지 않도록 교육한다.

03 정답 ⑤

1도 화상은 피부의 표피층에만 손상이 있으며 손상부위는 발적이 나타나며, 수포는 생기지 않고, 통증은 일반적으로 3일정도 지속된다. 흉터가 발생하는 화상은 2도 이상의 화상이다.

04 정답 ⑤

⑤의 경우 동물의 낙상에 의한 안전사고 예방 대처방법의 내용이다.

05 정답 ①

빈칸에 들어갈 말로 안전문이 적절하다. 출입문 주변에는 문을 여닫을 때 동물이 도주하지 못하도록 안전문을 이중으로 설치하는 것이 좋고, 안전문은 항상 닫힌 상태로 유지해야 한다.

06 정답 ②

광견병 바이러스로 인해 급성 바이러스성 뇌염을 일으키는 질병으로, 광견병 예방 백신 사업으로 드물게 발생하지만, 치명적이므로 꼭 숙지하고 있어야 한다. 주로 광견병 바이러스에 감염된 동물의 교상과 상처 부위를 통해 감염된다.

07   정답 ①

과산화수소는 농도에 따라 피부에 매우 자극적일 수 있기 때문에, 2.5~3%의 농도를 소독용으로 사용한다.
ㄷ. 산화력이 강하고 산소가 발생한다.
ㄹ. 호기성 세균 번식을 억제하는 효과가 있다.

08   정답 ⑤

⑤ 커브 가위(curve scissors)에 대한 설명이다.

09   정답 ④

클리퍼 콤(clipper comb)에 대한 설명이다. 크기와 길이는 사용 목적에 따라 알맞은 것을 선택하여 사용한다.

10   정답 ②

동물의 털을 가르거나 래핑을 할 때 사용하는 것은 꼬리빗(pointed comb)이다.

11   정답 ②

ㄴ. 입마개는 동물이 물지 못하게 하기 위하여 입에 씌우는 도구이다. 천이나 플라스틱 등으로 만들어졌으며, 단두종과 장두종, 또는 동물의 종류에 따라 다양한 종류가 있다. 오리 주둥이나 엘리자베스 칼라는 매우 사나운 동물에게는 적합하지 못하며, 입이 다 가려지는 플라스틱 입마개는 동물이 호흡하는 데 문제가 생길 수 있으므로 주의해야 한다.
ㅁ. 엘리자베스 칼라는 원래 동물이 수술을 마치고 수술 부위를 핥지 못하게 하기 위해 동물의 목에 착용시켜 얼굴을 감싸는 용도로 만들어졌으나 물지 못하게 하기 위해서도 유용하게 사용된다. 플라스틱으로 된 것과 천으로 된 것 등 다양한 종류가 있다.

12   정답 ④

이어파우더는 귓속의 털을 뽑을 때 털이 잘 잡히도록 하기 위해 사용한다.

13   정답 ④

ㄱ, ㄷ 전동식 미용 테이블에 대한 설명이다.

14   정답 ①

ㄷ. 고객에게는 최대한 밝고 생기 있는 목소리로 응대한다. 이는 신뢰감을 높이고 고객의 기분을 좋게 한다. 낮은 음성의 어두운 목소리는 부정적으로 들리고 신뢰가 가지 않으며 위압감을 줄 수 있다.
ㄹ. 부드러운 말투와 친절한 안내는 고객에게 지불하는 비용 이상의 효과를 느낄 수 있게 한다.

15   정답 ⑤

ㄱ. 미용 숍 대기 공간까지 털이 날리지 않도록 청소기를 사용하여 수시로 관리한다.
ㄴ. 애완동물의 배변 · 배뇨는 즉시 봉투에 담아 버릴 수 있도록 배변 봉투와 위생 용품은 잘 보이는 곳에 비치한다.

16   정답 ③

'그러나', '하지만' 등의 접속사는 사용하지 않는다. 이유를 붙이기 시작하면 사과의 의미가 퇴색하고 갈등만 증폭될 수 있기 때문이다.

17   정답 ④

고객과의 대화에 단답형으로 응대한다면 차가운 느낌을 받을 것이다. 상대방을 의도치 않게 당황하게 만들고 그 다음 응대가 어렵다면 '죄송합니다만', '고맙습니다만', '번거로우시겠지만', '바쁘시겠지만' 등의 단어를 사용한다. 이는 고객과 관계를 부드럽고 만족스러운 관계로 증진시키는 응대 방법이다.

18   정답 ⑤

애완동물에게 피부의 염증, 발적, 탈모, 피모의 분비물, 낙설, 부스럼과 딱지 등이 보인다면 미리 고객에게 안내하여 미용 전후로 수의사의 진료를 받도록 안내한다.

19 　　　　　　　　　　　　　정답 ①

품종별, 스타일별, 신체 부위별로 수집한 자료를 붙인다.

20 　　　　　　　　　　　　　정답 ⑤

개는 다른 동물이나 작업자를 공격하여 교상을 일으킬 수 있다. 이때 섣부르게 접근하면 작업자도 다칠 수 있으므로 ㄱ, ㄴ, ㄷ과 같은 방법을 사용한다.

21 　　　　　　　　　　　　　정답 ④

빈칸에 들어갈 말로 옳은 것은 컨디셔너이다. 브러싱을 할 때에는 피부 손상과 털의 끊김에 주의하여 빗질한다.

22 　　　　　　　　　　　　　정답 ④

보호털(guard hair)에 대한 설명이다.

> **털의 특징**
> - **보호털(Guard Hair)** : 털은 길고 두꺼우며, 몸의 외형을 이루고, 체온을 유지해 주며 방수기능이 있다.
> - **솜털(Wool Hair)** : 보호털에 비해 짧고 부드러우며, 단열재 역할을 한다.
> - **촉각털(Tactile Hair)** : 안면부에 집중되어 있으며 보호털보다 두꺼우며 외부자극에 의한 감각을 수용하는 털이다.

23 　　　　　　　　　　　　　정답 ②

애완동물의 건강 상태는 작업 중에도 수시로 확인한다.

24 　　　　　　　　　　　　　정답 ④

ㄱ. 목욕 시에도 사용할 수 있다.
ㄹ. 루버 브러시는 고무 재질의 판과 돌기로 구성되어 있으며, 글로브 형태와 브러시 형태가 있다.

25 　　　　　　　　　　　　　정답 ⑤

용기에 샴푸를 희석하여 사용하거나 희석한 샴푸를 스펀지에 적셔 사용하면 쓸데없는 샴푸의 낭비를 막을 수 있을 뿐만 아니라 희석액이 전신에 골고루 퍼져 효과적인 샴핑을 할 수 있다.

26 　　　　　　　　　　　　　정답 ③

ㄴ. 빗살 사이의 간격 수에 따라 잘리는 면의 절삭력에 차이가 있다.
ㄷ. 실키 코트의 부드러운 털과 처진 털을 자를 때 가위 자국 없이 자를 수 있다.

27 　　　　　　　　　　　　　정답 ⑤

클리퍼 날은 mm 수에 따라 클리퍼 날 사이의 간격이 좁거나 넓다. 또한 클리퍼 날의 mm 수가 클수록 피부에 상처를 입힐 수 있는 위험성이 높다.

28 　　　　　　　　　　　　　정답 ⑤

발톱에는 혈관과 신경이 연결되어 있고 발톱이 자라면서 혈관과 신경도 같이 자란다.

29 　　　　　　　　　　　　　정답 ③

귀 청소를 하기 위해서는 겸자, 이어파우더, 이어클리너, 탈지면이 필요하다.

30 　　　　　　　　　　　　　정답 ⑤

동그란 발은 발바닥을 클리핑하며, 발의 모양을 따라 동그랗게 시저링한다. 대표 견종은 포메라니안, 페키니즈, 슈나우져이다.

31 　　　　　　　　　　　　　정답 ②

ㄴ. 동물이 오랜 시간 서 있어야 작업이 가능한 미용 스타일은 피한다.
ㄹ. 디자인보다는 위생 관리 부분에 초점을 맞춘 미용 스타일을 선택하는 것이 바람직하다.

32   정답 ⑤

미용사의 의견보다는 고객의 의견을 우선적으로 반영한다. 사람은 개개인의 취향이나 개성이 다르므로 미용사가 최선이라고 생각하는 미용 스타일이 고객에게는 만족스럽지 못할 수 있음을 이해하고 고객의 의견을 우선적으로 반영하여 미용 스타일을 결정하도록 한다.

33   정답 ④

보완이 어려운 정도의 단점이라면 개성으로 표현할 수 있는 스타일을 구상한다.

34   정답 ③

등이 아니라 얼굴이 옳다. 얼굴을 클리핑할 때에는 항상 털이 난 반대 방향으로 이미지너리 라인을 만들어야 하지만 개체 특성상 정방향으로 이미지너리 라인을 만들 수도 있다.

35   정답 ①

한 개체의 전체 클리핑이 끝나면 항상 소독을 한다.

36   정답 ⑤

ㄷ. 시닝 가위를 사용하는 경우이다.

37   정답 ③

하이온 타입은 몸높이가 몸길이보다 긴 체형으로, 몸에 비해 다리가 길다.
ㄱ. 긴 다리를 짧아 보이게 커트한다.
ㄹ. 드워프 타입의 신체적 단점을 보완하는 방법 중 하나이다.

38   정답 ②

개체의 전반부를 작업하기 위해 턱 밑을 살며시 잡아 준다. 무리하게 힘을 주지 않으며 턱 밑부분의 뼈 사이에 손가락을 넣어 지긋이 잡는다.

39   정답 ③

베이싱(bathing)은 물로 코트를 적셔 샴푸로 세척하고 충분히 헹구어 내는 작업이다.

40   정답 ①

①은 파팅(parting)에 대한 설명이다.

41   정답 ④

블렌딩(blending)은 털의 길이가 다른 곳의 층을 연결하여 자연스럽게 하는 작업을 말한다.

42   정답 ⑤

블로우 드라잉(blow drying)은 드라이어를 사용하여 털을 말리거나 펴는 작업을 말한다.

43   정답 ②

새킹(sacking)은 베이싱 후 털이 튀어나오거나 뜨는 것을 막아 가지런히 하기 위해 신체를 타월로 싸놓는 것이다.

44   정답 ④

샴핑(shampooing)에 대한 설명이다.

45   정답 ⑤

세트 스프레이(set spray)는 톱 노트 부분의 코트를 세우기 위해 스프레이 등을 뿌리는 작업을 말한다.

46   정답 ②

세트업(set up)은 톱 노트를 형성시키기 위해 두부의 코트를 밴딩하고 세트 스프레이를 하는 작업을 말한다.

47 정답 ③

셰이빙(shaving)은 드레서나 나이프를 이용하여 털을 베듯이 자르는 기법이다.

48 정답 ⑤

ㄷ. 쇼 당일에 초점을 맞추어 계획적으로 피모를 정돈해 두어야 하는 것이 좋다.
ㄹ. 쇼에 출진하기 위한 그루밍으로 쇼에서 요구하는 타입의 미용 스타일을 완성해야 한다.

49 정답 ②

스웰(swell)은 두부를 부풀려 볼륨 있게 모양을 낸 것을 말한다.

50 정답 ③

스테이징(staging)은 미니어처슈나우저 등에게 작업하는 스트리핑 방법을 말한다.

4회 필기시험

01 정답 ②

작업자와 고객은 동물의 도주 방지를 위해 출입문과 통로에 있는 안전 문을 꼭 닫는다.

02 정답 ④

동물의 피부는 사람보다 얇고 약하기 때문에 사람보다 훨씬 낮은 온도에서도 화상을 입기도 한다. 때문에 항상 조심해야 한다.

03 정답 ⑤

누수는 물이 흐르는 통로나 기구 등에 손상으로 균열 또는 구멍이 생겨서 물이 새어나가는 상태를 의미한다.

04 정답 ④

동물의 접근을 방지하기 위해 가위, 클리퍼, 발톱깎이, 빗 등 뾰족하고 날카로운 도구는 항상 별도의 보관함이나 전용 테이블에 보관한다.

05 정답 ③

일광 소독은 직사광선에 노출함으로써 소독하는 것을 말한다. 가장 간단한 소독법이나, 두께가 두꺼운 경우에는 소독이 깊은 부분까지 미치지 않는 단점이 있다. 또 계절, 기후, 환경에 영향을 받기 때문에 효과가 일정하지 않다.
ㄱ. 화학적 소독에 대한 설명이다.
ㄷ. 자비 소독에 대한 설명이다.

06 정답 ⑤

알맞은 소독제로 소독하거나 자외선 소독기에 노출시켜 소독한다.

07 정답 ②

회충, 지알디아, 캠필로박터, 살모넬라균, 대장균에 대한 설명이다.

08   정답 ③

클리퍼 날(clipper blade)은 클리퍼에 부착하여 잘리는 털의 길이를 조절한다.
① 클리퍼의 아랫날은 두께를 조절한다.
② 번호에 따른 날의 길이는 제조사마다 약간씩 편차가 있다.
④ 클리퍼 날에는 번호가 적혀 있는데, 일반적으로 번호가 클수록 털의 길이가 짧게 깎인다.
⑤ 아랫날 두께에 따라 클리핑되는 길이가 결정되며 윗날은 털을 자르는 역할을 한다.

09   정답 ⑤

브리슬 브러시(bristle brush)에 대한 설명이다. 사용 목적에 따라 길이나 재질이 다양하다.

10   정답 ①

코스 나이프(coarse knife)는 세 종류의 나이프 중에서 날이 가장 두껍고 거칠다. 언더코트를 제거하는 데 사용한다.

11   정답 ②

발톱갈이(nail file)는 동물의 발톱을 깎으면 절단면이 뾰족하고 날카로워 사람이나 동물에게 상해를 입힐 수 있으므로 이러한 부분을 갈아서 둥글게 다듬는데 사용한다. 충전을 하거나 건전지를 넣어 사용하는 전동식과 사람의 손으로 양방향으로 움직여 사용하는 수동식이 있다.
①, ③ 발톱깎이(nail clipper)에 대한 설명이다.

12   정답 ③

ㄱ. 반드시 손가락이나 굵은 콤 등을 이용하여 털을 제거한다.

13   정답 ①

래핑지는 장모종 개의 털을 보호하기 위해 사용한다. 종이로 된 것, 비닐로 된 것 등 소재가 다양하다. 털의 성질에 따라 두께나 소재를 선택하여 사용하고 저가 제품의 경우에는 백모견종의 털에 색이 염색되는 경우가 있으므로 주의하여 사용해야 한다.

14   정답 ①

고객의 불편함에 대해 끝까지 진지하게 경청하고 구체적인 원인을 파악하기(문제 경청) → 진심 어린 말투로 고객의 입장에 충분히 동감하고 있다는 것을 이야기하기(동감 및 이해) → 부드러운 표현으로 해결 방법을 제시하고 최선의 방법을 성의껏 설명하기(해결 방법 제시) → 고객의 마음에 공감을 다시 표현하고 정중하게 잘못에 대해 인정하고, 불만 요소 표현에 감사를 표하기(동감 및 이해)

15   정답 ③

ㄴ. 디펜바키아는 개와 고양이 모두가 섭취할 경우, 구강에 간지럼증이 일어나는데 주로 혀와 입술에 집중된다. 이는 타액 분비의 증가로 발전하고 음식물을 삼키는 데 어려움을 보이며 구토증세로 이어진다.
ㄷ. 많은 종류의 백합은 고양이에게 독성이 있다. 몇 가지는 개에게도 독성이 있다고 알려져 있다. 일반적으로 고양이의 증상은 구토, 무기력증, 식욕 감퇴이지만 빨리 치료하지 않으면 심각한 신장 손상과 죽음에 이를 수 있다.
ㅁ. 옥수수나무, 행운목, 드라세나, 리본식물로 불리는 옥수수 식물은 개와 고양이에게 모두 독성이 있는 식물이다. 사포닌이라는 독성 화합물이 존재하는데 섭취할 경우에 구토, 토혈, 식욕 감퇴, 우울증, 유연 증상이 나타나고, 고양이의 경우는 동공이 커지기도 한다.

> **개와 고양이에게 위험한 식물**
> • 아스파라거스 고사리
> • 옥수수 식물
> • 디펜바키아
> • 백합
> • 시클라멘
> • 몬스테라
> • 알로에
> • 아이비

16   정답 ⑤

고객 방문 시 다른 업무를 수행 중이더라도 가능하면 잠시 중지하고 응대를 하며 응대를 할 수 없을 때에는 양해를 구한다. 또 그렇지 못한 상황에 대해서는 정중한 사과를 한다.

17 정답 ②

경계심이 강한 고양이의 경우에는 안지 않는다. 불가피하게 안아야 한다면 작업자와 고양이 모두 다치지 않도록 목덜미를 잡고 빠르게 케이지로 옮긴다. 이때 발이나 아랫배는 만지지 않는다.

18 정답 ②

애완동물의 체온이 높아졌을 때에는 얼음 팩을 허벅지 쪽이나 겨드랑이, 목뒤 등 열이 많은 곳에 올려 주어 열을 식힌다.

19 정답 ⑤

제품 안내 방법 중 POP 광고 활용은 브랜드(상표)를 식별시키고 상품을 주목하게 만들고 구매의 결단력을 내리게 하는 설득력을 가진다. 또 충동적 동기를 이용해 상품을 판매하는 직접적인 역할을 한다. ⑤의 설명은 제품 사진 스크랩에 대한 설명이다.

20 정답 ⑤

피부가 문제가 있는 경우에는 수의사의 진료를 받아 처방받은 샴푸를 사용할 수 있도록 안내한다.

21 정답 ④

부모(secondary hair)에 대한 설명이다.

22 정답 ⑤

ㄴ. 실키 코트에 대한 설명이다. 대표적인 견종으로는 요크셔테리어(Yorkshire terrier), 몰티즈(Maltese), 실키테리어(silky terrier) 등이 있다.

23 정답 ③

① 애완동물의 도주와 낙상 방지를 위해 고정 장치를 사용한다.
② 작업 장소는 애완동물의 탈출 경로가 차단되어 있어야 한다.
④ 작업 장소는 청결하고 통풍이 잘 되어야 한다.
⑤ 손질 시 작업대의 높이는 사람과 애완동물이 편안함을 느낄 수 있는 안전한 곳에서 실시한다.

24 정답 ⑤

① 사람용 샴푸는 개의 피부에 자극적일 수 있다.
② 개의 피부(pH 7~7.4)는 중성에 가까우며 사람 피부(pH 4.5~5.5)와는 다르다.
③ 잔류물을 남기지 않고 눈에 자극이 없으며 오물을 잘 제거할 수 있어야 한다.
④ 대부분의 샴푸에는 계면 활성제, 향수 기능의 다양한 첨가제, 영양 성분과 보습 물질이 함유되어 있다.

25 정답 ①

피부에서 털 바깥쪽으로 풍향을 설정하여 드라이를 한다. 드라잉에서 가장 중요한 것은 털을 커트하기 위해 털의 상태를 최상으로 마무리 하는 것이므로 드라잉 바람과 브러싱이 동시에 이루어져야 한다.

26 정답 ④

ㄱ, ㄹ은 페이스 콤에 대한 설명이다.

27 정답 ③

보브 가위에 대한 설명이다.

28 정답 ①

ㄱ. 클리퍼 날이 잘 끼워지지 않으면 날의 떨림이 불안정하고 요란한 소리가 난다.
ㄴ. 클리퍼 본체의 클리퍼 날 끼우는 틈은 항상 서 있어야 한다. 클리퍼 본체 쪽으로 누워 있으면 검자를 사용해서 일으켜 세운다.

29 정답 ②

귀 청소를 할 때 검자의 방향은 귓속을 향해 일직선이 되게 한다.

30　　　　　정답 ④

고름이 많이 찬 귀를 겸자로 털을 뽑으면 귓속 피부를 더욱 악화시킬 수 있기 때문에 상처가 나지 않게 이어클리너로만 가볍게 닦아 준다.

31　　　　　정답 ②

미용하기 전에 애완동물의 건강 상태를 확인하여 미용 중에 발생할 수 있는 사고를 방지한다.

32　　　　　정답 ④

털의 오염도 파악은 미용 스타일, 미용에 걸리는 시간, 비용 등을 결정하는 데 반드시 필요한 과정이다. 털의 오염도에 따라 추가 요금이 발생한다면 미용 전에 스타일 상담과 함께 비용을 안내해야 한다.
ㄹ. 애완동물의 털의 길이는 털의 오염도에 따라 결정될 수 있는 사항으로는 옳지 않다.

33　　　　　정답 ④

애완동물이 배변 활동을 하는 곳의 특징을 파악한다. 애완동물이 배변 활동을 하는 곳에서 발이 젖지 않는지 또는 발에 흙이 묻지 않는지 파악한다.

34　　　　　정답 ②

머리를 클리핑할 때에는 주둥이를 잡고 바닥으로 향하게 보정한다.

35　　　　　정답 ④

스퀘어 타입은 몸길이와 몸높이의 길이가 1:1의 이상적인 체형이다.

36　　　　　정답 ②

앞다리는 원통형으로 시저링한다.

37　　　　　정답 ⑤

뒷다리의 앞면, 옆면, 뒷면, 안쪽 면 모두 지면을 향해 평행하게 커트한다.

38　　　　　정답 ⑤

보정할 때 똑바로 서 있지 않고 주저 앉는 동물은 무리하게 손에 힘을 주어 강제로 일으키지 않는다.

39　　　　　정답 ⑤

ㄱ. 그리핑(gripping)에 대한 설명이다.

40　　　　　정답 ④

스펀징(sponging)은 샴핑할 때 스펀지를 이용하는 것이다.

41　　　　　정답 ⑤

① 그리핑(gripping)에 대한 설명이다.
② 페이킹(taking)에 대한 설명이다.
③ 플러킹(plucking)에 대한 설명이다.
④ 블렌딩(blending)에 대한 설명이다.

42　　　　　정답 ④

시저링(scissoring)은 가위로 털을 잘라 내는 작업을 말한다.

43　　　　　정답 ③

오일 브러싱(oil brushing)은 피모에 오일을 발라 브러싱하는 작업을 말한다.

44　　　　　정답 ⑤

이미지너리 라인(imaginary line)은 외부에 설정하는 가상의 선이다.

45   정답 ⑤

인덴테이션(indentation)은 푸들 등에게 하는 스톱에 역V자 모양의 표현을 하는 것이다.

46   정답 ①

초킹(chalking)은 냄새나 더러움을 제거하고 흰색의 털이 더욱 하얗게 표현되도록 제품을 문질러 바르는 작업을 말한다.

47   정답 ③

치핑(chipping)은 가위나 시닝 가위를 사용하여 털끝을 시저링하는 작업을 말한다.

48   정답 ②

카딩(carding)은 빗질하거나 긁어내어 털을 제거하는 작업을 말한다.

49   정답 ②

커팅(cutting)은 가위나 클리퍼로 털을 잘라 원하는 형태를 만들어내는 작업을 말한다.

50   정답 ②

코밍(combing)은 털을 가지런하게 빗질하는 작업으로, 보통 털의 방향으로 일정하게 정리하는 것이 기본이다.

5회 필기시험

01   정답 ②

작업자는 피복이 벗겨진 전선을 발견하는 경우 즉시 전원을 차단하며, 전기고장을 발견하면 바로 상위자 또는 전기기사에게 수리를 요청한다.

02   정답 ③

작업자는 작업장 안에서 작업자를 안전하게 보호하는 정해진 복장을 착용한다.

03   정답 ③

상처 부위를 생리 식염수나 클로르헥시딘 액을 흘려서 세척한다.
① 상처 부위를 반창고로 덮어 상처 부위에 물이 들어가지 않게 한다.
② 클로르헥시딘 또는 포비돈으로 소독한다.
④ 출혈이 있는 경우에는 멸균 거즈나 깨끗한 수건으로 충분히 압박하여 지혈한다.
⑤ 상처가 심각하고 15분 이상 지혈해도 출혈이 멈추지 않으면 상처 부위를 멸균 거즈나 깨끗한 수건으로 완전히 덮고 압박하면서 병원으로 이동하여 처치를 받는다.

04   정답 ②

동물을 목욕시킬 때 온수의 온도는 43~45℃ 정도로 준비한다.

05   정답 ②

ㄹ. 작업자는 냄새가 강한 화장품과 향수의 사용과 흡연은 되도록 피하는 것이 좋다.

06   정답 ⑤

계면 활성제에 대한 설명이다. 계면 활성제의 종류에는 비누나 샴푸, 세제 등과 같은 음이온 계면 활성제, 4급 암모늄(역성 비누)과 같은 살균, 소독용으로 사용되는 양이온 계면 활성제 등이 있다. 양이온 계면 활성제는 대부분의 세균, 진균, 바이러스를 불활화시키지만, 녹농균, 결핵균, 아포에는 효과가 없다.

07   정답 ⑤

오염 물질들이 전달되는 것을 최소화하기 위해, 일반적으로 청소나 소독은 비교적 깨끗한 곳부터 시작하여 가장 더러운 곳에서 끝내는 것을 추천한다.

08   정답 ④

ㄱ, ㄴ 겸자(mosquito forceps)에 대한 설명이다.

09   정답 ④

날을 왕복해서 닦으면 가윗날이 손상될 수 있으므로 날의 바닥면을 날의 손잡이 쪽에서 날 끝 쪽으로 밀면서 닦아 주는 것이 좋다. 이렇게 관리하면 가윗날에 묻은 이물질도 제거하고 날의 예리함도 더 오래 유지시킬 수 있다.

10   정답 ③

① 날에 기름이 묻은 상태로 클리핑을 하면 털이 달라붙고 뭉쳐져 클리핑이 어렵고 세척과 소독도 어려우므로 기름을 뿌린 후에는 마른 수건이나 휴지로 윤활제를 닦아낸 후 사용한다.
② 새로 구입한 클리퍼는 애완동물의 털을 바로 클리핑하지 말고 사용하기 전에 관리 작업을 미리 해 두면 더 오래 사용할 수 있다.
④ 클리퍼 날과 클리퍼의 모터는 클리퍼의 성능과 밀접한 연관이 있다.
⑤ 클리퍼 날은 연마가 가능하며 관리를 잘하면 반영구적으로 사용할 수 있다.

11   정답 ②

브러시를 흔들어서 물기를 털어 내고 뜨겁지 않은 바람으로 말려 준다.

12   정답 ④

컬러페이스트, 컬러초크, 컬러젤, 블로펜, 페인트펜은 애완동물의 털에 일시적으로 염색 효과를 낼 때 사용한다. 목욕을 하면 지워지며 털에 스텐실 효과를 활용하거나 색연필로 그리듯 모양을 그리는 등의 작업에 활용한다.
ㄷ. 이염 방지제는 애완동물을 염색할 때 염색을 원하지 않는 부위에 바르면 원치 않는 염색을 방지할 수 있다.

13   정답 ②

스탠드 드라이어는 바람의 세기 조절이나 각도 조절이 쉬워 애완동물 미용에 많이 사용한다.
①, ③ 개인용 드라이어에 대한 설명이다.
④ 블로 드라이어에 대한 설명이다.
⑤ 룸 드라이어에 대한 설명이다.

14   정답 ①

ㄱ. 고객과 애완동물에게 안정감을 주는 음악을 제공한다. 심리적 안정감을 주는 비트가 느린 음악을 선정하는 것을 추천한다.

15   정답 ③

ㄹ. 개가 애완동물 숍에 들어와서 작업자에게 인사를 할 때, 냄새를 맡으며 주변을 살필 때는 이름을 부르며 전용 비스킷이나 간식을 준다.

16   정답 ③

애완동물의 정보로는 애완동물의 이름, 품종, 나이, 중성화 수술 여부, 과거 병력 등을 간단히 기록해 놓을 필요가 있다.

17   정답 ④

고객의 정보를 수집할 때에는 애완동물 미용에 필요한 최소한의 정보만 받아야 한다.

18   정답 ④

ㄴ. 과거 또는 현재의 병력을 기록한다.
ㄹ. 사납거나 무는 동물의 경우에는 물림 방지 도구를 사용할 수 있음을 미리 안내한다.

19 정답 ⑤

미용 가격은 체중, 품종, 크기, 털 길이, 미용 기법, 엉킴 정도, 지역과 애완동물 숍의 전문성 등에 따라 달라지므로 미용에 소요되는 시간을 기준으로 책정한다.

20 정답 ②

미용 작업 후 건강 상태나 피모 상태의 변화가 있는지 확인하는 작업이 필요하다. 이는 작업 다음 날 하는 것이 좋으며 시일이 경과하면 고객이 생각한 불안 요인이 미용 작업이 원인이 아니어도 작업자가 구분하기 어렵다. 또 다음 예상 미용 날짜에 대해서도 안내한다면 고객은 기분 좋은 응대로 기억하고 재방문을 기약할 것이다.

21 정답 ④

ㄱ, ㄴ은 스무스 코트의 대표적인 견종이다.
ㄹ은 실키 코트의 대표적인 견종이다.

22 정답 ⑤

⑤는 슬리커 브러시에 대한 설명이다.

23 정답 ②

어린 동물은 태어나서 처음 받는 손질에 평생 버릇이 길들여진다. 생후 3~4주면 관리를 시작하는데, 어미 개가 잘 돌보지 않거나 변이 무른 경우에는 털과 엉기어 배변에 지장을 주거나 항문이 헐어 상처가 생길 수 있으므로 자주 점검해야 한다.
② 손질하는 것을 즐거워하지 않으므로 습관화시켜 관리하기 쉽게 길들이는 것이 작업자와 개체 모두에게 중요하다.

24 정답 ③

하얀색 털을 더 하얗게 만드는 것은 화이트닝 샴푸에 대한 설명이다. 또한 린스를 잘못 사용하면 린스 효과가 떨어질 수 있으므로 올바른 사용 방법을 숙지한다.

25 정답 ①

새킹에 대한 설명이다. 커트를 하기 위해서는 털이 들뜨고 곱슬거리는 상태로 건조되는 것을 막아야 하며 털을 최고의 상태로 유지하여 드라잉하기 위해 타월로 몸을 감싸 새킹을 한다. 드라이어의 바람이 건조할 부위에만 가도록 유도하는 것이 중요하며 바람이 브러싱하는 곳 주변의 털을 건조시키지 않도록 주의한다. 드라잉을 끝내기 전에 곱슬거리는 상태로 건조되었다면 컨디셔너 스프레이로 수분을 주어 드라이한다.

26 정답 ④

ㄱ, ㄴ, ㄷ은 0.1~1mm클리퍼 날을 적용한다.
ㄹ은 3~20mm클리퍼 날을 적용한다.

27 정답 ②

이어클리너의 효과로는 귀지의 용해, 귓속의 이물질 제거, 귓속 미생물의 번식 억제, 귓속의 악취 제거가 있다.
ㄱ, ㄷ은 이어파우더의 효과이다. 이어파우더의 효과는 모공 수축, 미끄럼 방지, 피부 자극과 피부 장벽을 느슨하게 한다.

28 정답 ③

ㄱ. 클리퍼 날은 세우지 않고 피모와 평행하게 하여 사용해야 한다.
ㄷ. 클리퍼 날의 밀리미터 수가 클수록 피부에 해를 입힐 수 있으므로 주의해 사용해야 한다.

29 정답 ①

② 요크셔테리어는 귀 끝의 1/3을 클리핑한다.
③ 코커스패니얼은 귀 시작부의 1/2을 클리핑한다.
④, ⑤ 베들링턴테리어, 댄디디몬드테리어는 귀의 장식 털 끝만 남기고 클리핑한다.

30 정답 ③

눈과 눈 사이의 털은 역V자가 되도록 밀어 준다.

정답 및 해설

31　　　　　정답 ④

미용 스타일의 제안과 동시에 미용 요금도 함께 안내한다. 털의 오염도, 젖은 상태, 엉킴 정도, 애완동물의 미용 협조 정도 등에 따라 추가적으로 요금이 발생할 수 있다. 이러한 부분은 애완동물의 개체 특성을 파악하여 미용 스타일을 제안할 때 함께 안내해야 한다.

32　　　　　정답 ⑤

ㄱ. 고객이 털 관리를 위해 할애할 수 있는 시간적 여유가 있는지 파악한다. 동물의 주기적인 산책 등으로 털 오염 가능성이 있는지 파악한다.
ㄴ. 고객이 독특하고 개성 있는 스타일을 선호하는지, 보편적이고 무난한 스타일을 선호하는지 등을 파악한다.
ㄷ. 고객의 가족 구성원의 특성을 파악하여 털 길이나 모양 등을 결정할 수 있다.

33　　　　　정답 ⑤

한 손으로 애완동물이 움직이지 않게 보정하고 엉덩이 부분과 몸통을 연결하여 겨드랑이 앞부분까지 클리핑한다.

34　　　　　정답 ②

애완동물을 테이블에서 떨어지지 않게 테이블 고정 암으로 고정한다.

35　　　　　정답 ①

엉킨 털이 당겨져 찰과상이 발생하기도 한다.

36　　　　　정답 ②

퍼프는 다리에 구슬모양으로 동그랗게 만드는 장식털로 퍼프 만들기 순서로 옳은 것은 ㄴ - ㄷ - ㄱ - ㄹ 순이다.

37　　　　　정답 ④

다리는 시저링 부위이다.

38　　　　　정답 ①

드워프 타입은 몸길이가 몸높이보다 긴 체형으로 다리에 비해 몸이 긴 타입이다.

39　　　　　정답 ④

ㄱ. 꼬리의 1/3을 클리핑한다.
ㄷ. 어느 각도에서 봐도 동그랗게 시저링한다.

40　　　　　정답 ③

클리핑(clipping)은 클리퍼를 사용하여 불필요한 털을 잘라내는 작업을 말한다.

41　　　　　정답 ②

타월링(toweling)은 베이싱 후 타월을 감싸 닦아내는 작업을 말한다.

42　　　　　정답 ⑤

토핑오프(topping-off)는 스트리핑 후 완성된 아웃코트 위에 튀어나오는 털을 뽑아 정리하는 작업을 말한다.

43　　　　　정답 ②

트리밍(trimming)은 털을 자르거나 뽑거나 미는 등의 모든 미용 작업을 일컫는 말이다. 불필요한 부분의 털을 제거하여 스타일을 만든다.

44　　　　　정답 ⑤

ㄱ. 인덴테이션(indentation)에 대한 내용이다.
ㄴ. 시저링(scissoring)에 대한 내용이다.

45　　　　　정답 ③

페이킹(faking)은 여러 기법으로 모색 및 모질에 대한 눈속임을 하는 작업을 말한다.

46	정답 ⑤

펫 클립(pet clip)에 대한 설명으로 ㄱ, ㄴ, ㄷ이 모두 옳다.

47	정답 ③

플러킹(plucking)은 트리밍 나이프로 털을 뽑아 원하는 미용 스타일을 만드는 작업을 말한다.

48	정답 ②

피킹(Picking)은 듀플렉스 쇼튼과 같은 작업으로 주로 손가락을 사용하여 오래된 털을 정리하는 작업을 말한다.

49	정답 ②

엄지손가락과 집게손가락을 이용해 털을 제거하는 작업으로, 도구를 사용하는 것보다 자연스러운 표현이 가능하다.
ㄱ. 오일 브러싱(oil brushing)에 대한 설명이다.
ㄹ. 셰이빙(shaving)에 대한 설명이다.

50	정답 ⑤

화이트닝(whitening)은 개의 몸의 하얀 털을 더욱 하얗게 보이도록 하는 작업을 말한다.

2급
실전모의고사
정답 및 해설

3회 필기시험

01	③	02	④	03	②	04	④	05	④
06	④	07	④	08	②	09	⑤	10	⑤
11	②	12	⑤	13	④	14	②	15	①
16	⑤	17	⑤	18	②	19	①	20	③
21	①	22	④	23	④	24	②	25	②
26	④	27	②	28	③	29	①	30	⑤
31	⑤	32	⑤	33	⑤	34	④	35	④
36	②	37	④	38	⑤	39	①	40	⑤
41	⑤	42	④	43	④	44	④	45	④
46	②	47	④	48	③	49	①	50	⑤

1회 필기시험

01	③	02	④	03	④	04	①	05	②
06	③	07	②	08	⑤	09	④	10	⑤
11	④	12	①	13	②	14	②	15	⑤
16	③	17	①	18	③	19	③	20	①
21	①	22	②	23	③	24	⑤	25	④
26	②	27	②	28	①	29	④	30	①
31	③	32	④	33	⑤	34	②	35	②
36	①	37	①	38	①	39	③	40	②
41	③	42	③	43	④	44	④	45	②
46	⑤	47	②	48	③	49	②	50	⑤

4회 필기시험

01	②	02	③	03	③	04	④	05	②
06	④	07	②	08	⑤	09	①	10	⑤
11	④	12	④	13	④	14	④	15	④
16	⑤	17	⑤	18	⑤	19	④	20	⑤
21	④	22	④	23	③	24	③	25	④
26	②	27	④	28	④	29	①	30	④
31	②	32	④	33	①	34	②	35	②
36	②	37	②	38	③	39	⑤	40	①
41	④	42	④	43	④	44	②	45	②
46	④	47	④	48	②	49	④	50	④

2회 필기시험

01	④	02	③	03	④	04	③	05	③
06	⑤	07	②	08	③	09	⑤	10	③
11	②	12	③	13	④	14	①	15	②
16	⑤	17	⑤	18	⑤	19	②	20	⑤
21	①	22	①	23	①	24	④	25	③
26	④	27	⑤	28	⑤	29	③	30	①
31	①	32	④	33	④	34	④	35	③
36	⑤	37	①	38	⑤	39	⑤	40	④
41	③	42	④	43	①	44	③	45	⑤
46	⑤	47	②	48	②	49	③	50	①

5회 필기시험

01	④	02	②	03	⑤	04	②	05	⑤
06	⑤	07	①	08	⑤	09	①	10	⑤
11	④	12	①	13	③	14	④	15	⑤
16	③	17	④	18	④	19	③	20	②
21	②	22	③	23	②	24	①	25	①
26	①	27	③	28	②	29	④	30	①
31	⑤	32	①	33	④	34	④	35	③
36	⑤	37	①	38	②	39	②	40	①
41	④	42	①	43	④	44	④	45	②
46	③	47	①	48	①	49	①	50	③

1회 필기시험

01 정답 ③

두부에 각이 지거나 펑퍼짐하게 퍼져 길이에 비해 폭이 매우 넓은 네모난 모양의 각진 머리형을 블로키 헤드(Blocky Head)라 한다.

02 정답 ④

클린 헤드(Clean Head)는 주름이 없고 앙상한 머리형으로 살루키가 대표적이다.

03 정답 ④

다운 페이스(Down Face)는 두개에서 코끝 아래쪽으로 경사진 얼굴을 말하며, 디쉬 페이스의 반대 의미이다.

04 정답 ①

치와와 두개의 패임과 같은 부드러운 부분을 모렐라(Molera)라고 한다.

05 정답 ②

주둥이가 뾰족해 약한 느낌의 얼굴을 말하는 것은 스니피 페이스(Snipy Face)이다.

06 정답 ③

스톱(Stop)은 견체의 머리 중 눈 사이의 패인 부분으로 액단이라고도 한다

07 정답 ②

① 라운드 아이(Round Eye): 동그란 눈
③ 오벌 아이(Oval Eye): 타원형 또는 계란형 눈
④ 풀 아이(Full Eye): 둥글게 튀어나온 눈
⑤ 차이나 아이(China Eye): 밝은 청색의 눈

08 정답 ⑤

① 블루멀 콜리 – 마블아이(Marble Eye)
② 도베르만핀셔 – 아몬드 아이(Almond Eye)
③ 살루키 – 오벌 아이(Oval Eye)
④ 몰티즈 – 라운드 아이(Round Eye)

09 정답 ④

후천적으로 파손된 치아는 손상치이며, 실치는 후천적으로 상실된 치아를 말한다.

10 정답 ⑤

절치(앞니, 문치)는 3개, 견치(송곳니)는 1개, 전구치(어금니, 소구치)는 4개로 윗니와 아랫니가 동일하나 후구치(어금니, 대구치)는 윗니가 2개, 아랫니가 3개로 다르다.

11 정답 ④

오버샷(Overshot)은 위턱의 앞니가 아래턱 앞니보다 전방으로 돌출되어 맞물린 것을 말하며, 과리교합이라고도 한다.

12 정답 ①

아래로 늘어지거나 턱이 밀착되지 않은 입술을 리피(Lippy)라고 한다.

13 정답 ②

쿠션(Cushion)은 윗 입술이 두껍고 풍만한 것을 말하며 페키니즈가 대표적 견종이다.

14 정답 ②

로만 노우즈(Roman Nose)는 독수리의 부리 모양과 비슷한 매부리코를 말하며, 보르조이가 대표적 견종이다.

15 정답 ⑤

스노우 노우즈(Snow Nose)는 평소에는 코가 검은색이나 겨울철에 핑크색 줄무늬가 생기는 코를 말한다.

16 정답 ③

①·②·④·⑤는 견체의 입과 관련된 용어이며, ③의 이렉트(Erect)는 귀나 꼬리를 위쪽으로 세운 것을 말하므로 귀나 꼬리와 관련된 용어이다.

17 정답 ①

로즈 이어(Rose Ear)는 귀의 안쪽이 보이며 뒤틀려 작게 늘어진 귀로 불독, 휘핏이 대표적 견종이다.

18 정답 ③

세미프릭 이어(Semiprick Ear)는 직립한 귀의 끝부분이 앞으로 기울어진 반직립형의 귀를 말하며, 폭스 테리어, 러프콜리, 그레이하운드가 대표적 견종이다.

19 정답 ③

프릭 이어(Prick Ear)는 앞쪽 끝부분이 뾰족하게 직립한 귀로 귀를 잘라 인위적으로 만든 직립 귀와 자연적인 직립 귀가 있다. 자연적인 직립 귀는 저먼셰퍼드가 대표적이며, 인위적인 직립 귀는 도베르만핀셔, 복서, 그레이트덴이 대표적이다.

20 정답 ①

이어 프린지(Ear Fringe)는 길게 늘어진 귀 주변의 장식 털을 말하며, 세터가 대표적 견종이다.

21 정답 ①

발바닥이 너무 얇아 움직임이 빈약한 것을 페이퍼 풋(Paper Foot)이라 하며, 헤어 풋(Hair Foot)은 토끼발처럼 긴 발가락을 말한다.

22 정답 ②

듀클로우(Dewclaw)는 다리 안쪽의 엄지발톱인 며느리발톱을 말하며, 낭조라고도 한다.

23 정답 ③

슬로핑 숄더(Sloping Shoulder)는 견갑골이 뒤쪽으로 길게 경사를 이루어 후방으로 경사진 어깨를 말한다.

24 정답 ⑤

㉠ 골반 상부의 근육이 연결된 부위의 엉덩이를 럼프(Rump)라고 한다.
㉡ 목 아래에 있는 어깨의 가장 높은 점을 위더스(Withers)라고 한다.

25 정답 ④

① 덕(Dock) – 잘린 꼬리
② 로인(Loin) – 허리
③ 크룹(Croup) – 엉덩이
⑤ 힙 조인트(Hip Joint) – 고관절

26 정답 ②

기갑에서 시작해 꼬리 뿌리 부분까지 이어지는 등선을 백 라인(Back Line)이라고 하며, 레벨 백(Level Back)은 기갑에서 허리에 걸쳐 평평한 모양의 수평한 등을 말한다.

27 정답 ②

배럴 호크(Barrel Hock)란 발가락 부분이 안쪽으로 굽어 밖으로 돌아간 비절을 말하며, 체중이 과도해 지탱이 어려워 좌우 비절 관절이 염전된 것을 트위스팅 호크(Twisting Hock)라 한다.

28 정답 ①

㉠ 패스턴(Pastern)은 손의 관절과 손가락 뼈 사이의 부위, 앞다리의 가운데 뼈, 뒷다리의 가운데 뼈를 말하며 중수골이라고도 한다.

ⓒ 싸이(Thigh)는 후지 엉덩이에서 무릎관절까지의 대퇴부를 말하며, 어퍼 싸이(Upper Thigh)라고도 한다.

ⓒ 스타이플(Stifle)은 대퇴골과 하퇴골을 연결하는 무릎관절을 말한다.

---

29 정답 ④

깃털 모양의 장식 털이 아래로 늘어진 꼬리를 플룸 테일(Plume Tail)이라고 하며, 잉글리시 세터가 대표적이다.

---

30 정답 ①

플래그폴 테일(Flagpole Tail)은 등선에 대해 직각으로 올라간 꼬리를 말하며, 비글이 대표적 견종이다.

---

31 정답 ③

푸들의 신체 부위 중 양 귀 사이의 주먹 모양의 후두부 뒷부분을 옥시풋(Occiput)이라 한다.

---

32 정답 ④

① 풋 라인(Foot Line) : 뒷다리(뒷다리 발목에서 관절까지)선
② 넥 라인(Neck Line) : 목 선
③ 언더라인(Underline) : 가슴 아랫부분에서 배를 따라 만들어진 아랫면의 윤곽선
⑤ 이미저너리 라인(Imaginary Line) : 눈 끝에서 귀 뿌리 부분까지 설정한 가상의 선

---

33 정답 ⑤

로제트, 팜펀, 브레이슬릿 커트의 균형미와 조화가 돋보이는 미용스타일은 푸들의 퍼스트 콘티넨탈 클립이다.

---

34 정답 ②

푸들의 맨하탄 클립의 경우 목 뒷부분의 선은 목 시작부분에서 1~2cm(ⓐ) 위에서 경계라인을 시저링하고, 힙(엉덩이) 부분은 약 30도(ⓑ)로 시저링한다.

---

35 정답 ②

푸들의 퍼스트 콘티넨탈 클립은 펫 클립이 아니라 쇼 클립에 가장 가깝다.

---

36 정답 ①

재킷과 로제트의 경계인 앞 라인은 최종 늑골 1cm 앞이 아닌 뒤에 위치하여야 한다.

---

37 정답 ①

몸통은 짧고 다리는 원통형이며, 비숑 프리제의 머리모양 스타일에 머즐 부분만 짧게 커트하는 미용스타일은 푸들의 브로콜리 커트이다.

---

38 정답 ①

드워프 타입의 대표적 견종은 몰티즈이다.

---

39 정답 ③

포메라니안의 곰돌이 커트에서 뒷발은 캣 풋 모양으로 시저링한다.

---

40 정답 ②

스무드 코트는 단모종에 해당한다.

---

41 정답 ③

환모기가 없는 권모종은 오버코트와 언더코트가 자연스럽게 서로 얽혀 새끼줄 모양으로 된 털로, 푸들, 비숑 프리제, 베들링턴 테리어가 대표적인 견종이다.

---

42 정답 ③

다리털을 남겨두고 몸 전체를 짧게 클리핑하는 스타일은 푸들의 스포팅 클립 스타일에 대한 설명이다.

43   정답 ④

밍크칼라 클립은 맨하탄 클립에서 허리와 목 분에 파팅 라인을 넣어 체형의 단점을 보완한 미용 방법이고, 볼레로 클립은 다리에 브레이슬릿을 만드는 클립으로 맨하탄의 변형 클립 중 하나이다.

44   정답 ④

수컷의 생식기에 소변을 흡수하는 패드를 쉽게 붙일 수 있도록 도와주는 용도로 사용되는 반려견 용품은 매너 벨트(Manner Belt)이다.

45   정답 ②

지속성 염색제를 쓰기 전에 초벌용으로 사용하는 염색제는 분말로 된 초크형 염색제이다.

46   정답 ⑤

일회성 염색제 사용 시 컬러를 교체할 때마다 붓을 닦아 주면 위생적이다

47   정답 ②

투 톤 염색의 경우 보색대비보다는 유사대비 컬러의 발색이 더 좋다.

48   정답 ③

반려견의 염색제 도포 후 자연 건조 상태로 기다리는 가장 적절한 시간은 20 ~ 25분 정도이다.

49   정답 ②

블로우펜은 작업 후 목욕으로 제거할 수 있고, 털의 길이가 길면 쉽게 활용할 수 있다.

50   정답 ⑤

물로 세척한 후에 털이 거칠 때에는 샴핑을 하지 않고 린싱만 한다.

2회 필기시험

01   정답 ④

노즈 브리지(nose bridge)는 사람의 콧등과 같은 부분을 말하며, 비량이라고도 한다.

02   정답 ③

드라이 스컬(dry skull)에 대한 설명이다.

03   정답 ④

디시 페이스(dish face)에 대한 설명이다.

04   정답 ③

몰레라(molera)는 치와와 두개의 패임과 같이 부드러운 부분을 말한다.

05   정답 ③

밸런스트 헤드(balanced head)는 스톱을 중심으로 머리 부분과 얼굴 부분의 길이가 동일하게 균형 잡힌 머리로 고든세터가 대표적이다.

06   정답 ⑤

ㄱ, ㄴ은 라운드 아이(round eye)에 대한 내용이다.

07   정답 ②

벌징 아이(bulging eye)는 튀어나와 볼록하게 보이는 눈을 말한다.

08   정답 ③

결치는 선천적으로 정상 치아 수에 비해 치아 수가 없는 것이다.
ㄷ. 결치의 반대말인 과리치에 대한 설명이다.

09   정답 ⑤

라이 마우스(wry mouth)는 뒤틀려 삐뚤어진 입을 말한다.

10   정답 ③

리피(lippy)는 아래로 늘어지거나 턱이 밀착되지 않은 입술을 말한다.

11   정답 ②

머즐(muzzle)은 주둥이, 입을 말한다.

12   정답 ③

노즈 밴드(nose band)는 주둥이를 둘러싼 흰색의 띠를 이룬 반점을 말한다.

13   정답 ④

노즈 브리지(nose bridge)는 스톱에서 코까지 주둥이 면을 말한다.

14   정답 ①

드롭 이어(drop ear)에 대한 설명이다.

15   정답 ②

로즈 이어(rose ear)에 대한 설명이다.

16   정답 ⑤

ㄱ. 하이셋 이어(highset ear)에 대한 내용이다.

17   정답 ⑤

버터플라이 이어(butterfly ear)에 대한 설명이다.

18   정답 ⑤

구스 럼프(goose rump)에 대한 설명이다.

19   정답 ②

다운힐(downhill)은 등선이 허리로 갈수록 낮아지는 모양을 말한다.

20   정답 ⑤

듀클로(dewclaw)는 다리 안쪽의 엄지발톱인 며느리발톱을 말하며, 낭조라고도 한다.

21   정답 ①

럼프(rump)는 골반 상부의 근육이 연결된 부위인 엉덩이를 말한다.

22   정답 ①

레벨 백(level back)은 기갑에서 허리에 걸쳐 평평한 모양의 수평한 등을 말하며, 바람직한 등의 모양이다.

23   정답 ①

레이시(racy)는 긴 다리, 등이 높고 비교적 가는 몸통 타입의 균형 잡히고 세련된 모양을 말한다.

24   정답 ④

레인지(rangy)는 흉심이 얕은 긴 몸통 타입을 말한다.

25   정답 ③

내로 사이(narrow thigh)는 폭이 좁은 대퇴부를 말한다.

26   정답 ④

내로 프런트(narrow front)에 대한 설명이다.

27   정답 ⑤

다운 인 패스턴(down in pastern)에 대한 설명이다.

28   정답 ⑤

ㄱ. 휩 테일(whip tail)에 대한 내용이다.
ㄷ. 플룸 테일(plume tail)에 대한 내용이다.

29   정답 ③

로셋 테일(low set tail)은 낮게 달린 꼬리를 말한다.

30   정답 ①

링 테일(ring tail)에 대한 설명이다.

31   정답 ①

빈칸에 들어갈 말로는 맨해튼 클립, 푸들의 맨해튼 클립이다.

32   정답 ④

ㄷ. 클리핑 면적이 넓고 콘티넨탈 클립보다 짧게 커트되어 가정에서도 관리하기가 용이하다.

33   정답 ③

빈칸에 들어갈 말로는 곰돌이 커트이다.

34   정답 ④

풋 라인(뒷다리 발목에서 관절까지)을 약 45도 각도로 자연스럽게 시저링한다.

35   정답 ③

ㄴ. 털이 자라는 속도가 빠르기 때문에 주기적인 손질이 필요하다.

2급 정답 및 해설

36 　　　　　　　　　정답 ⑤

ㄱ. 다른 모질에 비해 털 관리가 매우 쉽다.

37 　　　　　　　　　정답 ①

ㄱ. 더블 코트를 가진 품종이다.

38 　　　　　　　　　정답 ⑤

다리는 원통형으로 커트하되 아래 부분을 좀 더 넓은 이미지로 균형미에 맞게 커트한다.

39 　　　　　　　　　정답 ⑤

ㄱ, ㄴ, ㄷ 모두 아트 미용에 대한 내용으로 옳다.

40 　　　　　　　　　정답 ④

빈칸에 들어갈 말은 글리터 젤이다.

41 　　　　　　　　　정답 ③

드라이 온도에 따라 이상 반응이 있었는지 확인한다.

42 　　　　　　　　　정답 ⑤

⑤는 귀의 상태를 확인하기에 대한 내용이다.

43 　　　　　　　　　정답 ①

①은 지속성 염색제에 대한 내용이다.

44 　　　　　　　　　정답 ③

튜브형 염색제는 용기가 쉽게 손상될 수 있으므로 주의한다.

45 　　　　　　　　　정답 ⑤

ㄱ. 수분감이 거의 없는 크림 타입이다.
ㄴ. 이염 방지 크림은 목욕으로 제거할 수 있다.

46 　　　　　　　　　정답 ⑤

빈칸에 들어갈 말로 옳은 것은 알코올 소독 패드이다.

47 　　　　　　　　　정답 ②

부분(블리치) 염색은 염색을 할 부위(귀, 꼬리, 발) 전체에 컬러를 입히는 것이 아니라 원하는 컬러로 조금씩 포인트를 주는 방법이다.

48 　　　　　　　　　정답 ②

애완동물의 투 톤 염색의 순서로는 ㄱ → ㄷ → ㄹ → ㄴ → ㅁ이 가장 옳다.

49 　　　　　　　　　정답 ③

보정하는 손으로 도안의 다른 그림을 고정하고 다른 컬러의 초크 염색제로 도포한다.

50 　　　　　　　　　정답 ①

로션 타입은 피모에 수분기가 없어도 흡수력이 빠르다.

정답
및
해설

3회 필기시험

01   정답 ③

블로키 헤드(blocky head)는 두부에 각이 지거나 펑퍼짐하게 퍼져 길이에 비해 폭이 매우 넓은 네모난 모양의 각진 머리형을 말하며 보스턴테리어가 대표적이다.

02   정답 ④

스니피 페이스(snipy face)는 주둥이가 뾰족해 약한 느낌의 얼굴을 말한다.

03   정답 ②

스컬(skull)은 앞머리의 후두골, 두정골, 전두골, 측두골 등을 포함한 머리부 뼈 조직의 두부를 말한다.

04   정답 ④

애플 헤드(apple head)에 대한 설명이다.

05   정답 ④

옥시풋(occiput)은 양 귀 사이의 주먹 모양의 후두부 뒷부분을 말한다.

06   정답 ④

아몬드 아이(almond eye)에 대한 설명이다.

07   정답 ④

아이 스테인(eye stain)은 눈물 자국을 말한다.

08   정답 ②

손상치는 후천적으로 파손된 치아를 말한다.

09   정답 ⑤

스니피 머즐(snipy muzzle)은 날카롭고 좁으며 뾰족한 주둥이를 말한다.

10   정답 ⑤

시저스 바이트(scissors bite)는 위턱 앞니와 아래턱 앞니가 조금 접촉되어 맞물린 것을 말하며, 협상교합이라고도 한다.

11   정답 ②

실치는 후천적으로 상실한 치아를 말한다.

12   정답 ⑤

더들리 노즈(dudley nose)는 색소가 부족한 살빛의 빨간 코를 말한다.

13   정답 ④

로만 노즈(roman nose)에 대한 설명이다.

14   정답 ②

버튼 이어(button ear)에 대한 설명이다.

15   정답 ①

벨 이어(bell ear)는 끝이 둥근 벨과 같은 형태의 둥근 종 모양의 귀를 말한다.

16   정답 ⑤

ㄱ. 버터플라이 이어(butterfly ear)에 대한 설명이다.

17   정답 ⑤

세미프릭 이어(semiprick ear)에 대한 설명이다.

18 정답 ②

이렉트(erect)는 귀나 꼬리를 위쪽으로 세운 것을 말한다.

19 정답 ①

로인(loin)은 허리, 요부를 말한다.

20 정답 ③

로치 백(roach back)은 등선이 허리로 향하여 부드럽게 커브한 모양을 말한다.

21 정답 ①

립(rib)은 13대로 흉추에 연결된 갈비뼈를 말하며, 늑골이라고도 한다.

22 정답 ④

립케이지(ribcage)는 심장이나 폐 등을 수용하는 바구니 형태의 골격을 말하며, 흉곽이라고도 한다.

23 정답 ④

배럴 체스트(barrel chest)는 술통 모양의 가슴을 말한다.

24 정답 ②

버톡(buttock)은 엉덩이를 말한다.

25 정답 ②

보시(bossy)는 어깨 근육이 과도하게 발달해 두꺼운 몸통 타입을 말한다.

26 정답 ④

브리스킷(brisket)은 몸통 앞쪽의 가슴 아래쪽이며 하흉부를 말한다.

27 정답 ②

비피(beefy)는 근육이나 살이 과도하게 발달해 비만인 몸통 타입을 말한다.

28 정답 ③

배럴 호크(barrel hock)는 발가락 부분이 안쪽으로 굽어 밖으로 돌아간 비절을 말한다.

29 정답 ①

ㄱ. 훅 테일(hook tail)에 대한 설명이다.

30 정답 ⑤

스쿼럴 테일(squirrel tail)은 다람쥐 꼬리를 말한다.

31 정답 ⑤

목은 후두부 0.5cm 뒤에서 기갑부 1~2cm 윗부분으로 연결해야 한다.

32 정답 ⑤

로제트, 폼폰, 브레이슬릿의 균형미와 조화가 중요하기 때문에 클리핑 라인의 위치를 잘 선정해서 작업한다.

33 정답 ⑤

포스트 클리핑 신드롬은 미용 후 털이 자라지 않는 증상을 말한다. 단일모 견종보다 이중모인 견종에게 많이 나타난다. 클리퍼로 짧게 깎을 경우 자극에 예민한 구조적인 문제로 인해 털이 다시 나지 않을 확률이 높다.

34 정답 ④

ㄱ. 푸들의 맨해튼 클립에 대한 설명이다.
ㄷ. 푸들의 퍼스트 콘티넨탈 클립에 대한 설명이다.

35 정답 ④

애완동물이 휴식을 취할 수 있는 장소를 제공한다.

> **미용스타일 구상 시의 유의사항**
> - 작업 전에 반드시 반려견의 건강상태와 특이사항 등을 파악할 것
> - 반려견의 개체별 특성을 숙지할 것
> - 작업 장소는 청결하고 통풍이 잘될 것
> - 작업 장소는 반려견의 탈출경로가 차단되어 있을 것
> - 반려견이 휴식을 취할 수 있는 장소를 제공할 것
> - 작업자는 고객의 요구사항을 정확히 이해하고 소통하면서 작업할 것
> - 미용스타일을 구상할 때는 반려견의 안전을 가장 먼저 고려할 것
> - 이전 미용스타일에 따른 제약을 이해하고 현재 적용할 미용스타일의 표현이 가능하도록 구상할 수 있을 것
> - 최신 유행을 이해하고 고객이 만족하는 미용스타일을 구상할 수 있을 것

36 정답 ②

ㄴ. 긴 오버코트와 촘촘한 언더코트가 같이 자라 보온성이 매우 뛰어나지만 털이 잘 엉킬 수 있다.

37 정답 ④

푸들은 여러 스타일의 창작 미용이 가능하다.

38 정답 ⑤

ㄱ. 볼레로란 짧은 상의를 의미한다.
ㄴ. 맨해튼의 변형 클립 중 하나이다.

39 정답 ①

태어나서 처음 털을 짧게 잘랐을 경우에도 입힌다.

40 정답 ③

스누드(snood)는 귀가 늘어진 경우에는 귀가 더렵혀지는 것을 방지하고 귀 털이 길어서 음식을 먹을 때나 입 안으로 털

이 들어갈 경우, 산책 시 얼굴 주변의 털이 땅에 끌리는 경우, 눈곱을 떼거나 세수를 할 때에도 주변의 털이 물에 젖는 것을 방지하기 위해서도 사용하며 그 밖에 필요할 때에 사용한다.

41 정답 ⑤

탈락한 코트가 적당량을 넘어 피부 트러블로 보이는 상태인지 확인한다.

42 정답 ④

ㄱ, ㄷ은 털이 조금 엉킨 경우에 사용하는 방법이다.

43 정답 ④

유사 대비에 대한 설명이다.

44 정답 ④

테이핑 작업용 테이프는 애완동물의 피부에 자극이 덜하도록 접착력이 약한 종이테이프를 쓰면 좋다.

45 정답 ④

튜브형 용기에 담긴 겔 타입으로 되어 있으며 도포 후에는 제거가 어렵다.

46 정답 ②

ㄷ → ㅁ → ㄱ → ㄹ → ㄴ이 꼬리 염색에 대한 순서로 가장 옳다.

47 정답 ④

ㄱ. 부분(블리치) 염색 작업 시 털의 양을 너무 적게 하면 털이 뽑히거나 끊어질 수 있으므로 주의한다.
ㄷ. 그러데이션 염색 작업 시 1번 염색제와 2번 염색제의 배치 비율을 미리 구상하지 않으면 한 가지 컬러만 발색될 수 있으니 주의한다.

48   정답 ③

페인트 펜에 대한 설명이다.

49   정답 ①

물이 흐르는 상태에서 귀 안쪽이 보이게 뒤집지 않는다.

50   정답 ⑤

낮은 온도의 약한 바람으로 드라이한다.

4회 필기시험

01   정답 ②

와안(frog face)은 오버샷 등 아래턱이 들어가고 코가 돌출된 얼굴로 개구리 모양의 얼굴을 말한다.

02   정답 ③

장두형(長頭型)은 길고 좁은 형태의 머리를 말한다.

03   정답 ③

전안부(fore face)는 눈에서 앞쪽, 주둥이 부위를 포함한 두부의 앞면을 말한다.

04   정답 ④

치즐드(chiselled)는 눈 아래가 건조하고 살집이 없어 윤곽이 도드라지는 형태의 얼굴을 말한다.

05   정답 ②

오벌 아이(oval eye)는 일반적인 모양의 타원형 또는 계란형 눈을 말한다. 대표적으로 푸들, 살루키가 있다.

06   정답 ④

마루색 유전자를 가진 견종에게서 나타나는 불완전한 눈이다.

07   정답 ②

ㄴ, ㄹ은 오버숏(overshot)에 대한 내용이다.

08   정답 ⑤

이븐 바이트(even bite)는 위턱과 아래턱이 맞물린 것을 말하며, 절단교합이라고도 한다.

정답
및
해설

09 정답 ①

리버 노즈(liver nose)는 간장 색 코를 말한다.

10 정답 ⑤

버터플라이 노즈(butterfly nose)는 반점 모양의 코를 말한다. 살색 코에 검은 반점이 있거나 검은 코에 살색 반점이 있는 것을 말한다.

11 정답 ④

이어 프린지(ear fringe)는 길게 늘어진 귀 주변의 장식 털을 말한다. 대표적으로는 세터가 있다.

12 정답 ④

ㄱ, ㄹ은 캔들 프레임 이어(candle flame ear)에 대한 내용이다.

13 정답 ③

ㄷ. 파피용의 늘어진 타입은 그 수가 매우 적다.

14 정답 ④

펜던트 이어(pendant ear)는 늘어진 귀를 말한다. 대표적으로 닥스훈트, 바셋하운드가 있다.

15 정답 ②

쇼트 백(short back)은 기갑의 높이보다 짧은 등을 말한다.

16 정답 ⑤

쇼트커플드(short-coupled)는 라스트 립에서 둔부까지 거리가 짧은 것을 말한다.

17 정답 ⑤

스웨이 백(sway back)은 캐멀 백(camel back)의 반대로 등선이 움푹 파인 모양을 말한다.

18 정답 ⑤

스트레이트 숄더(straight shoulder)는 어깨 전출, 어깨가 전방으로 기울어진 것을 말한다.

19 정답 ④

슬로핑 숄더(sloping shoulder)는 견갑골이 뒤쪽으로 길게 경사를 이루어 후방으로 경사진 어깨를 말한다.

20 정답 ⑤

앵귤레이션(angulation)은 뼈와 뼈가 연결되는 각도를 말한다.

21 정답 ④

언더 라인(under line)은 가슴 아랫부분에서 배를 따라 만들어진 아랫면의 윤곽선을 말한다.

22 정답 ④

에이너스(anus)는 항문을 말한다.

23 정답 ③

위더스(withers)는 기갑이라고 하며 목 아래에 있는 어깨의 가장 높은 점을 말한다.

24 정답 ③

클로디(cloddy)는 등이 낮고 몸통이 굵어 무겁게 느껴지는 몸통의 타입을 말한다.

25   정답 ③

보우드 프런트(Bowed Front)는 활 모양의 전반부로 팔꿈치가 바깥쪽으로 굽은 안짱다리를 말한다.

26   정답 ⑤

스트레이트 호크(straight hock)는 각도가 없는 관절을 말한다.

27   정답 ③

ㄱ. 엘보(elbow)에 대한 설명이다.
ㄹ. 사이(thigh)에 대한 설명이다.

28   정답 ④

스크루 테일(screw tail)에 대한 설명이다.

29   정답 ①

스턴(stern)에 대한 설명이다.

30   정답 ④

플래그 테일(flag tail)은 깃발 형태의 꼬리를 말한다. 잉글리시 세터가 대표적이다.

31   정답 ②

에이프런(가슴부위 장식 털)은 둥그스름하게 시저링한다.

32   정답 ④

브레이슬릿(뒷발목에서 구부러진 호크) 윗부분을 약 45도 각도로 시저링한다.

33   정답 ①

힙의 각도를 약 30도로 시저링한다.

34   정답 ②

빈칸에 들어갈 말은 브로콜리 커트이다.

35   정답 ②

ㄴ. 슬리커 브러시를 이용하여 귀를 제외한 나머지 부분은 털의 결 방향과 반대로 빗질하여 준다.

36   정답 ②

ㄴ. 너무 자주 목욕을 시키면 피모가 매우 건조해질 수 있으므로 주의한다.

37   정답 ②

몰티즈의 판탈롱 스타일에 대한 설명이다.

38   정답 ③

빈칸에 들어갈 말은 밍크칼라 클립이다.

39   정답 ⑤

빈칸에 들어갈 말은 헤어스프레이다.

40   정답 ①

전체적으로 약하게 브러싱하여 체크한다.

41   정답 ④

ㄷ. 간단한 브러싱으로 털어 내거나 물티슈로 닦아 낸다.

42   정답 ④

염색제의 종류에 따라 매뉴얼이 다르므로 작업할 염색제의 매뉴얼을 숙지한다.

43   정답 ③

ㄷ. 지속성 염색제를 사용할 때에는 부직포를 느슨하게 고정하면 부직포가 벗겨져 염색 작업에 지장을 줄 수 있다.

44   정답 ②

애완동물의 귀는 예민하기 때문에 염색 작업을 하기전에 귀 털 뽑기와 귀 세정을 하면 머리를 흔들거나 귀를 털 수 있으므로 염색 작업이 끝난 후에 할 것을 권장한다.

45   정답 ②

보색 대비보다는 유사 대비 컬러의 발색에 더 좋다.

46   정답 ④

1번과 2번 염색제를 도포한 후 염색제의 도포가 잘 되었는지 확인하고 이염을 방지하기 위해 알루미늄 포일로 감싸 준다.

47   정답 ④

ㄷ은 스텐실에 대한 내용이다.

48   정답 ②

블로 펜으로 작업할 때에는 애완동물이 놀라지 않게 피모에 미리 입으로 바람을 불어보고 작업한다. 블로 펜을 애완동물의 몸에 바로 대고 세게 불면 동물이 깜짝 놀랄 수 있으므로 부는 강도를 조절하여 조심히 불어야 한다.

49   정답 ④

ㄱ. 액상 타입은 미용 전후에 가볍게 많이 쓰이는 타입이다.
ㄷ. 크림 타입의 영양 보습제에 대한 내용이다.

50   정답 ④

발과 다리의 염색 마무리 작업은 드라이 작업과 브러싱을 동시에 하면서 발가락 사이까지 확인한다.

5회 필기시험

01   정답 ④

크라운(crown)에 대한 설명이다.

02   정답 ②

클린 헤드(clean head)는 주름이 없고 앙상한 머리형이다. 살루키가 대표적이다.
① 단두형(短頭型)에 대한 설명이다.
③ 중두형(中頭型)에 대한 설명이다.
④ 링클(wrinkle)에 대한 설명이다.
⑤ 다운 페이스(down face)에 대한 설명이다.

03   정답 ⑤

타입 오브 스컬(type of skull)은 두개(頭蓋)의 타입을 말한다.

04   정답 ②

퍼로(furrow)는 스컬 중앙에서 스톱 방향으로 세로로 가로지르는 이마 부분의 세로 주름을 말한다.

05   정답 ⑤

페어 셰이프트 헤드(pear-shaped head)에 대한 설명이다.

06   정답 ⑤

트라이앵글러 아이(triangular eye)에 대한 설명이다.

07   정답 ①

풀 아이(full eye)는 둥글게 튀어나온 눈을 말한다.

08   정답 ⑤

ㄷ. 견종의 목적에 따라 정상 교합이 다르다.
ㄹ. 일반적으로 시저스 바이트를 정상 교합으로 하는 견종이 많다.

09	정답 ①

촙(chop)이 빈칸에 들어갈 말로 옳다. 촙(chop)은 두터운 입술과 턱이다. 불독이 대표적이다.

10	정답 ⑤

쿠션(cushion)은 윗입술이 두껍고 풍만한 것을 말한다.

11	정답 ④

템퍼치는 디스템퍼나 고열에 의해 변화되어 변색된 치아를 말한다.

12	정답 ②

스노 노즈(snow nose)는 평소에는 코가 검은색이나 겨울철에 핑크색 줄무늬가 생기는 코를 말한다.

13	정답 ③

프레시 노즈(fresh nose)는 살색 코를 말한다.

14	정답 ④

플레어링 이어(flaring ear)는 나팔꽃 모양 귀를 말한다. 치와와가 대표적이다.

15	정답 ⑤

필버트 타입 이어(fillbert shaped ear)는 개암나무 열매 형태의 귀를 말한다. 베들링턴테리어가 대표적이다.

16	정답 ③

위디(weedy)에 대한 설명이다.

17	정답 ④

캐멀 백(camel back)에 대한 설명이다.

18	정답 ④

커플링(coupling)에 대한 설명이다.

19	정답 ③

코비(cobby)는 몸통이 짧고 간결한 모양의 몸통 타입을 말한다. 몰티즈가 대표적이다.

20	정답 ②

턱 업(tuck up)은 허리 부분에서 복부가 감싸 올려진 상태를 말한다.

21	정답 ②

① 힙 조인트(hip joint)에 대한 설명이다.
③ 흉심에 대한 설명이다.
④ 헤어 풋(hare foot)에 대한 설명이다.
⑤ 톱 라인(top line)에 대한 설명이다.

22	정답 ③

① 웰 벤트 호크(well bent hock)에 대한 설명이다.
② 시클 호크(sickle hock)에 대한 설명이다.
④ 배럴 호크(barrel hock)에 대한 설명이다.
⑤ 트위스팅 호크(twisting hock)에 대한 설명이다.

23	정답 ②

패스턴(pastern)은 중수골. 손의 관절과 손가락 뼈 사이의 부위. 앞다리의 가운데 뼈, 뒷다리의 가운데 뼈를 말한다.

24	정답 ①

피들 프런트(fiddle front)는 팔꿈치가 바깥쪽으로 굽은 프런트를 말하며 발가락도 밖으로 향한다.

25	정답 ①

랫 테일(rat tail)에 대한 설명이다.

정답 및 해설

26 정답 ①

오터 테일(otter tail)에 대한 설명이다.

27 정답 ③

이렉트 테일(erect tail)은 직립 꼬리이며 위를 향해 선 꼬리를 말한다. 스코티시테리어, 폭스테리어가 대표적이다.

28 정답 ②

① 콕트업 테일(cocked-up tail)에 대한 설명이다.
③ 스냅 테일(snap tail)에 대한 설명이다.
④ 시클 테일(sickle tail)에 대한 설명이다.
⑤ 세이버 테일(saver tail)에 대한 설명이다.

29 정답 ④

① 킹크 테일(kink tail)에 대한 설명이다.
② 크룩 테일(crook tail)에 대한 설명이다.
③ 하이셋 테일(high set tail)에 대한 설명이다.
⑤ 크랭크 테일(crank tail)에 대한 설명이다.

30 정답 ①

② 플룸 테일(plume tail)에 대한 설명이다.
③ 밥 테일(bob tail)에 대한 설명이다.
④ 테일리스(tailless)에 대한 설명이다.
⑤ 판 테일(fan tail)에 대한 설명이다.

31 정답 ⑤

미용 스타일의 완성도를 높이기 위해서는 클리핑 선이 완벽하게 되어야 한다.

32 정답 ①

최종 늑골 1~2cm 뒤에 파팅 라인을 만든다.

33 정답 ②

뒷발은 캣 풋 모양으로 시저링한다.

34 정답 ④

앞다리는 윗부분이 짧고 아래로 내려가면서 둥글게 표현하여야 한다.

35 정답 ③

ㄱ. 단모종에 대한 설명이다.
ㄹ. 환모기가 없는 권모종에 대한 설명이다.

36 정답 ⑤

ㄱ, ㄴ, ㄷ 모두 몰티즈의 신체적 특징으로 옳은 내용이다.

37 정답 ①

ㄱ. 몸 전체를 짧게 클리핑하고 다리털은 남겨 두는 스타일이다.

38 정답 ②

글리터 젤이 한 부분에만 몰리지 않도록 고르게 뿌려 준다.

39 정답 ②

하니스(harness)에 대한 설명이다.

40 정답 ①

권모종은 적은 양의 빗질 방법보다는 넓게 전체적으로 빗질하여 균형미를 체크한다.

41 정답 ④

ㄹ은 분말로 된 초크형 염색제에 대한 내용이다.

42   정답 ①

ㄱ. 애완동물의 털에는 접착이 잘 되지 않는다.

ㄴ. 물에 닿으면 쉽게 제거할 수 있다.

43   정답 ②

귀 염색 시 이염 방지제를 도포할 때에는 면봉이나 손가락을 사용해도 관계없다.

44   정답 ④

그러데이션 염색에 대한 설명이다.

45   정답 ②

드라이 작업을 거부하는 애완동물은 보정하면서 자연 건조 상태로 기다린다. 염색제 도포 후 자연 건조 상태로 기다리는 시간은 20~25분 정도이다.

46   정답 ③

ㄴ. 분사량과 분사 거리에 따라 발색력이 다르기 때문에 작업을 하기 전에 분사량과 분사 거리를 미리 연습해 본다.

ㄷ. 털 길이가 긴 애완동물에게 활용할 수 있다.

47   정답 ①

ㄱ. 도안지는 물감에 흡수되지 않게 코팅이 된 종이가 좋다.

ㄴ. 초기 작업에는 너무 정교하지 않은 간단한 그림이 활용하기에 좋다.

48   정답 ①

ㄱ은 염색 작업 후 린싱을 해야 할 경우 중 하나이다. 샴핑 후에도 털이 거칠거나 염색제가 제거되지 않아 여러 번 샴핑을 했을 때, 물로 세척한 후에 털이 거칠 때에는 샴핑을 하지 않고 린싱만 한다.

49   정답 ①

염색제의 세척 작업 시 물의 온도가 높으면 염색제의 컬러가 쉽게 빠지기 때문에 물의 온도를 목욕할 때보다 조금 낮게 한다.

50   정답 ③

영양 보습제는 건조하고 푸석한 피모에 영양과 수분을 공급해 준다.

1급
실전모의고사
정답 및 해설

1회 필기시험

01	③	02	④	03	④	04	①	05	④
06	①	07	④	08	②	09	②	10	⑤
11	②	12	④	13	②	14	②	15	⑤
16	①	17	⑤	18	①	19	③	20	①
21	④	22	③	23	②	24	④	25	①
26	①	27	③	28	③	29	③	30	④
31	④	32	②	33	③	34	①	35	②
36	⑤	37	⑤	38	④	39	⑤	40	②
41	①	42	④	43	④	44	④	45	①
46	①	47	③	48	④	49	⑤	50	③

2회 필기시험

01	④	02	②	03	①	04	②	05	⑤
06	③	07	②	08	②	09	⑤	10	④
11	⑤	12	②	13	④	14	①	15	②
16	④	17	③	18	①	19	③	20	⑤
21	④	22	①	23	④	24	①	25	①
26	①	27	③	28	①	29	④	30	③
31	⑤	32	①	33	④	34	③	35	①
36	②	37	④	38	④	39	①	40	④
41	④	42	③	43	④	44	⑤	45	③
46	③	47	⑤	48	④	49	④	50	④

3회 필기시험

01	②	02	③	03	⑤	04	⑤	05	⑤
06	⑤	07	③	08	②	09	⑤	10	①
11	④	12	⑤	13	③	14	②	15	④
16	④	17	③	18	⑤	19	④	20	③
21	④	22	③	23	③	24	④	25	②
26	④	27	②	28	④	29	③	30	④
31	②	32	②	33	①	34	③	35	①
36	①	37	③	38	⑤	39	③	40	①
41	⑤	42	⑤	43	②	44	①	45	③
46	③	47	④	48	③	49	①	50	④

4회 필기시험

01	⑤	02	⑤	03	②	04	①	05	④
06	③	07	⑤	08	④	09	④	10	③
11	①	12	③	13	②	14	①	15	③
16	④	17	⑤	18	①	19	③	20	④
21	⑤	22	①	23	③	24	③	25	④
26	①	27	③	28	③	29	③	30	④
31	⑤	32	③	33	④	34	②	35	④
36	①	37	④	38	④	39	③	40	④
41	②	42	④	43	④	44	⑤	45	②
46	①	47	①	48	④	49	①	50	②

5회 필기시험

01	②	02	④	03	⑤	04	③	05	③
06	②	07	⑤	08	①	09	④	10	③
11	④	12	⑤	13	②	14	②	15	④
16	②	17	②	18	②	19	④	20	④
21	②	22	④	23	⑤	24	①	25	②
26	④	27	③	28	②	29	①	30	②
31	⑤	32	②	33	④	34	③	35	①
36	⑤	37	①	38	④	39	①	40	④
41	③	42	⑤	43	③	44	③	45	②
46	①	47	③	48	①	49	③	50	①

1회 필기시험

01 정답 ③

가슴 부위의 장식 털을 에이프런(Apron)이라고 한다.

02 정답 ④

뒷다리의 긴 장식 털을 큐로트(Culotte)라고 한다.

03 정답 ④

피셔헤어(Fesher-hair)는 스코티쉬 테리어의 머리, 귀 주변에 남겨진 장식 털을 말한다.

04 정답 ①

몰팅(Molting)은 반려견의 자연스러운 계절적인 환모를 말한다.

05 정답 ④

아이래시(Eyelash)는 속눈썹을 말하며, 눈썹 부위의 털은 아이브로우(Eyebrow)라고 한다.

06 정답 ①

반려견의 등 부분에 넓은 안장 같은 반점을 새들(Saddle)이라고 한다.

07 정답 ④

웨이비 코트(Wavy Coat)는 상모에 웨이브가 있는 털을 말하며, 파상모라고도 한다.

08 정답 ②

스테어링 코트(Staring Coat)는 건조하고 거칠며 상태가 나빠진 털을 말하며, 질병이 있거나 영양상태가 안 좋을 경우 나타난다.

09 정답 ②

㉡ 상모에 웨이브가 있는 털 유형은 웨이비 코트(Wavy Coat)이다.
㉤ 언더코트와 오버코트가 자연스럽게 얽혀 새끼줄 모양으로 된 털 유형은 코디드 코트(Corded Coat)이다.

10 정답 ⑤

위스커(Whisker)는 주둥이 볼 양쪽과 아래턱의 길고 단단한 수염을 말하며, 미니어처 슈나우저가 대표적 견종이다.

11 정답 ②

스탠드 오프 코트(Stand off Coat)는 꼿꼿하게 선 모양의 털로 개립모라고도 하며 스피츠, 포메라니안 등이 대표적 견종이다.

12 정답 ④

스팟(Spot)은 흰색 바탕에 검정이나 리버 스팟이 전신에 있는 무늬를 말하며, 달마시안이 대표적 견종이다.

13 정답 ②

알비니즘(Albinism)은 백화현상, 색소 결핍증, 피부, 털, 눈 등에 색소가 발생하지 않는 이상 현상으로 유전적 원인에 의해 발생한다.

14 정답 ②

하운드 마킹(Hound Marking)은 흰색, 검은색, 황갈색의 반점을 말한다.

15 정답 ⑤

브론즈(Bronze)는 전체적으로 어두운 녹색에 털끝이 약간 붉은색을 말한다.

16   정답 ①

론(Roan)은 흰색 털과 유색의 털이 섞여 있는 것을 말하는 모색 관련 용어이다.

17   정답 ⑤

키스 마크(Kiss Mark)는 검은 모색의 견종의 볼에 있는 진회색 반점을 말하며, 도베르만핀셔와 로트와일러 등이 대표적 견종이다.

18   정답 ①

대플(Dapple)은 특별히 도드라지는 색 없이 여러 가지 색의 불규칙한 반점을 말한다.

19   정답 ③

① 버프(Buff) – 연한 담황색
② 휘튼(Wheaten) – 옅은 황색
④ 애프리코트(Apricot) – 밝은 적황갈색
⑤ 데드 그래스(Dead Grass) – 옅은 다갈색

20   정답 ①

팰로(Fallow)는 담황색을 말하며, 퓨스(Puce)는 암갈색을 말한다.

21   정답 ④

세이블(Sable)은 황색 또는 황갈색 바탕에 털끝이 검은색을 말한다. 즉 연한 기본 모색에 검은색 털이 섞여 있거나 겹쳐 있는 것이다.

22   정답 ③

삭스(Socks)는 유색견이 흰색 양말을 신은 것 같은 무늬를 말하는데, 이비전하운드가 대표적 견종이다.

23   정답 ②

브린들(Brindle)은 바탕색에 다른 색의 무늬가 존재하는 털을 말하며, 스코티쉬 테리어가 대표적 견종이다.

24   정답 ④

브리칭(Breeching)은 검은색 개의 대퇴부 안쪽과 후방의 탄 반점을 말하며, 맨체스터 테리어와 로트와일러 등이 대표적이다. 섬 마크(Thumb Mark)는 패스턴에서 볼 수 있는 검은색 반점을 말하며, 맨체스터 테리어와 토이 맨체스터 테리어 등이 대표적이다.

25   정답 ①

반점이 있는 혀를 설반이라 하며, 차우차우가 대표적 견종이다.

26   정답 ①

일반적으로 번식을 한 어미 개의 소유자를 브리더(Breeder)라고 하며, 책임감과 의식이 있는 브리더는 무분별한 번식은 피하고 번식을 결정하기에 앞서 그 개의 장점과 단점을 공정히 평가한다.

27   정답 ③

처음 도그쇼의 목적은 귀족들이 사냥 후 자신들의 사냥견을 서로 평가하기 위해 만든 자리였으나, 지금의 도그쇼는 견종의 이상적인 모습을 정한 견종표준에 부합하는 더 우수한 개를 생산하기 위한 것이다.

28   정답 ③

가장 일반적인 미용견인 푸들의 미국애견협회 미용규정을 보면 12개월 미만의 강아지는 퍼피클럽으로 출진할 수 있다.

29   정답 ③

라운딩은 원의 형태로 보행하는 것을 말하며 시계 반대 방향으로 돌고 개는 핸들러의 왼쪽에 위치한다.

30 　　　　　　　정답 ④

베스트 인 그룹은 견종별 베스트 오브 브리드 견들이 경합하여 선발되는 그룹 1위 견이다.

31 　　　　　　　정답 ④

미국애견협회(AKC : American Kennel Club)의 견종 분류에 따른 스포팅 그룹(Sporting Group) 중 땅 또는 물 위의 사냥감을 회수하는 견종은 리트리버이다.

32 　　　　　　　정답 ②

스페니얼은 미국애견협회(AKC : American Kennel Club)의 견종 분류 중 스포팅 그룹(Sporting Group)에 해당한다.

33 　　　　　　　정답 ⑤

미국애견협회(AKC : American Kennel Club)의 견종 분류 중 토이 그룹(Toy Group)은 사람의 반려동물로서 만들어진 그룹으로, 생기가 넘치고 활기차며 보통 그들의 조상견의 모습을 닮았다.

34 　　　　　　　정답 ①

닥스훈트 견종은 세계애견연맹(FCI)의 견종 분류 중 4그룹에 해당한다.

35 　　　　　　　정답 ②

테리어는 세계애견연맹(FCI)의 견종 분류 중 3그룹에 해당된다.

36 　　　　　　　정답 ⑤

반려견의 스태그(Stag) 자세에서 앞발과 뒷발의 체중은 각각 6 : 4 정도를 이루는 것이 좋다.

37 　　　　　　　정답 ⑤

요골(노뼈)은 앞발 부위에 해당되는 골격이며, 요추(허리뼈)가 몸통 부위에 해당되는 골격이다.

38 　　　　　　　정답 ④

뒷다리 부위에 해당되는 골격으로는 슬관절(무릎관절), 경골(정강뼈), 비골(종아리뼈), 비절관절(뒷발목관절), 중족골(뒷발허리뼈)이 있다. 중수골(앞발허리뼈)은 앞발 부위에 해당되는 골격이다.

39 　　　　　　　정답 ⑤

스트리핑 나이프는 명칭이 나이프지만 털을 잘라내는 데 있지 않고 털을 뿌리째 뽑아낼 수 있도록 쉽게 잡을 수 있도록 도와주는 도구이다.

40 　　　　　　　정답 ②

초킹(Chalking)은 냄새나 더러움을 제거하고 흰색의 털이 더욱 하얗게 표현되도록 제품을 문질러 바르는 작업을 말한다.

41 　　　　　　　정답 ①

롤링(Rolling)은 털을 양호한 상태로 유지하기 위해 주기적으로 부드러운 털이나 떠 있는 털, 긴 털을 나이프나 손가락을 이용해 뽑아 라인을 정리하는 작업으로서 코트워크(Coat Work)와 동의어이다.

42 　　　　　　　정답 ③

컬러 파우더는 일반적으로 컬러 초크보다 입자가 곱고 점착력이 우수하여 더 오랜 시간을 유지할 수 있다.

43 　　　　　　　정답 ④

정전기 방지 컨디셔너는 목욕 후 완전히 수분이 건조되지 않은 상태의 코트에 직접 뿌려 사용하기도 한다.

44 　　　　　　　정답 ④

엄지손가락과 집게손가락으로 손잡이를 쥐고, 나머지 세 손가락으로 손잡이를 받친 다음 슬리커 브러시가 흔들리지 않도록 고정한다.

45 정답 ①

브리슬 브러시는 실키 코트(Silky Coat)를 사용하며, 털과 피부의 노폐물 제거와 오일 브러싱에 사용한다.

46 정답 ①

볼륨 목욕제품은 털에 볼륨을 주어 모량이 풍성하게 보이게 하는 제품으로, 푸들이나 비숑 프리제 등의 견종 및 볼륨이 필요한 테리어 종에도 적당한 제품이다.

47 정답 ③

딥 클렌징 목욕제품은 모발에 필요한 수분과 유용한 오일 성분까지 함께 제거하지 않는 제품을 선택하는 것이 중요하다.

48 정답 ④

더블코트는 상모와 하모의 이중모로 되어 있으며, 환모기에는 하모의 털이 많이 빠진다.

49 정답 ⑤

젖은 수건은 다른 수건으로 교체해서 사용해야 하므로 여러 장의 수건이 필요한 것은 건식타월이다.

50 정답 ③

장모종의 밴딩 작업 순서

ⓒ 꼬리빗을 사용하여 밴딩할 부위를 구분짓는다.
㉠ 밴딩할 부분의 털을 빗으로 빗어 정리한다.
㉣ 한 손으로 털을 고정한 상태에서 다른 손의 엄지손가락과 집게손가락 사이에 고무줄을 끼운다.
ⓒ 고무줄 크기에 따라 3~4번 고무줄을 돌려 묶는다.
㉤ 밴딩한 부분을 개가 불편해 하지 않는지 확인하고 필요하면 느슨하게 조절한다.

2회 필기시험

01 정답 ④

더블 코트(double coat)는 오버코트와 언더코트의 이중모 구조의 털을 말한다.

02 정답 ②

러프(ruff)는 목 주위의 풍부한 장식 털을 말한다. 콜리가 대표적이다.
① 팁(tip)에 대한 설명이다.
③ 플럼(plume)에 대한 설명이다. 잉글리시세터가 대표적이다.
④ 프릴(frill)에 대한 설명이다. 러프콜리가 대표적이다.
⑤ 폴(fall)에 대한 설명이다. 아프간하운드, 스카이테리어가 대표적이다.

03 정답 ①

롱 코트(long coat)는 장모(長毛), 긴 털을 말한다.

04 정답 ②

입 주위의 털은 비어드(beard)이다. 에이프런(apron)은 가슴 부위의 장식 털이다.
③ 역모는 털 결에서 반대로 자란 털로 주로 목이나 항문에 있다.

05 정답 ⑤

머즐 밴드(muzzle band)는 주둥이 주위의 하얀 반점을 말한다.

06 정답 ③

메인 코트(main coat)는 몸의 중심이 되는 털을 말한다.

07 정답 ②

몰팅(molting)은 자연스러운 계절적인 환모를 말한다.

08 　　　　　　　　　　정답 ②

블론(blown)은 환모기의 털을 말한다.

09 　　　　　　　　　　정답 ⑤

스탠드 오프 코트(stand off coat)에 대한 설명이다.

10 　　　　　　　　　　정답 ④

골드 버프(golden buff)는 금색에 빨강이 있는 담황색을 말한다.

11 　　　　　　　　　　정답 ⑤

그루즐(gruzzle)은 흑색 계통 털에 회색이나 적색이 섞인 색을 말한다.
① 레몬(lemon)을 말한다.
② 골드(gold)를 말한다.
③ 브라운(brown)을 말한다.
④ 레드(red)를 말한다.

12 　　　　　　　　　　정답 ②

대플(dapple)은 특별히 도드라지는 색 없이 여러 가지 색의 불규칙한 반점을 말한다.

13 　　　　　　　　　　정답 ④

데드 그래스(dead grass)는 엷은 다갈색으로 마른 풀색을 말하며, 데드 리프라고도 한다.

14 　　　　　　　　　　정답 ①

론(roan)은 흰색 털과 유색의 털이 섞여 있는 것, 검은 바탕에 흰색의 털이 섞인 것을 말한다. 유색모의 색상에 따라 블루론(blue roan), 오렌지 론(orange roan), 레몬 론(lemon roan), 리버 론(liver roan), 레드 론(red roan) 등이 있다.

15 　　　　　　　　　　정답 ②

루비(ruby)는 진한 밤색을 말한다.
① 오렌지(orange)에 대한 설명이다.
③ 초콜릿(chocolate)에 대한 설명이다.
④ 허니(honey)에 대한 설명이다.
⑤ 리버(liver)에 대한 설명이다.

16 　　　　　　　　　　정답 ④

마스크(mask)에 대한 설명이다.

17 　　　　　　　　　　정답 ③

마킹(marking)은 부위에 따라 분포와 크기가 다양한 반점을 말한다.

18 　　　　　　　　　　정답 ①

마우스 그레이(mouse gray)는 쥐색을 말한다.
② 퓨스(puce)에 대한 설명이다.
③ 팰로(fallow)에 대한 설명이다.
④ 탠(tan)에 대한 설명이다.
⑤ 머스터드(mustard)에 대한 설명이다.

19 　　　　　　　　　　정답 ③

마호가니(mahogany)는 체스트너트 레드, 적갈색을 말한다.

20 　　　　　　　　　　정답 ⑤

ㄱ. 페퍼 앤 솔트(pepper and salt)에 대한 설명이다.

21 　　　　　　　　　　정답 ④

머즐 밴드(muzzle band)에 대한 설명이다.

22 　　　　　　　　　　정답 ①

멀(merle)은 검정, 블루, 그레이의 배색을 말한다.

23 정답 ④

배저 마킹(badger marking)에 대한 설명이다.

24 정답 ①

배저(badger)는 그레이, 진회색, 화이트가 섞인 모색을 말한다.

25 정답 ①

버프(buff)는 부드럽고 연한 느낌의 담황색을 말한다.

26 정답 ①

빈칸에 들어갈 말로 옳은 것은 도그 쇼이다. 모든 견종은 각각의 목적을 가지고 있으며, 그 목적에 적합한 이상적인 구성을 묘사한 것이 견종 표준이다.

27 정답 ③

빈칸에 들어갈 말로 옳은 것은 핸들러이다. 핸들러는 크게 자신이 번식시키거나 소유한 개를 출진시키는 브리더 오너 핸들러(breeder-owner handler)와 사례를 받고 핸들링을 위탁받는 전문 핸들러(professional handler)로 나눌 수 있다.

28 정답 ①

본인의 출진표는 항시 본인이 휴대를 하며, 출진 시 왼팔에 착용을 한다.

29 정답 ④

각 견종마다 개체 심사를 거쳐 견종 1위 견인 베스트 오브 브리드(best of breed)를 선발한다.

30 정답 ③

개를 정지시킬 위치를 확인하여 심사 위원과 적당한 거리를 두고 정지시킨다.

31 정답 ⑤

스포팅 그룹(sporting group)은 사냥꾼을 도와 사냥을 하는 사냥개로 에너지가 넘치며 안정된 기질을 가지고 있다. 포인터와 세터는 사냥감을 지목하고, 스패니얼은 새를 푸드덕 날아오르게 하며, 레트리버는 땅 또는 물 위의 사냥감을 회수해 온다.

32 정답 ①

ㄱ. 토이 그룹(toy group)에 대한 설명이다. 토이 그룹(toy group)은 사람의 반려동물로서 만들어졌다.

33 정답 ③

닥스훈트 견종(Dachshunds)은 4그룹이다.
① 애완견종은 9그룹이다.
② 영국 총렵견종은 8그룹이다.
④ 후각형 수렵견종은 6그룹이다.
⑤ 프라이미티브 견종은 5그룹이다.

34 정답 ③

단정한 형태를 보기 위해서 약간의 손질은 할 수 있지만 심한 시저링은 허용되지 않는다.

35 정답 ①

개의 시선은 전방에 무언가를 주시하는 모습이어야 한다. 완벽한 스태그 자세가 되기 위해서는 앞발과 뒷발에 체중이 각각 60%와 40% 정도를 이루고 머리도 알맞은 높이로 쳐든 모습이어야야 한다.

36 정답 ②

목줄이 개의 목젖보다 밑에 위치하게 되면 개가 머리를 숙일 때 불편해므로 턱 밑에 정확히 오게 한다.

37 정답 ④

플러킹(plucking)은 손끝이나 트리밍 나이프를 사용해 털을 뽑아내는 작업이다. 주로 손을 이용해 적은 양의 털을 뽑는 행위 자체의 스트리핑 유형(방법)으로 설명한다.

38 정답 ④

풀 스트리핑(full stripping)은 좋은 털, 즉 뻣뻣한 털로 만들고 털의 발모를 재촉하기 위해 피부가 보일 정도까지 털을 뽑아주는 작업을 말한다.

39 정답 ①

장식 깃털은 아주 굵지만 비단결 같지는 않다. 도그 쇼의 조건이라면 몸체의 털은 질감을 확실히 알 수 있을 정도로 충분한 길이여야 한다.

40 정답 ④

컬러 전문 샴푸는 색을 강조하기 위해 일반적으로 염색을 하기도 하지만, 염색은 코트와 피부에 많은 손상을 줄 수 있다. 손상을 최소화하며 자연스럽게 색을 더 강조할 수 있는 방법으로 컬러 전문 샴푸를 사용할 수 있다.

41 정답 ④

우수 품종의 기준을 파악하고, 목적별 견종 그룹의 분류를 확인한다.

42 정답 ③

훈련할 때 한 번 정한 명령어와 규칙은 절대 바꾸지 않으며 끝까지 지켜야 한다는 것을 개에게 교육시킨다.

43 정답 ④

브러싱 컨디셔너는 털의 정전기로 생기는 마찰 손상을 줄여주어 브러싱을 쉽게 하고 손상된 코트에 보습 효과를 주어 피모의 손상을 빨리 회복시켜 준다. 또 코트가 건강한 상태로 유지되도록 도움을 준다.

44 정답 ⑤

⑤는 콤(comb)에 대한 설명이다. 나일론 브러시는 정전기가 발생하여 털이 손상될 수 있으므로 천연모로 된 브리슬 브러시를 사용한다.

45 정답 ③

브러싱을 위해 개를 눕힐 때 개가 기댈 수 있는 목베개를 활용하면 효과적이다. 모량을 확인하여 빗살이 너무 촘촘하거나 너무 성글지 않으며 빗살의 길이가 털을 빗고 개의 피부에 닿을 수 있는 적당한 것을 선택한다.

46 정답 ③

손가락으로 털을 풀 때에는 손에 빗을 쥔 상태로 해서는 안 된다.

47 정답 ⑤

딥 클렌징 목욕 제품에 대한 설명이다. 모발에 필요한 수분과 유용한 오일 성분까지 같이 제거하지 않는 제품을 선택하는 것이 중요하다.

48 정답 ④

마사지할 때에는 두 손바닥으로 털을 비비거나 문지르며 마사지하면 털에 엉킴이 발생할 수 있다.

49 정답 ④

더블 코트는 상모(오버코트 : 보호털)와 하모(언더코트)의 이중모의 구조로 되어 있다. 상모의 피모를 보호하는 얇고 거친 털과 부드럽고 촘촘히 난 하모는 추위에 강하다. 더블 코트는 환모기가 있어 하모의 털이 많이 빠진다.

50 정답 ④

장모종 래핑하기의 순서로 가장 옳은 것은 ㄹ – ㄴ – ㄷ – ㄱ의 순서이다.

3회 필기시험

01   정답 ②

새들(saddle)은 등 부분에 넓은 안장 같은 반점을 말한다.

02   정답 ③

섀기(shaggy)는 올드잉글리시 쉽독과 같은 덥수룩한 털을 말한다.

03   정답 ⑤

스무드 코트(smooth coat)는 단모(短毛), 즉 짧은 털을 말한다.

04   정답 ⑤

스커트(skirt)는 에이프런 아랫부분의 긴 장식 털을 말한다.
① 블론(blown)에 대한 설명이다.
② 퀼로트(culotte)에 대한 설명이다.
③ 메인 코트(main coat)에 대한 설명이다.
④ 머스태시(moustache)에 대한 설명이다.

05   정답 ⑤

스테어링 코트(staring coat)에 대한 설명이다.

06   정답 ⑤

스트레이트 코트(straight coat)는 털이 구불거리지 않은 직선의 털을 말하며, 직립모라고도 한다.

07   정답 ③

실키 코트(silky coat)는 부드럽고 광택이 있는 실크 같은 긴 모질을 말한다.

08   정답 ②

싱글 코트(single coat)는 한 겹의 털을 말한다.

09   정답 ⑤

아웃 오브 코트(out of coat)는 모량이 부족하거나 탈모된 상태를 말한다.

10   정답 ①

벨튼(belton)은 흰색 바탕에 옅은 반점이 흩어져 있는 것이다. 모색에 따라 블루 벨튼, 오렌지 벨튼, 리버 벨튼, 레몬 벨튼 등이 있다.

11   정답 ④

브로큰 컬러(broken color)는 단일색인 모색이 파괴된 것을 말한다.

12   정답 ⑤

비버(beaver)는 브라운과 그레이가 섞인 색이다.
① 옐로(yellow)에 대한 설명이다. 여우 색부터 크림색까지 범위가 매우 다양하다.
② 제트 블랙(get black)에 대한 설명이다.
③ 실버(sliver)에 대한 설명이다.
④ 스틸 블루(steel blue)에 대한 설명이다.

13   정답 ③

브론즈(bronze)는 전체적으로 어두운 녹색에 털끝이 약간 붉은 색을 말한다.

14   정답 ②

섬 마크(thumb mark)에 대한 설명이다.

15   정답 ④

브리칭(breeching)에 대한 설명이다.

16   정답 ④

실버 버프(silver buff)는 은색의 하얀색 같은 담황색을 말하며, 전체적으로 희게 보이며 은색을 띤다.

17　　　　　　　　　정답 ③

브린들(brindle)에 대한 설명이다. 스코티시테리어가 대표적이다. 적색이나 황색 바탕에 검정 또는 어두운 색의 줄무늬를 만든 것을 타이거 브린들이라고 한다. 그레이트데인이 대표적이다.

18　　　　　　　　　정답 ⑤

블랙 앤드 탠(black and tan)은 검은 바탕에 양 눈 위, 귀 안쪽, 주둥이 양측, 목, 아랫다리, 항문 주위에 탠이 있는 것을 말한다.

19　　　　　　　　　정답 ④

알비니즘(albinism)에 대한 설명이다.

20　　　　　　　　　정답 ③

블랭킷(blanket)은 목, 꼬리 사이의 등, 몸통 쪽에 넓게 있는 모색을 말한다. 아메리칸폭스하운드가 대표적이다.

21　　　　　　　　　정답 ④

실버 그레이(silver gray)는 마우스 그레이보다 밝은 은색이 도는 회색을 말한다. 와이마리너가 대표적이다.

22　　　　　　　　　정답 ③

블레이즈(blaze)는 양 눈과 눈 사이에 중앙을 가르는 가늘고 긴 백색의 선이다. 파피용이 대표적이다.

23　　　　　　　　　정답 ③

파티컬러(parti-color)에 대한 설명이다.

24　　　　　　　　　정답 ④

블루 마블(blue marble)은 블루멀(blue merle)로 검정, 블루, 그레이가 섞인 대리석 색을 말한다.

25　　　　　　　　　정답 ②

펜실링(penciling)은 맨체스터테리어의 발가락에 있는 검은 선을 말한다.

26　　　　　　　　　정답 ④

견주의 태도는 개를 심사하는 기준으로 옳지 않다. 견종마다 가장 이상적인 모습을 정한 견종 표준을 기준으로 개를 심사하며 개의 건강함과 상태, 전체적인 몸의 균형, 성격 등도 함께 심사한다.

27　　　　　　　　　정답 ②

빈칸에 들어갈 말로 옳은 것은 브리더이다. 브리딩의 목표는 결국에는 각 견종의 이상적인 모습을 정한 견종 표준(breed standard)에 부합하는 더 우수한 개를 생산하는 것이다.

28　　　　　　　　　정답 ④

단체에 등록된 개에게는 혈통서가 발급되는데, 혈통서는 개에 대한 기본 정보와 조상견이 기재된 등록 증명서이다.

29　　　　　　　　　정답 ③

견종별 베스트 오브 브리드 견들이 경합하여 그룹 1위 견인 베스트 인 그룹(best in group)을 선발한다.

30　　　　　　　　　정답 ④

트라이앵글은 링을 삼각형으로 사용하여 보행하는 것을 말한다.

31　　　　　　　　　정답 ②

하운드 그룹(hound group)은 스스로 사냥을 하고 사냥감을 궁지에 몰아 사냥꾼이 올 때까지 기다리거나 후각을 이용해 사냥감의 위치를 알아낸다. 시각형 하운드(sight hound)는 시각을 이용해 사냥하며, 후각형 하운드(scent hound)는 뛰어난 후각을 이용해 사냥감을 추적한다.

정답
및
해설

32 정답 ②

목축은 개가 가진 타고난 본능이며, 이들의 목적은 목동과 농부를 도와 가축을 다른 장소로 움직이도록 이끌고 감독하는 것이다.

33 정답 ①

ㄱ. 모견이나 종견 클래스에는 스포팅 클립으로 출전할 수도 있다.
ㄴ. 12개월 이상의 개들은 잉글리시 새들 클립이나 콘티넨털 클립으로만 출전할 수 있다.

34 정답 ③

다리의 털은 몸의 털 길이보다 약간 더 길어도 된다.

35 정답 ①

주둥이의 두께와 미간의 폭. 귀의 위치 등을 털의 형태와 커트로 보완할 수 있다.
견종 표준서에 의거하여 이상적인 개의 이미지를 상상하고, 견종 표준서와 비교해 미용견의 부족한 부분을 보완하여 미용할 수 있다. 꼬리의 위치는 몸의 미용을 할 때에 밸런스에 맞추어 조절할 수 있으며, 꼬리의 형태 또한 털의 길이나 모양으로 더 나은 시각적인 효과를 기대할 수 있다.

36 정답 ①

롤링(rolling)은 털을 양호한 상태로 유지하기 위해 주기적으로 부드러운 털이나 떠 있는 털. 긴 털을 나이프나 손가락을 이용해 뽑아 라인을 정리하는 작업이다. 코트워크(coat work)와 같은 말이다.

37 정답 ③

스트리핑 작업 전에는 샴핑을 하지 않는 것이 털을 뽑기에 더 좋다.
핸드 스트리핑(hand stripping)시 손이 미끄러진다면 파우더. 초크 또는 손가락 고무 장갑 등을 사용하여 더욱 쉽게 작업할 수 있다.

38 정답 ⑤

시저링하기 전에 초크를 사용하여 라인을 잡을 수도 있다. 초크칠이나 제품을 사용한 털을 잘라 내는 것이 가위를 빨리 상하게 할 수는 있지만, 미용의 목적은 가위를 날카롭게 유지하는 것이 아니라 모양을 잘 내는 것임을 명심한다.

39 정답 ③

빈칸에 해당하는 것은 컬러 초크이다. 컬러 초크는 분필을 사용하는 것처럼 바를 수 있다.

40 정답 ④

스프레이를 많이 분사하면 털이 인위적으로 굳을 수 있으므로 최대한 적은 양으로 자연스럽게 세팅할 수 있도록 한다.

41 정답 ⑤

개가 전방을 주시하여 무게 중심의 60% 정도가 앞으로 올 수 있도록 유도한다.
③ 앞발의 위치는 옆에서 봤을 때에는 앞다리가 기갑(withers)에서 수직으로 내려오며. 정면에서 봤을 때에는 두 다리가 평행을 이룰 수 있도록 발의 위치를 조정한다.

42 정답 ⑤

허벅지 안쪽과 배 부위를 클리핑할 때 배꼽 지점에서 수캐는 ∧자, 암캐는 ∩자 형태로 클리핑한다. 허벅지 안쪽 부위의 털을 너무 내려 깎으면 개의 다리가 뒤에서 보면 오 다리처럼 보일 수 있으므로 주의한다. 발의 표현이 좋은 개는 발 전체의 모양이 잘 보일 수 있게 라인을 조금 높게 잡아 준다.

43 정답 ②

워터리스 샴푸는 더러워지거나 얼룩진 코트 부위에 직접 뿌려서 물로 헹구지 않고 드라이어로 말리거나 수건으로 닦아서 사용한다. 물이 필요 없으므로 목욕 시설이 준비되지 않은 야외에서 직접 목욕시킬 수도 있다.

44   정답 ①

브러싱 스프레이를 분사한 후 모근의 안쪽에서 바깥쪽으로 브러싱한다. 피모에 브러싱 스프레이를 분사하며 브러싱을 반복한다.

45   정답 ③

설명은 볼륨 목욕 제품에 해당한다. 제품 선택 시 피부와 모질을 건강하게 해 주어 털 빠짐을 줄여 주고 모질 관리가 수월하도록 도와주며 볼륨 효과를 극대화할 수 있는 제품을 선택한다.

46   정답 ③

린스 작업 시 코트의 전체적인 부위를 담그면 모질 개선에 큰 효과가 있다.

47   정답 ④

싱글 코트는 상모(오버코트 : 보호털)와 하모(언더코트) 중 상모만을 가진 일중모의 구조로 되어 있어 환모기가 없고 털의 빠짐이 적다. 피모가 얇기 때문에 추위에 약하지만 장모종의 경우 털의 관리를 소홀히 할 경우 엉키기 쉽다.

48   정답 ③

싱글 코트는 피모가 얇아서 강한 바람을 한 곳만 계속 향할 경우 화상의 위험이 있으므로 빠른 시간에 작업을 끝낼 수 있도록 한다.

49   정답 ①

관절 부위에 래핑을 하게 되면 움직임에 방해가 되고 모질 끊어짐의 원인이 된다.

50   정답 ④

ㄴ. 귀를 래핑할 때에는 귀에 상해가 발생하지 않도록 항상 귀 끝에서 1cm 이상 간격을 주고 래핑한다.

ㄷ. 고무밴드를 감는 방법은 여러 가지가 있을 수 있으나 보통은 한쪽 방향으로 감으며 감는 횟수는 모량이나 래핑 재료의 특징에 따라 결정한다.

정답 및 해설

4회 필기시험

01　　　　　　　　정답 ⑤

ㄱ. 부드럽고 촘촘하게 나 있다.
ㄴ. 아웃 오브 코트(out of coat)에 대한 설명이다.

02　　　　　　　　정답 ⑤

오버코트(overcoat)는 언더코트보다 굵고 길다.
ㄱ. 싱글 코트(single coat)에 대한 설명이다.
ㄴ. 스트레이트 코트(straight coat)에 대한 설명이다.

03　　　　　　　　정답 ②

와이어 코트(wire coat)는 뻣뻣하고 강한 형태의 모질. 상모가 단단하고 바삭거리는 모질을 말한다.

04　　　　　　　　정답 ①

울리 코트(woolly coat)는 양모상의 털이고 북방 견종에게 많다. 워터도그의 코트에는 방수 효과가 있다.
ㄷ. 실키 코트(silky coat)에 대한 설명이다.
ㄹ. 더블 코트(double coat)에 대한 설명이다.

05　　　　　　　　정답 ④

웨이비 코트(wavy coat)는 파상모(波狀毛)라고도 하며 상모에 웨이브가 있는 털을 말한다.

06　　　　　　　　정답 ③

위스커(whisker)는 주둥이 볼 양쪽과 아래턱의 길고 단단한 털을 말한다. 미니어처슈나우저가 대표적이다.

07　　　　　　　　정답 ⑤

컬리 코트(curly coat)는 곱슬거리는 털을 말하며, 권모(捲毛)라고도 한다.

08　　　　　　　　정답 ④

코디드 코트(corded coat)에 대한 설명이다. 코몬도르, 풀리가 대표적이다.

09　　　　　　　　정답 ④

ㄴ. 코트(coat)는 외부 온도 변화와 외상으로부터 피부를 보호한다.

10　　　　　　　　정답 ③

블루 블랙(blue black)은 블루에 털끝이 검은 털을 말한다.

11　　　　　　　　정답 ①

ㄱ. 데드 그래스(dead grass)에 대한 설명이다.

12　　　　　　　　정답 ③

삭스(socks)에 대한 설명이다.

13　　　　　　　　정답 ②

새들(saddle)에 대한 설명이다.

14　　　　　　　　정답 ①

샌드(sand)는 모래색을 말한다.

15　　　　　　　　정답 ③

설반(舌班)은 반점이 있는 혀를 말한다.

16　　　　　　　　정답 ④

세이블(sable)은 연한 기본 모색에 검은색 털이 섞여 있거나 겹쳐 있는 것이다. 황색 또는 황갈색 바탕에 털끝이 검은색이다. 오렌지색 바탕에 세이블은 오렌지 세이블, 암갈색 바탕에 세이블이 겹쳐진 것은 다크 세이블이라고 한다.

① 머즐 밴드(muzzle band)에 대한 설명이다.
② 버프(buff)에 대한 설명이다.
③ 마킹(marking)에 대한 설명이다.
⑤ 대플(dapple)에 대한 설명이다.

17 　　　　　　　　　　　　정답 ⑤

셀프 마크드(self marked)는 가슴, 발가락, 꼬리 끝에 흰색이나 청색 반점을 가진 한 가지 색으로 보통은 검은색을 띤다.

18 　　　　　　　　　　　　정답 ①

티킹(ticking)은 흰색 바탕에 한 가지나 두 가지의 명확한 독립적인 반점이 있는 것을 말한다. 브리타니가 대표적이다.

19 　　　　　　　　　　　　정답 ③

피그멘테이션(pigmentation)은 피모의 멜라닌 색소 과립 침착 상태를 말한다.
① 러스트 탠(rust tan)에 대한 설명이다.
② 브로큰 컬러(broken color)에 대한 설명이다.
④ 배저 마킹(badger marking)에 대한 설명이다.
⑤ 브리칭(breeching)에 대한 설명이다.

20 　　　　　　　　　　　　정답 ④

셀프 컬러(self color)는 솔리드 컬러(solid color), 단일색, 몸 전체 모색이 같은 것을 말한다.

21 　　　　　　　　　　　　정답 ⑤

스모크(smoke)는 거무스름한 옅은 흑색의 연기 색을 말한다.
① 스틸 블루(steel blue)에 대한 설명이다.
② 초콜릿(chocolate)에 대한 설명이다.
③ 리버(liver)에 대한 설명이다.
④ 비버(beaver)에 대한 설명이다.

22 　　　　　　　　　　　　정답 ①

스팟(spot)은 반점이라고 하며 흰색 바탕에 검정이나 리버 스팟이 전신에 있는 무늬를 말한다. 달마시안이 대표적이다.

23 　　　　　　　　　　　　정답 ③

슬레이트 블루(slate blue)는 검은 회색의 블루, 회색이 있는 청색을 말한다. 오스트레일리안 실키테리어가 대표적이다.

24 　　　　　　　　　　　　정답 ③

페퍼(pepper)는 후추 색이라고 하며 어두운 푸른 계통의 검은색에서 밝은 은회색까지 다양하다.

25 　　　　　　　　　　　　정답 ④

실버 블랙(silver black)은 검은 털 속에 은색 털이 섞인 것을 말한다. 스코티시테리어가 대표적이다.

26 　　　　　　　　　　　　정답 ①

도그 쇼를 즐기기 위해 반드시 이겨야 할 필요는 없다. 사실상 이기는 데에만 관심을 갖는다면 도그 쇼는 취미 문화가 될 수 없으며, 아무리 훌륭한 개라도 컨디션이 나쁜 날이 있으며 많은 우수 출진견 중에서 좋은 결과를 얻는다는 확신도 없다.

27 　　　　　　　　　　　　정답 ③

심사 위원이 개를 만질 때에는 안정된 자세로 개를 세워 심사 위원에게 보여 준다.

28 　　　　　　　　　　　　정답 ③

각 그룹의 베스트 인 그룹 견들이 경합하여 선발되는 도그 쇼 최고의 견을 뽑는 베스트 인 쇼(best in show)를 선발한다.

29 　　　　　　　　　　　　정답 ③

시계 반대 방향으로 돌고 개는 핸들러의 오른쪽에 위치한다.

30 　　　　　　　　　　　　정답 ④

테리어 그룹(terrier group)에 대한 설명이다. 빈칸에 들어갈 말로 옳은 것은 테리어이다.

정답 및 해설

31   정답 ⑤

논스포팅 그룹(nonsporting group)은 다른 그룹에 포함되지 않으면서 굉장히 다양한 특성을 가진, 나머지 견종들로 구성된다.

32   정답 ③

조렵견종은 7그룹이며 포인팅 견종(pointing dogs)이라고도 한다.
① 목양견은 1그룹이다.
② 스피츠는 5그룹이다.
④ 워터 도그 견종은 8그룹이다.
⑤ 시각형 수렵견종은 10그룹이다.

33   정답 ④

ㄴ. 엉덩이 위에 둥근 로제트(rossette)는 옵션이다.

34   정답 ②

ㄱ. 개와 눈을 맞추어 개가 심리적으로 안정을 취할 수 있도록 한다.
ㄷ. 부드러운 터치로 개를 먼저 안정시킨 후, 개의 골격과 근육 부위, 피부, 털, 패드, 발톱 상태 등을 손으로 만져 보며 확인한다.

35   정답 ②

레이킹(raking)은 트리밍 나이프나 콤 등을 이용해 피부에 자극을 주어 가며 죽은 털이나 두꺼운 언더코트를 제거해 새로운 털이 잘 자랄 수 있게 촉진시켜 주는 작업을 말한다.

36   정답 ①

각 국가와 단체별로 미용 규정이 다른 점에 유의하며 확인한다.

37   정답 ④

스트리핑 스톤(stripping stone)이 빈칸에 들어갈 말로 옳다.
너무 과도하게 힘을 주면 개에게 상처를 줄 수 있으므로 주의한다.

38   정답 ④

컬러 파우더는 컬러 초크보다 입자가 곱고 점착력이 우수하여 미용을 더 오랜 시간 유지할 수 있다.

39   정답 ③

처음 스트리핑을 하는 강아지나, 흩날리는 털을 가진 어른 개에게도 적용할 수 있다.
털이 난 방향으로 뽑아내도록 한다. 살짝 잡아당겼을 때 피부의 당겨짐 없이 쉽게 뽑히는 것이 정상이다. 개가 아파할 수 있으니 한 번에 너무 많은 양을 뽑아내지 않도록 한다. 만약 개의 피부에 상처가 있거나 불안정해 보인다면 스트리핑 작업을 무리해서 진행하지 않는다.

40   정답 ④

밴딩을 너무 타이트하게 하면 털이 빠질 수 있으므로 주의한다. 밴딩한 부분을 개가 불편해하지 않는지 확인하고 필요하면 느슨하게 조절한다.

41   정답 ②

허벅지와 정강이 사이의 경사는 충분히 크게 표현한다.

42   정답 ④

실키코트 목욕 제품은 몰티즈나 요크셔테리어 같은 견종에게 적합한 제품이다. 털을 차분하고 부드럽게 하여 모질에 광택이 흐르게 하며 관리가 용이하도록 도와준다. 모질에 윤기를 주고 정전기와 엉킴을 방지하며 차분하고 찰랑찰랑해 보이게 할 수 있는 제품을 선택한다.
ㄱ, ㄷ의 푸들, 비숑 프리제는 볼륨 목욕 제품을 사용한다.

43   정답 ④

ㄱ의 푸들은 싱글 코트의 대표 장모견종이다.

44   정답 ⑤

ㄱ. 습식 타월은 세탁 후 젖은 상태에서 접어서 보관한다.
ㄴ. 재질이 매끈하기 때문에 수건에 털이 붙지 않는다.

45 정답 ②

털의 길이가 짧은 부위부터 드라이한다.

46 정답 ①

털의 마찰을 줄이기 위한 래핑은 털을 무작위로 싸는 것이 아니라 개의 움직임과 피부 상태를 고려하여 작업한다.

47 정답 ①

밴딩은 래핑에 비해 털의 구겨짐이 없다.

48 정답 ④

모량이 많은 장모견의 엉킨 털은 드라이어를 이용하면 브러싱할 때 시야 확보가 용이하다.

49 정답 ①

드라이실 내 준비물로는 타월, 핀 브러시, 슬리커 브러시, 고무밴드, 브러싱 스프레이 등이 있다. 가위는 드라이실 내 준비물로는 옳지 않다.

50 정답 ②

래핑지와 래핑 밴드는 모질의 특성과 모량을 고려하여 선택한다.

5회 필기시험

01 정답 ②

큐로트(culotte)는 뒷다리의 긴 장식 털을 말한다.

02 정답 ④

타셀(tassel)은 귀 끝에 남긴 장식 털을 말한다. 베들링턴테리어가 대표적이다.
① 울리 코트(woolly coat)에 대한 설명이다.
② 블론(blown)에 대한 설명이다.
③ 스무드 코트(smooth coat)에 대한 설명이다.
⑤ 러프(ruff)에 대한 설명이다.

03 정답 ⑤

톱 노트(top knot)는 정수리 부분의 긴 장식 털을 말한다.

04 정답 ③

트라우저스(trousers)는 다량의 긴 털이 뒷다리에 자라난 헐렁헐렁한 판타롱을 말한다. 아프간하운드가 대표적이다.

05 정답 ③

파일(pile)은 두껍고 많은 언더코트를 말한다.

06 정답 ②

ㄴ. 스커트(skirt)에 대한 설명이다.

07 정답 ⑤

페셔헤어(festher-hair)는 스코티시테리어의 머리, 귀 주변에 남겨진 장식 털을 말한다.
① 아웃 오브 코트(out of coat)에 대한 설명이다.
② 스트레이트 코트(straight coat)에 대한 설명이다.
③ 섀기(shaggy)에 대한 설명이다.
④ 위스커(whisker)에 대한 설명이다.

08 정답 ①

펠트(felt)는 털이 엉켜 굳은 상태를 말한다.

09 정답 ④

하시 코트(harsh coat)는 거칠고 단단한 와이어 코트를 말한다.
① 싱글 코트(single coat)에 대한 설명이다.
② 파일(pile)에 대한 설명이다.
③ 스탠드 오프 코트(stand off coat)에 대한 설명이다.
⑤ 실키 코트(silky coat)에 대한 설명이다.

10 정답 ③

알비노(albino)는 선천적 색소 결핍증을 말한다.

11 정답 ④

에이프리코트(apricot)는 밝은 적황갈색, 살구색을 말한다.
① 샌드(sand)에 대한 설명이다.
② 오렌지(orange)에 대한 설명이다.
③ 브라운(brown)에 대한 설명이다.
⑤ 비버(beaver)에 대한 설명이다.

12 정답 ⑤

울프 그레이(wolf gray)는 회색. 어두운 정도의 색깔 혼합 비율이 다양하다.

13 정답 ②

이사벨라(isabela)는 연한 밤색을 말한다.
① 마우스 그레이(mouse gray)에 대한 설명이다.
③ 스틸 블루(steel blue)에 대한 설명이다.
④ 리버(liver)에 대한 설명이다.
⑤ 스모크(smoke)에 대한 설명이다.

14 정답 ②

체스넛(chestnut)은 밤색, 적갈색을 말한다.
① 골드(gold)에 대한 설명이다.
③ 화운(faun)에 대한 설명이다.

④ 블루 마블(blue marble)에 대한 설명이다.
⑤ 브론즈(bronze)에 대한 설명이다.

15 정답 ③

칼라(collar)에 대한 설명이다.

16 정답 ②

캡(cap)에 대한 설명이다. 알래스칸맬러뮤트가 대표적이다.

17 정답 ②

키스 마크(kiss mark)는 검은 모색의 견종의 볼에 있는 진회색 반점을 말한다. 도베르만핀셔, 로트와일러가 대표적이다.

18 정답 ②

트라이컬러(tri-color)는 세 가지가 섞인 색으로 즉 흰색, 갈색, 검은색이 섞인 색을 말한다.

19 정답 ③

트레이스(trace)는 폰 색의 등줄기를 따른 검은 선을 말한다. 퍼그의 등줄기 색을 말한다.

20 정답 ⑤

파울 컬러(foul color)는 폴트 컬러(fault color), 부정 모색, 바람직하지 못한 반점이나 모색을 말한다.

21 정답 ②

포인츠(points)는 안면, 귀, 사지 및 꼬리의 모색, 보통은 흰색, 검은색, 탄 등을 말한다.

22 정답 ④

하운드 마킹(hound marking)은 흰색, 검은색, 황갈색의 반점을 말한다.

23   정답 ⑤

ㄱ. 카페오레(cafe au lait)에 대한 설명이다.
ㄴ. 타이거 브린들(tiger breindle)에 대한 설명이다.

24   정답 ①

ㄴ. 화이트 컬러 종은 눈, 입술, 코, 패드, 항문이 검은색이며 이것으로 알비노가 아님을 증명한다.
ㄷ. 티킹(ticking)에 대한 설명이다. 흰색 바탕에 한 가지나 두 가지의 명확한 독립적인 반점이 있는 것을 말한다. 브리타니가 대표적이다.

25   정답 ②

휘튼(wheaten)은 옅은 황색의 털, 황색이 스민 것 같이 보이는 색을 말한다.

26   정답 ④

빈칸에 들어갈 말로 옳은 것은 심사 위원이다.

27   정답 ③

ㄱ. 심사 위원은 개별 개끼리 비교하는 것이 아니라 표준(견종 표준)에 따라 심사한다.
ㄴ. 심사 위원의 머릿속에 새겨진 각 견종의 표준을 기준으로 이루어지기 때문에 다른 견종끼리라도 심사가 가능하다.

28   정답 ②

도그 쇼 준비 과정에 필요한 미용은 견종에 따라 다르다.

29   정답 ①

토이 그룹(toy group)에 대한 설명이다. 토이 견은 사람의 반려동물로서 만들어졌다. 이 그룹은 생기 넘치고 활기차며, 보통 그들의 큰 종자의 모습을 닮았다.

30   정답 ②

2그룹(사역견 그룹 : working group)은 핀셔(pinscher), 슈나우저(schnauzer), 몰로시안(Molossian type), 스위스캐틀도그(Swiss cattle dogs)이다. 테리어(terrier)는 3그룹(테리어 그룹 : 소형 조렵견)에 속하는 종이다.

31   정답 ⑤

몸의 뒷부분은 짧은 털로 덮지만 관절이 있는 곳은 면도하여 뒷다리에는 2개의 면도한 선이 있어야 한다.

32   정답 ②

평이한 음성과 제스처로 개에게 혼동을 주지 않도록 주의한다.
③ 특히 어린 강아지나 훈련에 익숙하지 않은 개들은 집중력이 부족하므로 짧고 규칙적인 시간에 일정한 장소에서 교육할 수 있도록 한다.
④ 개는 교육을 하나의 즐거운 놀이로 생각하고 열심히 참여하게 된다.

33   정답 ④

ㄱ. 롤링(rolling)에 대한 설명이다.
ㄷ. 털이 자라나는 주기를 계산하여 완성 모습을 미리 설정하여 계획하는 것이 매우 중요하다.

34   정답 ③

블렌딩(blending)은 스트리핑한 털의 경계가 뚜렷이 나지 않도록 길이를 조금씩 바꿔 자연스럽게 보이도록 하는 작업을 말한다.

35   정답 ①

턱, 눈썹, 귀를 제외하고 몸체 전체는 한 가지의 빽빽하고, 짧고, 거칠고, 단단한 바깥 털이 덮고 있으나, 더 가늘고, 더 부드럽고, 더 짧은 털(밑털)이 거친 털 사이 전체에 걸쳐서 깔려 있다. 밑털이 없으면 결함이다.

36 정답 ⑤

한 번에 많은 양의 털을 잡아당기지 않도록 하며, 뽑힐 준비가 되지 않은 털은 무리하게 뽑지 않도록 한다.
④ 스트리핑할 털은 더 밝은 털 색깔로 구별이 되기도 한다. 그래도 구분이 안 되면 고무장갑을 끼고 털을 역방향으로 쓸어 올려 준다. 정전기가 나서 서 있는 털이 바로 뽑아야 할 털이다.

37 정답 ①

나이프라는 이름에도 불구하고 그 목적은 털을 잘라 내는 데 있지 않고 털을 쉽게 잡을 수 있도록 도와주는 도구라는 것을 명심한다. 털이 잘리지 않고 반드시 뿌리째 뽑아야 한다. 스트리핑 나이프를 사용하여 스트리밍을 할 수 있으며 핸드 스트리핑이 기본이지만 올바른 방법으로 나이프를 사용하여 더욱 쉽게 작업할 수 있다.

38 정답 ④

ㄱ. 언더코트를 제거할 때에는 반드시 거울로 모양을 확인하면서 작업하도록 한다.

39 정답 ①

털을 뽑은 피부에 로션 등을 사용하지 않도록 하고, 맨살은 햇볕에 타지 않도록 조심해야 한다.

40 정답 ④

④는 콜레스테롤 크림에 대한 설명이다.

41 정답 ③

단단하고 철사 같고 올곧으며, 몸체에 바싹 붙어서 드러누웠고, 밑털은 확실히 있다. 목과 어깨에 난 털은 보호 작용을 하는 갈기를 형성한다. 머리, 귀, 주둥이에 난 털은 눈두덩과 수염을 제외하고는 짧고 반반하다. 이 견종의 털은 가능하면 타고난 그대로 보여 주어야 한다. 최소한도로 단정하게 해 주는 것은 괜찮지만 모양을 꾸며 주는 것은 엄중하게 벌점 처리한다.
①, ② 아펜핀셔의 코트(coat)에 대한 내용이다.
④, ⑤ 저먼 와이어헤어드 포인터의 코트(coat)에 대한 내용이다.

42 정답 ⑤

정전기 방지 컨디셔너는 코트에 컨디셔너나 오일이 뭉치는 빌드업(build-up) 현상이 일어나지 않은 제품을 선택하는 것이 좋다.
ㄷ. 코트가 완전히 말라 브러싱이 필요한 상태에도 코트를 보호할 수 있다.
ㄹ. 목욕 후 완전히 수분이 건조되지 않은 상태의 코트에 직접 분사하여 사용하기도 한다.

43 정답 ③

화이트닝 목욕 제품에 대한 설명이다.

44 정답 ③

물기 제거 직후의 털을 말릴 때 풍량은 강으로 조절해서 재빠르게 말리며 최대한 털을 펴면서 말린다.

45 정답 ②

발부터 시작하여 위쪽 방향으로 순차적으로 브러싱하며 드라이한다. 털의 파트를 나누어 집게로 고정한다.

46 정답 ①

ㄱ. 래핑에 거부 반응을 보여 입에 닿는 래핑을 물어뜯거나 피부 소양감 등으로 래핑을 긁어 모양을 엉클어 놓는 경우에는 즉시 다시 작업을 해 주어야 한다.

47 정답 ③

ㄱ. 밴딩 후 관리 시에는 반드시 커팅 가위로 고무줄을 자른다.
ㄴ. 정전기를 방지하는 브러싱 스프레이를 중간 중간에 사용하면 작업이 수월하다.

48 정답 ①

브러시는 끝이 둥글고 면이 고른 것을 고른다.

49 　　　　　　　　　　정답 ③

건식 타월은 흡수력이 뛰어나기 때문에 물기를 제거하는 데 효과적이다.

ㄷ. 물기를 먹은 수건은 다른 수건으로 교체해서 사용해야 하기 때문에 여러 장의 수건이 필요하다.

50 　　　　　　　　　　정답 ①

ㄱ은 오일 브러시로 사용하는 경우에 대한 내용이다.

일반적인 빗질용으로 사용하는 경우 피부 깊숙한 곳에서부터 털의 바깥쪽으로 빗어 주며, 빗질하지 않는 손은 빗질이 잘될 수 있도록 개체를 보정하고 털과 피부를 고정시킨다.